"十二五"职业教育国家规划教材
经全国职业教育教材审定委员会审定

修订版

建筑给水排水系统安装

第3版

主编　汤万龙　胡世琴
参编　刘俊红　蔡丽琴
主审　刘　鸣　贺俊杰

U0379763

机械工业出版社

本书在"十二五"职业教育国家规划教材的基础上进行修订。本书内容分为建筑给水系统、建筑排水系统和建筑中水系统三大模块，根据《建筑给水排水设计标准》（GB 50015—2019）《民用建筑节水设计标准》（GB 50555—2010）和《城镇给水排水技术规范》（GB 50788—2012）进行编写，重点介绍了建筑给水、排水、中水系统的形式、组成、工作原理，设备、附件、管材的选用，管道系统的水力计算，小型污水处理构筑物的类型与选型，建筑给水、排水、中水系统的安装与验收。全书着重突出职业能力的培养。

本书可作为高等职业院校建筑设备工程技术、给水排水工程技术和供热通风与空调工程技术专业的教材，也可供相关专业技术人员和管理人员学习参考使用。

为方便教学，本书配有电子课件模拟试卷、习题和动画，凡选用本书作为教材的教师均可登录机械工业出版社教育服务网 www.cmpedu.com 注册下载。咨询邮箱：cmpgaozhi@sina.com。咨询电话：010-88379375。

图书在版编目（CIP）数据

建筑给水排水系统安装/汤万龙，胡世琴主编． —3 版．—北京：机械工业出版社，2022.6（2024.8 重印）

"十二五"职业教育国家规划教材：修订版

ISBN 978-7-111-70734-9

Ⅰ.①建⋯ Ⅱ.①汤⋯②胡⋯ Ⅲ.①给排水系统-建筑安装-高等职业教育-教材 Ⅳ.①TU82

中国版本图书馆 CIP 数据核字（2022）第 078289 号

机械工业出版社（北京市百万庄大街 22 号 邮政编码 100037）
策划编辑：陈紫青 责任编辑：陈紫青
责任校对：张晓蓉 张 薇 封面设计：马精明
责任印制：张 博
北京建宏印刷有限公司印刷
2024 年 8 月第 3 版第 3 次印刷
184mm×260mm・18.5 印张・454 千字
标准书号：ISBN 978-7-111-70734-9
定价：55.00 元

电话服务 网络服务
客服电话：010-88361066 机 工 官 网：www.cmpbook.com
010-88379833 机 工 官 博：weibo.com/cmp1952
010-68326294 金 书 网：www.golden-book.com
封底无防伪标均为盗版 机工教育服务网：www.cmpedu.com

第3版前言

《建筑给水排水系统安装》为普通高等教育"十一五"国家级规划教材、"十二五"职业教育国家规划教材、教育部2008年度普通高等教育精品教材、住房和城乡建设部"十三五"规划教材。本书在此基础上进行修订,修订内容如下。

1. 依据现行规范更新内容,紧跟行业发展

自《建筑给水排水系统安装》第2版出版以来,《建筑设计防火规范(2018年版)》(GB 50016—2014)和《水喷雾灭火系统技术规范》(GB 50219—2014)等新规范陆续实施。为使教材建设紧跟行业发展,教材内容更具实用性和针对性,本书编者对涉及规范的相关内容进行了更新。

此外,本书对建筑内部消防系统的内容进行重点修订,增加了消防设施的设置、水喷雾和细水雾灭火系统;完善了消火栓给水系统,以满足当下对于消防系统在安全可靠、技术先进、经济适用、保护环境等方面的需求。

2. 融入思政内容,落实"德技并修"理念

为了体现"立德树人"思想,落实"德技并修"理念,本书每个单元均增加了"德育建议"模块,将课程思政渗透到教材、教学的各个环节。

3. 调整编写团队

本次修订由新疆建设职业技术学院汤万龙和胡世琴担任主编,广西水利电力职业技术学院刘俊红和上海市城市建设工程学校(上海市园林学校)蔡丽琴参与编写。具体分工如下:单元1由上海市城市建设工程学校(上海市园林学校)蔡丽琴编写;单元2、3、7和附录由新疆建设职业技术学院胡世琴编写;单元4、6由新疆建设职业技术学院汤万龙编写;单元5由广西水利电力职业技术学院刘俊红编写。

本书由新疆建筑设计研究院有限公司刘鸣(正高级工程师)和内蒙古建筑职业技术学院贺俊杰(教授)担任主审,本书配套的动画由西安三好软件技术股份有限公司杨小春提供,在此一并致谢。

由于编者学识水平有限,书中难免存在不足之处,敬请各位读者提出宝贵意见。

编　者

目　　录

模块二　建筑排水系统

模块三　建筑中水系统

模块一 建筑给水系统

单元 1 建筑内部给水系统

课题 1 给水系统常用管材、管件和附件

1.1.1 室内给水系统常用管材及选用

给水系统采用的管材和管件应符合国家现行有关产品标准的要求。管材和管件的工作压力不得大于产品标准公称压力或标称的允许工作压力。

室内给水管道应选用耐腐蚀和安装连接方便可靠的管材，可采用塑料给水管、塑料和金属复合管、铜管、不锈钢管及经可靠防腐处理的钢管（注：高层建筑给水立管不宜采用塑料管）。

1. 钢管

给水系统中常用的钢管有焊接钢管和无缝钢管。钢管具有强度高，承受压力大，抗震性能好，质量小（与铸铁管相比），内外表面光滑，容易加工和安装等优点，但耐腐蚀性能差，对水质有影响，价格较高。

（1）焊接钢管 焊接钢管由卷成管形的钢板、钢带以对缝或螺旋缝焊接而成，故又称为有缝钢管。

焊接钢管的直径规格用公称直径表示，符号为 DN，单位为 mm。如 $DN25$ 表示公称直径为 25mm 的焊接钢管。

用于给水系统的焊接钢管为低压流体输送用焊接钢管，由 Q195、Q215A 和 Q235A 钢制造，按其表面是否镀锌分为镀锌钢管和非镀锌钢管，习惯上把镀锌钢管称为白铁管，非镀锌钢管称为焊接钢管，又称黑铁管；按钢管壁厚不同分为普通焊接钢管（用于输送流体工作压力小于或等于 1.0MPa 的管路）和加厚焊接钢管（用于输送流体工作压力小于或等于 1.6MPa 的管路）；按管端形式可以分为带螺纹钢管和不带螺纹钢管。

（2）无缝钢管 无缝钢管是用钢坯经穿孔轧制或拉制成的管子，按制造方法不同分为冷拔钢管和热轧钢管。

用于输送流体的无缝钢管用 10、20、Q295、Q345 牌号的钢材制造。无缝钢管用作输送流体时，适用于城镇、工矿企业给水排水。一般直径小于 50mm 时，选用冷拔钢管，直径大于或等于 50mm 时，选用热轧钢管。

无缝钢管的规格用 D（管外径，单位为 mm）× δ（壁厚，单位为 mm）表示，如 $D159 \times 4.5$ 表示外径为 159mm、壁厚为 4.5mm 的无缝钢管。

2. 铜管

常用铜管有纯铜管和黄铜管。纯铜管主要用 T1、T2、T3 制造。铜管具有经久耐用、卫生等优点，主要用于高纯水制备、输送饮用水及热水。

3. 铸铁管

铸铁管分为给水铸铁管和排水铸铁管两种。给水铸铁管常用球墨铸铁浇铸而成，出厂前内外表面已用防锈沥青漆进行防腐处理。给水铸铁管按接口形式分为承插式和法兰式两种，按压力分为高压、中压和低压给水铸铁管。直径规格均用公称直径表示。

4. 塑料管

塑料是以合成树脂为主要成分，加入适量的添加剂，在一定的温度和压力下塑制成型的有机高分子材料。用塑料制成的管子具有优良的化学稳定性，耐腐蚀、力学性能好、不燃烧、无不良气味、质轻而坚、密度小、表面光滑、容易加工安装，在工程中被广泛应用。

塑料管的规格用 d_e（公称外径，单位为 mm）×e（壁厚，单位为 mm）表示。

（1）给水硬聚氯乙烯管（PVC – U）　给水硬聚氯乙烯管以聚氯乙烯树脂为主要原料，经挤压成型。管材的长度一般为 4m、6m、8m、12m 等。

（2）给水高密度聚乙烯管（HDPE）　给水高密度聚乙烯管是以高密度聚乙烯树脂为主要原料，经挤压成型制成的管子。

给水硬聚氯乙烯管和给水高密度聚乙烯管均用于室内外（埋地或架空）输送水温不超过 45℃ 的冷热水。

5. 铝塑复合管

铝塑复合管是以焊接铝管为中间层，内外层均为聚乙烯塑料，采用专用热熔胶，通过挤压成型复合成一体的管子，可分为冷热水用铝塑复合管和燃气用铝塑复合管。

6. 给水管材的选用

室内给水管道应选用耐腐蚀和安装连接方便可靠的管材，可采用塑料给水管、塑料和金属复合管、铜管、不锈钢管及经可靠防腐处理的钢管。高层建筑给水立管不宜采用塑料管。

热水供应系统的管道应选用耐腐蚀和安装连接方便可靠的管材，可采用薄壁铜管、薄壁不锈钢管、塑料热水管、塑料和金属复合热水管等。当采用塑料热水管或塑料和金属复合热水管材时应符合下列要求。

1）管道的工作压力应按相应温度下的许用工作压力选择。

2）设备机房内的管道不应采用塑料热水管。

建筑小区室外埋地给水管道采用的管材，应具有耐腐蚀和能承受相应地面荷载的能力，可采用塑料给水管、有衬里的铸铁给水管、经可靠防腐处理的钢管。管内壁的防腐材料应符合现行的国家有关卫生标准的要求。

1.1.2　室内给水系统常用管件

各种管道应采用与该类管材相应的专用管件。管件的规格用公称直径 DN 表示；如为异径管件，还应注明异径管件的规格。

1. 钢管件

钢制管道管件是用优质碳素钢或不锈钢经特制模具压制成型的，分为焊接钢管管件、螺纹管件、无缝钢管管件几种。

（1）焊接钢管管件　焊接钢管管件是用无缝钢管和焊接钢管经下料加工而成的管件，常用的有焊接弯头、焊接等径三通和焊接异径管等，如图 1-1 所示。

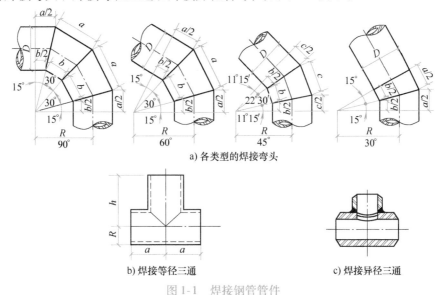

a) 各类型的焊接弯头

b) 焊接等径三通　　　　　　　　　c) 焊接异径三通

图 1-1　焊接钢管管件

（2）无缝钢管管件　无缝钢管管件是用压制法、热推弯法及管段弯制法制成的管件，适合在工厂集中预制，与管道的连接采用焊接连接。常用的无缝钢管管件（图 1-2）有以下几种。

1）在管道转向处起转向作用的管件，如 45°、90°、180°弯头。

2）在一处可连接 3 个或 4 个不同方向管道的 T 形或十字形管件，如三通、四通。

3）起变径作用的管件，如异径管。

4）封堵管道末端的管件，如管帽。

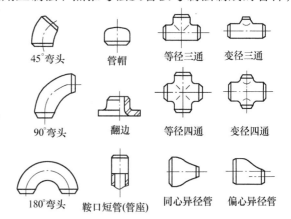

图 1-2　常用的无缝钢管管件

2. 可锻铸铁管件

可锻铸铁管件在室内给水、热水供应工程中应用广泛。管件规格为 $DN6 \sim DN150$，与管子的连接均采用螺纹连接。常用的可锻铸铁管件有以下几种。

1）用于直线连接两根等径管子的管件，如管箍。

2）用于直线连接两根异径管子的管件，如异径管。

3）用于管路转弯或转弯又变径的管件，如 45°弯头和 90°等径或异径弯头。

4）用于管子由大变小或由小变大的管件，如内外螺母（又称补心）。

5）在安装距离较小时，用于连接直径相同的内螺纹管件或阀门的管件，如六角内接头。

6）用于堵塞管件的端头或堵塞管道上的预留口的管件，如螺塞。

7）用于连接或断开管子的起可拆卸作用的管件，如活接头。

8）用于锁紧外接头或其他管件，常与长螺纹管箍配套使用的管件，如锁紧螺母（又称根母）。

除上述管件之外，还有三通、四通、管帽。常用的可锻铸铁管件如图1-3所示。

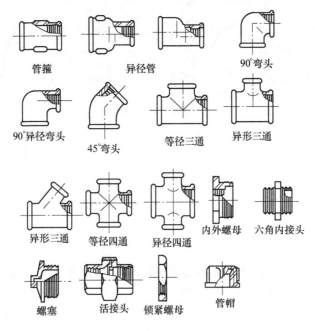

图1-3 常用的可锻铸铁管件

3. 给水铸铁管件

给水铸铁管件的接口形式有承插式和法兰式。

常用给水铸铁管件如图1-4所示。

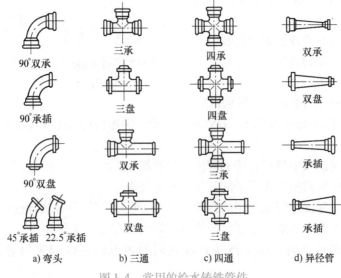

图1-4 常用的给水铸铁管件

4. 给水用硬聚氯乙烯管件

给水用硬聚氯乙烯管件以聚氯乙烯树脂为主要原料，经注塑成型或用管材二次加工成型，使用水温不超过45℃。

常用的给水用硬聚氯乙烯管件如图1-5所示。

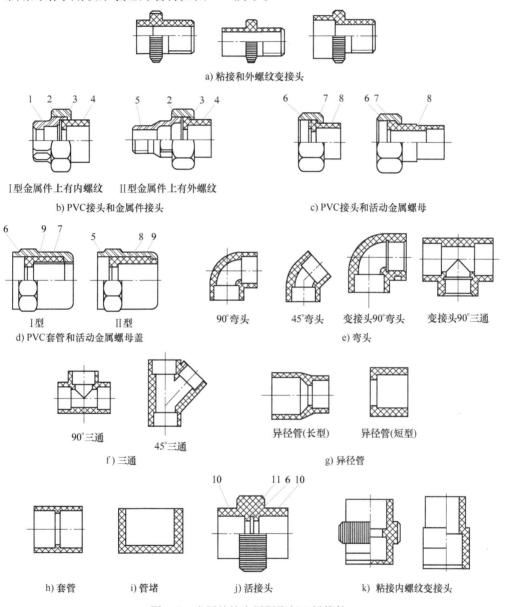

图 1-5　常用的给水用硬聚氯乙烯管件

1—接头套（金属内螺纹）　2—垫圈　3—接头螺母（金属）　4—接头外部（PVC）
5—接头套（金属外螺纹）　6—平密封垫圈　7—金属螺母　8—接头端（PVC）
9—PVC套管　10—承口端　11—PVC螺母

5. 给水用铝塑复合管管件

给水用铝塑复合管管件一般用黄铜制造而成，采用卡套式连接。常用铝塑复合管管件规格见表1-1。

表 1-1　常用铝塑复合管管件规格

管件	图示	规格	管件	图示	规格
双接头		S32 S25 S18 S16 S14	异径 T 形接头		T32 – 25 – 32 T25 – 18 – 25 T25 – 16 – 25 T18 – 16 – 18 T18 – 25 – 18
异径双接头		S32 – 25 S25 – 16 S25 – 18 S18 – 16 S16 – 14 S18 – 14	内牙 T 形接头		T32 – 1″ F – 32 T25 – 1″ F – 25 T25 – 1/2″ F – 25 T18 – 1/2″ F – 18 T16 – 1/2″ F – 16 T14 – 1/2″ F – 14
外牙直接头		S32 – 1 1/4″ M S25 – 1″ M S25 – 3/4″ M S18 – 3/4″ M S18 – 1/2″ M S16 – 1/2″ M S14 – 1/2″ M			
内牙弯头		L25 – 1″ F L25 – 3/4″ F L25 – 1/2″ F L18 – 3/4″ F L18 – 1/2″ F L16 – 1/2″ F	终端闷盖		HM32 HM25 HM18 HM16 HM14
T 形接头		T32 T25 T18 T16 T14	管扣		SK32 SK25 SK18 SK16 SK14

1.1.3　给水附件与水表

给水附件是指在给水管道及设备上用于启闭以及调节分配水量及水压的装置。给水附件分为配水附件和控制附件两大类。

1. 配水附件

配水附件用于调节和分配水量，一般指各种冷热水龙头。图 1-6 所示为常用配水龙头。

2. 控制附件

控制附件用于启闭管路、调节水量和水压，一般指各种阀门。常用的给水控制附件有闸阀、截止阀、单向阀、旋塞阀、球阀、浮球阀等。

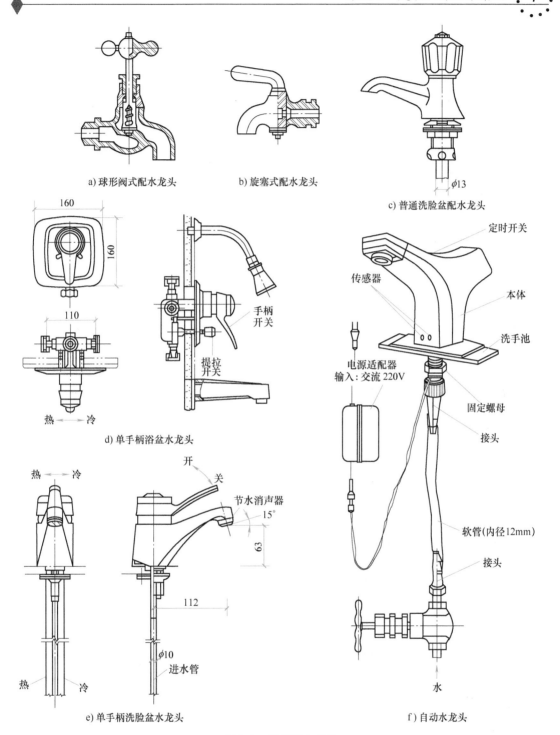

a) 球形阀式配水龙头

b) 旋塞式配水龙头

c) 普通洗脸盆配水龙头

d) 单手柄浴盆水龙头

e) 单手柄洗脸盆水龙头

f) 自动水龙头

图 1-6　常用配水龙头

（1）闸阀　闸阀的启闭件为闸板，由阀杆带动闸板沿阀座密封面做升降运动而切断或开启管路。闸阀具有阻力小、无安装方向规定等优点，其缺点是关闭不严、开启高度大。

闸阀按连接方式分为螺纹闸阀和法兰闸阀。按阀门的结构形式分平行式（图 1-7）和楔式（图 1-8）两种。

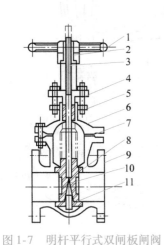

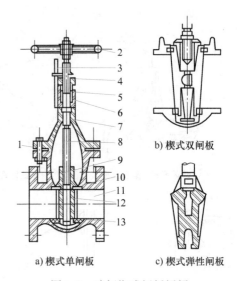

图1-7　明杆平行式双闸板闸阀

1—手轮　2—阀杆螺母　3—阀杆　4—填料压盖

5—填料　6—阀盖　7—垫件　8—密封圈

9—阀体　10—闸板　11—顶楔

b) 楔式双闸板

c) 楔式弹性闸板

a) 楔式单闸板

图1-8　暗杆楔式闸板闸阀

1—垫件　2—手轮　3—指示器　4—压盖　5—填料箱

6—填料　7—阀盖　8—阀杆　9—阀杆螺母

10、13—密封圈　11—阀体　12—闸板

（2）截止阀　截止阀的启闭件为阀瓣，由阀杆带动，沿阀座轴线做升降运动而切封或开启管路。截止阀具有密封性好、开启高度小等优点，缺点是阻力大，安装时有方向要求（低进高出）。

截止阀按连接方式分为内（外）螺纹截止阀、法兰截止阀和卡套式截止阀。按阀门的结构形式分为直通式、直流式、直角式（图1-9）。截止阀的构造如图1-10所示。

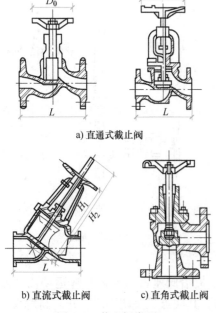

a) 直通式截止阀

b) 直流式截止阀

c) 直角式截止阀

图1-9　截止阀类型

H_1—阀门关闭时尺寸　H_2—阀门全开时尺寸

D_0—手轮直径　L—阀门长度

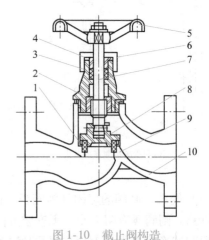

图1-10　截止阀构造

1—密封圈　2—阀盖　3—填料　4—填料压环　5—手轮

6—压盖　7—阀杆　8—阀瓣　9—阀座　10—阀体

（3）单向阀　单向阀的启闭件为阀瓣，利用阀门两侧介质的压力差值自动启闭水流通路，阻止水的倒流。因此，单向阀的安装方向必须与水流方向一致。

单向阀按连接方式分为螺纹单向阀和法兰单向阀。按结构形式分为升降式（图1-11）和启闭式（图1-12）两大类。

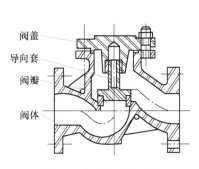

图1-11　升降式单向阀

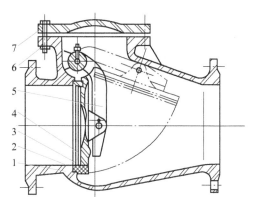

图1-12　启闭式单向阀

1—阀体　2—阀体密封圈　3—阀瓣密封圈
4—阀瓣　5—摇杆　6—垫片　7—阀盖

底阀也是单向阀的一种，专门用于水泵吸水口，保证水泵起动，防止杂质随水流吸入泵内。底阀有升降式（图1-13）和旋启式两种。

（4）旋塞阀　旋塞阀的启闭件为金属塞状物，塞子中部有一孔道，绕其轴线转动90°即为全开或全闭。旋塞阀具有结构简单、启用迅速、操作方便、阻力小等优点，缺点是密封面维修困难，在流体参数较高时旋转灵活性和密封性较差，多用于低压、小口径管及介质温度不高的管路中，其构造如图1-14所示。

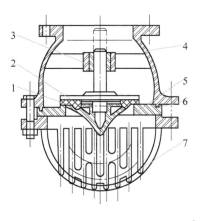

图1-13　升降式底阀

1—阀瓣密封圈　2—阀瓣　3—导套
4—阀体　5—阀座　6—垫片　7—阀盖

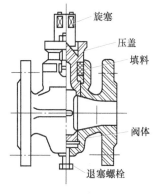

图1-14　旋塞阀

（5）球阀　球阀的启用件为金属球状物，球体中部有一圆形孔道，操纵手柄绕垂直于管路的轴线旋转90°即可全开或全闭。球阀具有结构简单、体积小、阻力小、密封性好、操作方便、启闭迅速、便于维修等优点，缺点是高温时启闭较困难、水击严重、易磨损。

球阀按连接方式分为内螺纹球阀、法兰式球阀、对夹式球阀，法兰式球阀的结构如图 1-15 所示。

（6）浮球阀 浮球阀依靠水的浮力自动启闭水流通路，是用来自动控制水流的补水阀门，常安装于需控制水流的水箱或水池内，如图 1-16 所示。

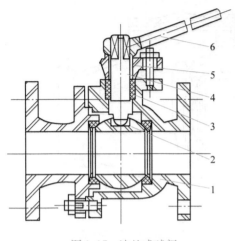

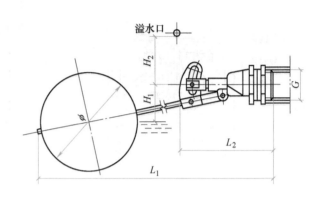

图 1-15 法兰式球阀

1—阀体 2—球体 3—填料 4—阀杆
5—阀盖 6—手柄

图 1-16 浮球阀

3. 水表

水表是一种计量用户用水量的仪表。建筑给水系统中广泛应用的是流速式水表，其计量用水量的原理是当管径一定时，通过水表的流量与水流速度成正比。水表计量的数值为累计值。

流速式水表按叶轮构造不同分为旋翼式和螺翼式两类，如图 1-17 所示。

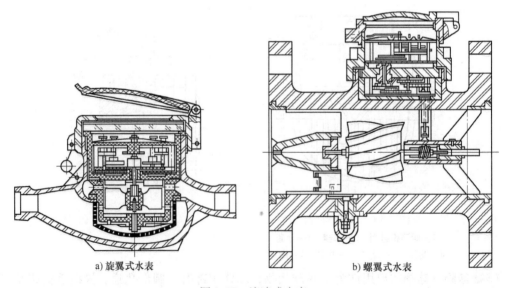

a) 旋翼式水表   b) 螺翼式水表

图 1-17 流速式水表

（1）旋翼式水表 旋翼式水表的叶轮轴与水流方向垂直，水流阻力大，计量范围小，多为小口径水表，用于测量较小水流量。旋翼式水表按计数机件所处的状态分为湿式和干式两种。

湿式水表的计数机构和表盘均浸没于水中，机构简单，计量较准确，应用较广泛，但只能用于水中不含杂质的管道上。

干式水表的计数机构和表盘与水隔开，当水质浊度高时会降低水表精度，产生磨损，降低水表寿命。

LXS 水平旋翼式水表的技术参数见表1-2。

表 1-2　LXS 水平旋翼式水表技术参数

型号	公称口径 /mm	计量等级	过载流量 q_s	常用流量 q_p	分界流量 q_t	最小流量 q_{min}	最小读数	最大读数
			m³/h		L/h		m³	
LXS – 15C	15	A	3	1.5	0.15	60	0.0001	99999
LXS – 15E		B			0.12	30		
LXS – 20C	20	A	5	2.5	0.25	100	0.0001	99999
LXS – 20E		B			0.20	50		
LXS – 25C	25	A	7	3.5	0.35	140	0.0001	99999
LXS – 25E		B			0.28	70		
LXS – 32C	32	A	12	6.0	0.60	240	0.0001	99999
LXS – 32E		B			0.48	120		
LXS – 40C	40	A	20	10	1.00	400	0.0001	99999
LXS – 40E		B			0.80	200		
LXS – 50C	50	A	30	15	1.50	600	0.0001	99999
LXS – 50E		B			1.20	300		

（2）螺翼式水表　螺翼式水表的叶轮轴与水流方向平行，水流阻力小，多为大口径水表，用于测量较大水流量。螺翼式水表按其转轴方向可分为水平式和垂直式两种。水平式螺翼式水表有干式与湿式之分，垂直式均为干式。LXL 水平螺翼式水表的技术参数见表1-3。

表 1-3　LXL 水平螺翼式水表技术参数

型号	公称口径 /mm	计量等级	过载流量 q_s	常用流量 q_p	分界流量 q_t	最小流量 q_{min}	最小读数	最大读数
			m³/h		L/h			
LXL – 80E	80	A	80	40	12.0	3.2	0.002	999999
		B			8.0	1.2		
LXL – 100E	100	A	120	60	18.0	4.8	0.002	999999
		B			12.0	1.8		
LXL – 150E	150	A	300	150	45.0	12.0	0.002	999999
		B			30.0	4.5		
LXL – 200E	200	A	500	250	75.0	20.0	0.02	9999999

表1-2 和表1-3 中各型号水表适用于水温不超过50℃、水压不大于1MPa的洁净冷水的流量计量。

（3）新型水表　随着计算机应用技术的日益发展，目前IC卡、TM卡（智能卡式）水表和代码式水表发展速度很快，并将成为主流产品。该类水表具有预付费功能和自动控制功能。智能卡式水表采用了超低功耗微处理器，高度集成了实时时钟、液晶驱动、数据采集处理等一系列功能，并在外围电路上采取优化设计，使智能水表具有质量可靠、抗干扰性好、灵敏度高和功耗低等特性。

此外，特种水表也呈现出快速发展的势头，如污水表、特大流量计量水表以及提高水表始动流量灵敏度的滴水计量水表等都已相继研发成功并投入应用。

（4）水表口径的确定　用水量均匀的生活给水系统的水表应以给水设计流量选定水表的常用流量；用水量不均匀的生活给水系统的水表应以给水设计流量选定水表的过载流量；在消防时除生活用水外尚需通过消防流量的水表，应以生活用水的设计流量叠加消防流量进行校核，校核流量不应大于水表的过载流量。另外，还应注意工作时间内用水的均匀程度，当用水比较均匀时，其水表损失值与损失规定值差值大些为宜，反之差值小些为宜。水表压力损失规定值见表1-4。

表1-4　水表压力损失规定值

（单位：kPa）

系统工况	表型	
	旋翼式	螺翼式
正常用水时	24.5	12.8
消防时	49.0	29.4

水表选定后按下式计算设计流量下水表的压力损失。

$$h_b = \frac{q_b^2}{k_b} \tag{1-1}$$

旋翼式水表：

$$k_b = \frac{q_{max,S}^2}{100} \tag{1-2}$$

螺翼式水表：

$$k_b = \frac{q_{max,L}^2}{10} \tag{1-3}$$

式中　h_b——水流通过水表产生的压力损失（kPa）；

　　　q_b——通过水表的流量（m³/h）；

　　　k_b——水表的特性系数 [（m³/h）²/kPa]；

　　　$q_{max,S}$——旋翼式水表的最大流量（m³/h）；

　　　$q_{max,L}$——螺翼式水表的最大流量（m³/h）；

　　　100——旋翼式水表通过最大流量时的压力损失（kPa）；

　　　10——螺翼式水表通过最大流量时的压力损失（kPa）。

【例1-1】　已知某住宅楼给水系统，经计算每户通过水表的设计流量为1.53m³/h。试选择每户水表的型号，并计算其压力损失。

【解】　查表1-2 可知，LXS-20C旋翼式湿式水表的常用流量为2.5m³/h，过载流量为

5.0m³/h，满足每户的设计流量1.53m³/h。按式（1-1）和式（1-2）计算水表的压力损失为

$$h_{b} = \frac{q_{b}^{2}}{k_{b}} = \frac{q^{2}}{\dfrac{q_{max,S}^{2}}{100}} = \frac{1.53^{2}}{\dfrac{5^{2}}{100}} kPa = 9.36 kPa < 24.5 kPa$$

满足要求，故分户水表确定为 LXS – 20C 型，水表口径为 DN20。

课题 2　给水系统的分类及组成

建筑内部给水系统的任务，就是经济合理地将水由室外给水管网输送到建筑物内部的各用水（生产、生活、消防）设备处，满足用户对水质、水量、水压的要求，保证用水安全可靠。

1.2.1　给水系统的分类

建筑内部给水系统根据用途一般可分为以下三类。

1. 生活给水系统

生活给水系统是供民用建筑和工业建筑内的饮用、盥洗、淋浴和洗涤等生活方面用水所设的给水系统。

2. 生产给水系统

生产给水系统是供工业企业生产用水所设的给水系统，如设备冷却用水、锅炉用水和原料洗涤用水等。

3. 消防给水系统

消防给水系统是为提供建筑物扑救火灾用水而设置的给水系统。消防用水对水质要求不高，但必须符合建筑防火规范要求，保证有足够的水量和水压。

在一幢建筑物内，可以按水质、水压和水量的要求及安全方面的需要，结合室外给水系统的情况组成不同的共用给水系统，如生活、消防给水系统，生活、生产给水系统，生产、消防给水系统，生活、生产、消防给水系统等。

当两种及两种以上用水的水质相近时，应尽量采用共用的给水系统。根据具体情况，也可将生活给水系统划分为饮用水系统和生活杂用水系统。生活给水系统的水质，应符合《生活饮用水卫生标准》（GB 5749—2006）的要求；当采用中水为生活杂用水时，生活杂用水系统的水质应符合《城市污水再生利用城市杂用水水质》（GB/T 18920—2020）的要求。

在工业企业内部，由于生产工艺不同，生产过程中各道工序对水质、水压的要求各有不同，因此应将生产给水按水质、水压要求分别设置多个独立的给水系统。若想节约用水，节省电耗，降低成本，可将生产给水系统再划分为循环给水系统、循序给水系统、重复利用给水系统等。

1.2.2　给水系统的组成

建筑内部给水系统的组成如图 1-18 所示。

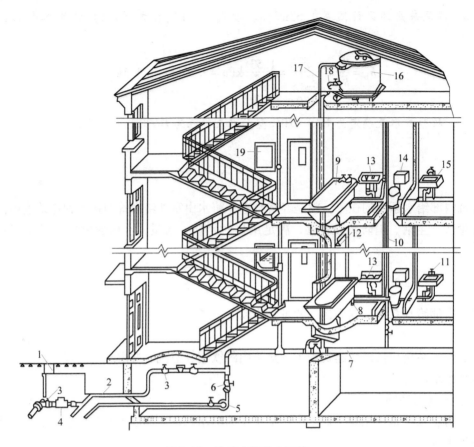

图 1-18　建筑内部给水系统

1—阀门井　2—引入管　3—闸阀　4—水表　5—水泵　6—单向阀
7—干管　8—支管　9—浴盆　10—立管　11—水龙头　12—淋浴器　13—洗脸盆
14—大便器　15—洗涤盆　16—水箱　17—进水管　18—出水管　19—消火栓

1. 引入管

引入管是指室外给水管网与建筑内部给水管网之间的连接管，也称为进户管。

2. 水表节点

水表节点是引入管上装设的水表及其前后设置的阀门、泄水阀等装置的总称。水表用来计量建筑物总用水量，阀门用于水表检修、更换时关闭管路，泄水阀用于系统检修时放空系统内的水。水表节点如图 1-19 和图 1-20 所示。

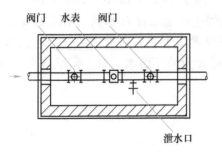

图 1-19　一般水表节点

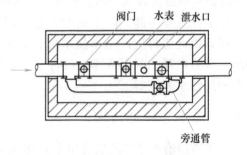

图 1-20　有旁通管的水表节点

在建筑内部给水系统中，除了在引入管上安装水表外，在需要计量水量的某些部位和设备的配水管上也要安装水表。住宅建筑每户均应安装分户水表。

3. 给水管道

给水管道包括干管、立管和支管。水由引入管经干管、立管引至支管，到达各配水点和用水设备。

4. 给水附件

给水附件是指给水管道系统中装设的各种阀门以及各式配水龙头、仪表等，用于调节水量、水压，控制水流方向及取用水。

5. 升压和贮水设备

当室外给水管网的水量、水压不能满足建筑物内部用水要求或要求供水压力稳定、确保供水安全时，应根据需要在系统中设置水泵、水池、高位水箱和气压给水设备等增压、贮水装置。

6. 室内消防设备

按照建筑物的防火要求及规定，需要设置消防给水系统时，一般应设置消火栓灭火设备。有特殊要求时还需设置自动喷淋消防给水设备。

课题 3　生活给水系统的给水压力和给水方式

1.3.1　建筑内部给水系统所需压力的确定

建筑内部给水系统必须保证将需要的水量输送到建筑物内最不利配水点（系统内所需给水压力最大的配水点，通常位于系统最高、最远点），并保证有足够的流出压力，如图 1-21 所示。

建筑内部给水系统所需水压可用下式计算。

$$H = H_1 + H_2 + H_3 + H_4 \qquad (1\text{-}4)$$

式中　　H——室内给水系统所需的水压（kPa）；

　　　　H_1——最不利配水点与室外引入管起端之间的静压差（kPa）；

　　　　H_2——计算管路（最不利配水点至引入管起点间的管路，也称为最不利管路）的压力损失（kPa）；

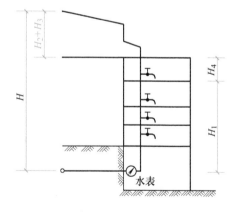

图 1-21　建筑内部给水系统所需压力

　　　　H_3——水流通过水表的压力损失（kPa）；

　　　　H_4——最不利配水点所需的流出压力（kPa）。

流出压力是指各种卫生器具配水龙头或用水设备处，为获得规定的出水量所需要的最小水压力，见表 1-5。

表 1-5　卫生器具的给水额定流量、当量、连接管公称直径和流出压力

序号	给水配件名称		额定流量/(L/s)	当　量	连接管公称直径/mm	流出压力/MPa
1	洗涤盆、拖布盆、盥洗槽	单阀水龙头	0.15 ~ 0.20	0.75 ~ 1.00	15	0.050
		单阀水龙头	0.30 ~ 0.40	1.50 ~ 2.00	20	0.050
		混合水龙头	0.15 ~ 0.20 (0.14)	0.75 ~ 1.00 (0.70)	15	0.050
2	洗脸盆	单阀水龙头	0.15	0.75	15	0.050
		混合水龙头	0.15 (0.10)	0.75 (0.50)	15	0.050
3	洗手盆	感应水龙头	0.20	0.50	15	0.050
		混合水龙头	0.15 (0.10)	0.75 (0.50)	15	0.050
4	浴盆	单阀水龙头	0.30 (0.20)	1.5 (1.0)	15	0.050
		混合水龙头（含带淋浴转换器）	0.30 (0.20)	1.5 (1.0)	20	0.050 ~ 0.70
5	淋浴器	混合阀	0.15 (0.10)	0.75 (0.5)	15	0.050 ~ 0.100
6	大便器	冲洗水箱浮球阀	0.10	0.5	15	0.020
		延时自闭式冲洗阀	1.20	6.0	25	0.100 ~ 0.150
7	小便器	手动或自动自闭式冲洗阀	0.10	0.5	15	0.050
		自动冲洗水箱进水阀	0.10	0.5	15	0.020
8	小便槽多孔冲洗管（每米长）		0.05	0.25	15 ~ 20	0.015
9	净身器冲洗水龙头		0.10 (0.07)	0.5 (0.35)	15	0.050
10	医院倒便器		0.02	1.00	15	0.050
11	实验室化验水龙头（鹅颈）	单联	0.07	0.35	15	0.020
		双联	0.15	0.75	15	0.020
		三联	0.20	1.0	15	0.020
12	饮水器出水龙头		0.05	0.25	15	0.050
13	洒水栓		0.40	2.0	20	0.050 ~ 0.100
			0.70	3.5	25	0.050 ~ 0.100
14	室内地面冲洗水龙头		0.20	1.0	15	0.050
15	家用洗衣机水龙头		0.20	1.0	15	0.050

注：1. 表中括号内的数值为有热水供应的情况下，单独计算冷水或热水时使用。

　　2. 当浴盆上附设淋浴器，或混合水嘴有淋浴器转换开关时，其额定流量和当量只计水龙头，不计淋浴器；但水压应按淋浴器计。

　　3. 家用燃气热水器所需水压，按产品要求和热水供应系统最不利配水点所需工作压力确定。

　　4. 绿地的自动喷灌应按产品要求设计。

对于民用建筑生活用水管网，在初步设计阶段可按建筑物的层数粗略估计自地面算起的最小保证压力值。

$$H = \begin{cases} 100 & N = 1 \\ 40N + 40 & N > 1 \end{cases} \tag{1-5}$$

式中 H——最小保证压力值（kPa）；

N——建筑物层数。

估算时应注意建筑物层高不超过 3.2m，最高层卫生器具配水点的出流压力在 50kPa 以内，给水管道内的水流速度不宜过大。

1.3.2 给水方式

给水方式是指建筑内部给水系统的给水方案。给水方式必须依据用户对水质、水量和水压的要求，结合室外管网所能提供的水质、水量和水压情况，卫生器具及消防设备在建筑物内的分布，用户对供水安全可靠性的要求等因素，经技术经济比较或综合评判来确定。给水方式有以下几种基本类型。

1. 直接给水方式

建筑内部只设给水管道系统，不设加压及贮水设备，室内给水管道系统与室外供水管网直接相连，利用室外管网压力直接向室内给水系统供水（图 1-22），这是一种最简单经济的给水方式。这种给水方式的优点是给水系统简单，投资少，安装维修方便，能充分利用室外管网水压，供水较为安全可靠；缺点是系统内部无贮备水量，当室外管网停水时，室内系统立即断水。这种给水方式适用于室外管网水量和水压充足，能够保证室内用户全天用水要求的地区。

2. 设水箱的给水方式

建筑物内部设有管道系统和屋顶水箱（也称高位水箱），且室内给水系统与室外给水管网直接连接。当室外管网压力能够满足室内用水需要时，由室外管网直接向室内管网供水，并向水箱充水，以贮备一定水量。当高峰用水时，室外管网压力不足，则由水箱向室内系统补充供水。为了防止水箱中的水回流至室外管网，在引入管上要设置单向阀，如图 1-23 所示。

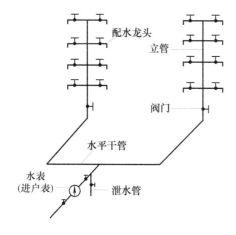

图 1-22 直接给水方式

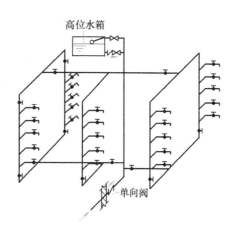

图 1-23 设水箱的给水方式

这种给水方式具有一定的贮备水量，供水的安全可靠性较好；缺点是系统设置了高位水箱，增加了建筑物的结构荷载，并给建筑物的立面处理带来一定的困难。设水箱的给水方式适用于室外管网水压周期性不足及室内用水要求水压稳定，并且允许设置水箱的建筑物。

在室外管网给水压力周期性不足的建筑中，可采用如图1-24所示的给水方式，即建筑物下层由室外管网直接供水，建筑物上层采用有水箱的给水方式，这样可以减小水箱的体积。

3. 设水泵的给水方式

建筑物内部设有给水管道系统及加压水泵，当室外管网水压不足时，利用水泵加压后向室内给水系统供水，如图1-25所示。

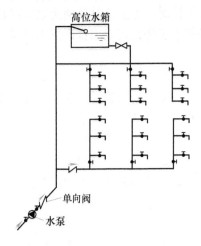

图1-24　下层直接供水、上层设水箱的给水方式

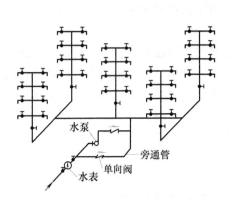

图1-25　设水泵的给水方式

当室外给水管网允许水泵直接吸水时，水泵宜直接从室外给水管网吸水，但室外给水管网的压力不得低于100kPa（从地面算起）。此时，应绕水泵设旁通管，并在旁通管上设阀门，当室外管网水压较大时，可停泵直接向室内系统供水。在水泵出口和旁通管上应装设单向阀，以防水泵停止运转时，室内给水系统中的水产生回流。

当水泵直接从室外管网吸水而造成室外管网压力大幅度波动，影响其他用户使用时，必须设置贮水池，如图1-26所示，设置贮水池可增加供水的安全性。

当建筑物内用水量较均匀时，可采用恒速水泵供水；当建筑物内用水不均匀时，宜采用自动变频调速水泵供水，以提高水泵的运行效率，达到节能的目的。

在电源可靠的条件下，可选用装有自动调速装置的离心式水泵。目前调速装置主要采用变频调速器，根据相似定律，水泵的流量、扬程和功率分别与其转速的1次方、2次方和3次方成正比，调节水泵的转速可改变水泵的流量、扬程和功率，使水泵变流量供水时，保持高效运行。调速装置的工作原理是：在

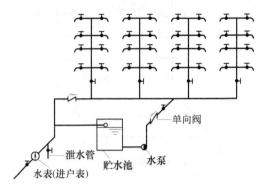

图1-26　水泵从贮水池吸水

水泵出水口或管网末端安装压力传感器,将测定的压力值 H 转换成电信号输入压力控制器,与控制器内根据用户需要设定的压力值 H_1 比较。当 $H > H_1$ 时,控制器向调速器输入降低转速的信号,使水泵降低转速,出水量减少;当 $H < H_1$ 时,则向调速器输入提高转速的控制信号,使水泵转速提高,出水量增加。由于保持了水泵出口压力或管网末端压力恒定,因此配水最不利点始终保持所需的流出压力,节能效果明显。但其控制系统较复杂,且配水最不利点一般远离泵房,信号传递系统安装、检查、维修不便,管理难度增大。因水泵只在一定的转速变化范围内才能保持高效运行,故选用高速泵与恒速泵组合供水方式可取得更好的效果。

为避免在给水系统微量用水时,水泵工作效率低,轴功率产生的机械热能使水温上升,导致水泵出现故障,可选用并联运行的小型气压水罐,并配有小型加压水泵变频供水装置。在微量用水时,变频高速泵停止运行,利用气压水罐中压缩空气向系统供水。当给水系统中流量发生变化时,扬程也随之发生变化,压力传感器不断向微机控制器输入水泵出水管压力的信号;若测得的压力值大于设计给水量对应的压力值,则微机控制器向变频调速器发出降低电流频率的信号,从而使水泵转速降低,水泵出水量减少,水泵出水管压力下降,反之亦然,如图 1-27 所示。

4. 设贮水池、水泵和水箱的给水方式

当室外给水管网水压经常不足,而且不允许水泵直接从室外管网吸水或室内用水不均匀时,常采用设贮水池、水泵和水箱的给水方式,如图 1-28 所示。

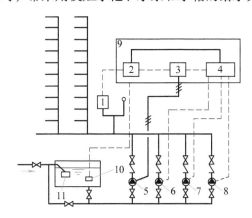

图 1-27   设变速水泵的给水方式

1—压力传感器   2—微机控制器   3—变频调速器
4—恒速泵控制器   5—变频高速泵   6、7、8—恒速泵
9—电控柜   10—水位传感器   11—液位自动控制阀

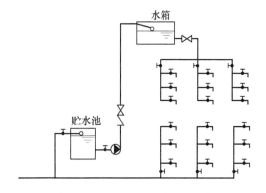

图 1-28   设贮水池、水泵和水箱
的给水方式

水泵从贮水池吸水,经加压后送给系统用户使用。当水泵供水量大于系统用水量时,多余的水充入水箱贮存;当水泵供水量小于系统用水量时,则由水箱向系统补充供水,以满足室内用水要求。此外,贮水池和水箱又起到了贮备一定水量的作用,使供水的安全可靠性更好。这种给水方式由水泵和水箱联合工作,水泵及时向水箱充水,可以减小水箱体积。同时,在水箱的调节下,水泵的工作稳定,工作效率高,节省电耗。在高位水箱上采用水位继电器控制水泵起动,易于实现管理自动化。

当允许水泵直接从外网吸水时,可采用水泵和水箱联合工作的给水方式,如图 1-29

所示。

5. 设气压给水装置的给水方式

气压给水装置是利用密闭压力水罐内空气的可压缩性贮存、调节和压送水量的给水装置，其作用相当于高位水箱，如图1-30所示。水泵从贮水池或室外给水管网吸水，经加压后送至给水系统和气压水罐内；停泵时，再由气压水罐向室内给水系统供水，由气压水罐调节贮存水量及控制水泵运行。

这种给水方式的优点是设备可设在建筑物的任何高度，便于隐蔽，安装方便，水质不易受污染，投资少，建设周期短，便于实现自动化等。这种给水方式适用于室外管网水压经常不足，不宜设置高位水箱的建筑（如隐蔽的国防工程，地震区的建筑，对外部形象要求较高的建筑）。

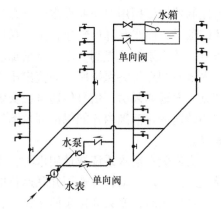

图1-29 设水泵和水箱的给水方式

6. 分区给水方式

在层数较多的建筑物中，当室外给水管网的压力只能满足建筑物下面几层供水要求时，为了充分利用室外管网水压，可将建筑物供水系统划分为上、下两个区域，下区由外网直接供水，上区由升压、贮水设备供水。将上、下两区的一根或几根立管连通，在分区处装设阀门，如图1-31所示，以备下区进水管发生故障或外网水压不足时打开阀门由高区水箱向低区供水。

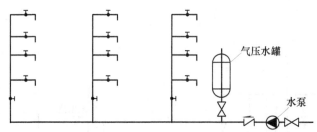

图1-30 设气压给水装置的给水方式

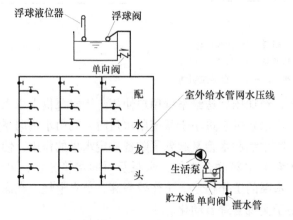

图1-31 分区给水方式

课题 4　给水管道的布置与敷设

1.4.1　管道布置

给水管道的布置受建筑结构、用水要求、配水点和室外给水管道的位置以及供暖、通风空调、供电等其他建筑设备工程管线等因素影响。布置管道时，应处理和协调好各种相关因素的关系。

1. 基本要求

（1）确保供水安全，力求经济合理　管道尽可能和墙、梁、柱平行，呈直线走向，力求管路简短，以减少工程量，降低造价。干管应布置在用水量大或不允许间断供水的配水点附近，既利于供水安全，又可减少流程中不合理的转输流量，节省管材。对不允许间断供水的建筑物，应从室外环状管网不同管段上连接 2 条或 2 条以上引入管，在室内将管道连成环状或贯通状双向供水，如图 1-32 所示。若条件达不到要求，可采取设贮水池或增设第二水源等安全供水措施。

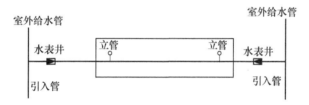

图 1-32　引入管从建筑物不同侧引入

（2）保护管道不受损坏　给水埋地管道应避免布置在可能受重物压坏处。管道不得穿越生产设备基础；如遇特殊情况必须穿越时，应与有关专业设计人员协商处理。管道不宜穿过建筑的伸缩缝、沉降缝；如必须穿过，应采取保护措施。常用的措施有：软性接头法，即用橡胶软管或金属波纹管连接沉降缝或伸缩缝两边的管道；螺纹弯头法，如图 1-33 所示，在建筑沉降过程中，两边的沉降差由螺纹弯头的旋转来补偿，适用于小管径的管道；活动支架法，如图 1-34 所示，在沉降缝两侧设支架，使管道只能产生垂直位移而不能

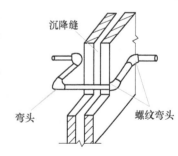

图 1-33　螺纹弯头法

产生水平位移，以适应沉降、伸缩的应力。为防止管道腐蚀，管道不允许布置在烟道、风道和排水沟内；不允许穿越大便槽和小便槽，当立管距小便槽端部小于或等于 0.5m 时，在小便槽端部应设隔断措施。

（3）不影响生产安全和建筑物使用　为避免管道渗漏，造成配电间电气设备故障或短路，管道不能从配电间通过；管道不能布置在妨碍生产操作和交通运输处或遇水易引起燃烧、爆炸、损坏的设备、产品和原料处；管道不宜穿过橱窗、壁柜、吊柜等，也不宜在机械设备上方通过，以免影响各种设施的功能和设备的维修。

（4）便于安装和维修　布置管道时其周围要留有一定的空间，以满足安装、维修的要

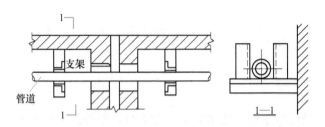

图1-34　活动支架法

求，保证给水管道与其他管道和建筑结构的最小净距离。需进入检修的管道井，其通道宽度不宜小于0.6m。

（5）防止水质污染

1）城镇给水管道严禁与自备水源的供水管道直接连接。

2）中水、回用雨水等非生活饮用水管道严禁与生活饮用水管道连接。

3）生活饮用水不得因管道产生虹吸、背压回流而受污染。

4）卫生器具和用水设备、构筑物等的生活饮用水管配件出水口应符合下列规定：出水口不得被任何液体或杂质淹没；出水口高出承接用水容器溢流边缘的最小空气间隙，不得小于出水口直径的2.5倍。

5）生活饮用水水池（箱）进水管口的最低点高出溢流边缘的空气间隙应等于进水管管径，但最小不应小于25mm，最大不大于150mm。当进水管从最高水位以上进入水池（箱），管口为淹没出流时应采取真空破坏器等防虹吸回流措施。不存在虹吸回流的低位生活饮用水贮水池，其进水管不受本条限制，但进水管仍宜从最高水面以上进入水池。

6）从生活饮用水管网向消防、中水和雨水回用等其他用水的贮水池（箱）补水时，其进水管口最低点高出溢流边缘的空气间隙不应小于150mm。

7）从给水饮用水管道上直接供用水管道时，应在这些用水管道的下列部位设置倒流防止器：从城镇给水管网的不同管段接出两路及两路以上的引入管，且与城镇给水管形成环状管网的小区或建筑物，在其引入管上；从城镇生活给水管网直接抽水的水泵的吸水管上；利用城镇给水管网水压且小区引入管无倒流防止设施时，在向商用的锅炉、热水机组、水加热器、气压水罐等有压容器或密闭容器注水的进水管上；单独接出消防用水管道时，在消防用水管道的起端；从生活饮用水贮水池抽水的消防水泵出水管上。

8）生活饮用水管道系统上接至下列有害有毒场所或设备时，应设置倒流防止设备：贮存池（罐）、装置、设备的连接管上；化工剂罐区、化工车间、实验楼（医药、病理、生化）等除设置倒流防止器外，还应在其引入管上设置空气间隙。

9）从小区或建筑物内生活饮用水管道上直接接出下列用水管道时，应在这些用水管道上设置真空破坏器：当游泳池、水上游乐池、按摩池、水景池、循环冷却水集水池等的充水或补水管道出口与溢流水位之间的空气间隙小于出口管径的2.5倍时，在其充（补）水管上；不含有化学药剂的绿地等喷灌系统，当喷头为地下式或自动升降式时，在其管道起端；消防（软管）卷盘；出口接软管的冲洗水龙头与给水管道连接处。

10）空气间隙、倒流防止器和真空破坏器的选择，应根据回流性质、回流污染的危害程度确定（注：在给水管道防回流设施的设置点，不应重复设置）。

11）严禁生活饮用水管道与大便器（槽）、小便斗（槽）采用非专用冲洗阀直接连接冲洗。

12）生活饮用水管道应避开毒物污染区；当条件限制不能避开时，应采取防护措施。

13）供单体建筑的生活饮用水池（箱）应与其他用水的水池（箱）分开设置。

14）埋地式生活饮用水贮水池周围10m以内，不得有化粪池、污水处理构筑物、渗水井、垃圾堆放点等污染源；周围2m以内不得有污水管和污染物。当达不到此要求时，应采取防污染的措施。

15）建筑物内的生活饮用水水池（箱）体，应采用独立结构形式，不得利用建筑物的本体结构作为水池（箱）的壁板、底板及顶盖。

16）生活饮用水水池（箱）与其他用水水池（箱）并列设置时，应有各自独立的分隔墙。

17）建筑物内的生活饮用水水池（箱）宜设在专用房间内，其上层的房间不应有厕所、浴室、盥洗室、厨房、污水处理间等。

18）生活饮用水水池（箱）的构造和配管，应符合下列规定：人孔、通气管、溢流管应有防止生物进入水池（箱）的措施；进水管宜在水池（箱）的溢流水位以上接入；进出水管布置不得产生水流短路，必要时应设导流装置；不得接纳消防管道试压水、泄压水等回流水或溢流水；泄水管和溢流管的排水不得与污废水管道系统直接连接，应采取间接排水的方式；水池（箱）材质、衬砌材料和内壁涂料，不得影响水质。

19）当生活饮用水水池（箱）内的贮水48h内不能得到更新时，应设置水消毒处理装置。

20）在非饮用水管道上接出水龙头或取水短管时，应采取防止误饮误用的措施。

2. 布置形式

给水管道的布置按供水可靠程度要求可分为枝状和环状两种形式，前者单向供水，供水可靠性差，但节省材料，造价低；后者干管相互连通，双向供水，安全可靠，但管线长，造价高。一般建筑内部给水管网宜采用枝状布置。按水平干管的敷设位置又可分为上行下给式、下行上给式和中分式三种形式。干管设在顶层天花板下、吊顶内或技术夹层中，由上向下供水的为上行下给式，适用于设置高位水箱的居住与公共建筑和地下管线较多的工业建筑；设在底层或地下室中，由下向上供水的为下行上给式，适用于利用室外给水管网水压直接供水的工业建筑与民用建筑；水平干管既不在建筑顶层也不在底层，而是设在中间技术层或中间某层吊顶内，由中间向上、下两个方向供水的为中分式，适用于屋顶作为露天茶座、舞厅或设有中间技术层的高层建筑。同一幢建筑的给水管网也可同时兼有两种或两种以上形式。

1.4.2　管道敷设

根据建筑物对卫生、美观方面的要求不同，建筑内部给水管道敷设有明装和暗装两种形式。

1. 明装

管道在建筑物内沿墙、梁、柱、地板等暴露敷设。这种敷设形式造价低，安装维修方便，但管道表面容易积灰，并且会产生凝结水而影响环境卫生，也有碍室内美观。一般的民用建筑和大部分生产车间内的给水管道可采用明装。

2. 暗装

将管道敷设在地下室的天花板下或吊顶、管沟、管道井、管槽和管廊内。这种敷设形式的优点是室内整洁、美观，但施工复杂，维护管理不便，工程造价高。管道井的尺寸应根据管道的数量、管径大小、排列方式、维修条件、建筑的结构等因素合理确定。当需进人检修时，管道井应每层设检修门，暗装在顶棚或管槽内的管道在阀门处应留有检修门。

为了便于管道的安装和检修，管沟内的管道应尽量单层布置。当采取双层或多层布置时，一般将管径较小、阀门较多的管道放在上层。管沟应有与管道相同的坡度和防水、排水设施。

与其他管道同沟敷设时，给水管道应位于热水和蒸汽管下方、排水管上方。

1.4.3 管道防护

要使管道系统能在较长年限内正常工作，除日常加强维护管理外，还应在设计和施工过程中采取防腐、防冻和防结露措施。

1. 管道的防腐

无论是明装管道还是暗装管道，除镀锌钢管、给水塑料管和复合管外，都必须做防腐处理。管道防腐最常用的是刷油法。具体做法是：明装管道表面除锈，露出金属光泽并使之干燥，刷防锈漆（如红丹防锈漆等）2道，然后刷面漆（如银粉漆或调和漆）1~2道，当管道需要做标志时，可再刷不同颜色的调和漆或铅油；暗装管道除锈后，刷防锈漆2道；埋地钢管除锈后刷冷底子油2道，再刷沥青胶（玛琋脂）2遍。质量较高的防腐做法是做管道的防腐层，层数为3~9层，材料为冷底子油、沥青玛琋脂、防水卷材等。对于埋地铸铁管，如果管材出厂时未涂油，敷设前应在管外壁涂沥青2道防腐，明装部分可刷防锈漆2道和银粉2道。当通过管道内的水有腐蚀性时，应采用耐腐蚀管材或在管道内壁采取防腐措施。

2. 管道的保温防冻

设置在室内温度低于0℃处的给水管道（如敷设在不采暖房间的管道以及安装在受室外冷空气影响的门厅、过道处的管道）应考虑保温防冻。在管道安装完毕、经水压试验和管道外表面除锈并刷防锈漆后，应采取保温防冻措施。常用的保温防冻方法有以下几种。

1) 管道外包棉毡（岩棉、超细玻璃棉、玻璃纤维和矿渣棉毡等）保温层，再外包玻璃丝布保护层，表面刷调和漆。

2) 管道用保温瓦（泡沫混凝土、硅藻土、水泥蛭石、泡沫塑料、岩棉、超细玻璃棉、玻璃纤维、矿渣棉和水泥膨胀珍珠岩等制成）做保温层，外包玻璃丝布保护层，表面刷调和漆。

3. 管道的防结露

在环境温度较高、空气湿度较大的房间（如厨房、洗衣房和某些生产车间等）或管道内水温低于室内温度时，管道和设备外表面可能产生凝结水而引起管道和设备的腐蚀，影响使用和室内卫生，故必须采取防结露措施，其做法一般与保温层的做法相同。

1.4.4 管道加固

室内给水管道由于受自重、温度及外力作用会产生变形及位移而遭到损坏。为此，必须

将管道予以固定，固定方法为在水平管道和垂直管道上每隔适当距离装设支架。

1.4.5　湿陷性黄土地区管道敷设

在一定压力作用下受水浸湿后土壤结构迅速破坏而发生下沉的黄土，称为湿陷性黄土。我国的湿陷性黄土主要分布在陕西、甘肃、山西、青海、宁夏、河北、山东、新疆、内蒙古和东北部分地区，湿陷性黄土地区管道敷设时应考虑因给排水管道漏水而造成的湿陷事故，需因地制宜采取合理有效的措施。

1）室内给水管道一般尽量明装，重要建筑或高层建筑暗装管道处，必须设置便于管道维修的设施。

2）室内给水管道应根据便于及时截断漏水管段和便于检修的原则，在干管和支管上适当增设阀门。

3）给水管道穿越建筑物的承重墙或基础处，应预留孔洞。洞顶与管沟或管道顶间的净空高度：在 1、2 级湿陷性黄土地基上，不应小于 200mm；在 3、4 级湿陷性黄土地基上，不应小于 300mm。洞边与管沟外壁必须脱开，洞边至承重墙转角处外缘的距离应不小于 1m。

4）将给水点集中设置，缩短地下管线，避免管道过长过深，减小漏水可能。

5）建筑物外墙上不宜设置洒水栓，以防洒水栓漏水造成建筑物地基浸水湿陷。

6）给水管道宜采用铸铁管和钢管。湿陷性黄土对金属管材有一定的腐蚀作用，故对埋地铸铁管应做好防腐处理，对埋地钢管及钢配件应加强防腐处理。

7）给水管道的接口应严密、不漏水，并有柔性，以便在管道有轻微的不均匀沉降时，仍能保证接口处不渗漏。

8）给水检漏井应设置在管沟沿线分段检漏处，并应防止地面水流入，其位置应便于寻找识别、检漏和维护。阀门井、消火栓井、水表井、洒水栓井等均不得兼作检漏井。

课题 5　贮水设备及给水升压设备

1.5.1　贮水设备

贮水设备一般是指水箱（池）。水箱在建筑给水系统中的作用是增压、稳压、减压、贮存一定水量。

1. 水箱的分类

水箱从外形上分有圆形、方形、倒锥形、球形等。方形水箱便于制作，并且容易与建筑配合使用，在工程中使用较多。水箱一般用钢板、钢筋混凝土、玻璃钢制作。

（1）钢板水箱　施工安装方便，但易锈蚀，内外表面均需作防腐处理。工程设计中应先计算出水箱体积，然后依据相关的国家标准图集，确定出水箱的型号（应略大于或等于计算体积）及水箱的外形尺寸。

（2）钢筋混凝土水箱（水池）　一般用于水箱尺寸较大时，由于其自重大，因此多用于地下，具有经久耐用、维护简单、造价低的优点。

（3）玻璃钢水箱　具有耐腐蚀、强度高、重量轻、美观、安装维修方便、可根据需求现场组装的优点，已逐渐得到普及。

2. 水箱之间及水箱与建筑结构之间距离的确定

水箱之间及水箱与建筑结构之间的最小距离见表1-6。

表1-6 水箱之间及水箱与建筑物结构之间的最小距离

水箱形式	水箱至墙面距离/m		水箱之间净距/m	水箱顶至建筑结构最低点间距离/m
	有阀侧	无阀侧		
圆形	0.8	0.5	0.7	0.6
矩形	1.0	0.7	0.7	0.6

3. 水箱容积与安装高度

水箱有效容积应根据调节水量、生活和消防贮水量及生产事故贮水量来确定。其调节容积应根据用水量和流入水量的变化曲线确定，但实践中获得以上资料比较困难，因此，调节容积一般通过近似计算方式或按经验数据计算而定。

（1）给水系统单设水箱时的容积　给水系统单设水箱时的容积按下式计算。

$$V_{q2} = QT \tag{1-6}$$

式中　V_{q2}——水箱的调节容积（m^3）；

Q——由水箱供水的最大连续平均小时用水量（m^3/h）；

T——由水箱供水的最大连续出水小时数（h）。

（2）设有水泵工作的水箱容积　设有水泵工作的水箱容积按以下两种情况分别计算。

1）水泵为自动起动时：

$$V_{q2} = \frac{\alpha_a q_b}{4n_q} \tag{1-7}$$

式中　V_{q2}——水箱（罐）的调节容积（m^3）；

α_a——安全系数，宜取 $1.0 \sim 1.3$；

q_b——水泵（或泵组）的出流量（m^3/h）；

n_q——水泵1h内的起动次数，宜采用 $6 \sim 8$ 次。

2）水泵为手动起动时：

$$V_{q2} = \frac{Q_{max}}{n} - TQ' \tag{1-8}$$

式中　V_{q2}——水箱调节容积（m^3）；

Q_{max}——建筑物最大日用水量（m^3/d）；

n——1天内水泵起动次数；

T——水泵运行一次所需时间（h）；

Q'——水泵运行时间内，建筑物平均每小时用水量（m^3/h）。

在资料不全或无资料情况下，水箱调节容积可根据生活最高日用水量 Q_{max} 的百分数确定。由水泵向水箱充水，并且水箱为自动起动时，取 Q_{max} 的5%；水泵为手动起动时，取 Q_{max} 的12%。如果只在夜间供水，可按用水人数和用水定额确定。生产事故的备用水量按工艺要求确定。

水箱容积如需要考虑消防储水时，消防专用水量可按下式计算。

$$V_x = \frac{60q_{xh}T_x}{1000} \tag{1-9}$$

式中　V_x——消防专用水量（m^3）；

q_{xh}——室内消防设计流量（L/s）；

T_x——水箱保证供水时间（min），一般取 $T_x = 10min$。

高层建筑中的分区减压水箱，由屋顶水箱补给和贮存调节水量，自身仅起到减压作用，因此体积较小。

减压水箱用液压水位控制阀调节水量，使进水量保持一致，因此其平面尺寸能安装液压水位控制阀等设备即可。水箱高度包括安全保护高度、有效水深、最小水深，一般有效水深取 1m，最小水深不小于 0.5m。

水箱的安装高度与建筑物高度、配水管长度、管径及设计流量有关。

水箱的设置高度应使水箱最低水位的标高满足建筑物内最不利配水点所需的流出水头的要求，并经管道的水力计算确定。减压水箱的安装高度一般需要高出其供水分区 3 层以上。此外，根据构造要求，水箱底距水箱间地面或屋顶的高度不得小于 0.4m。

1.5.2 升压设备

升压设备一般指将水输送至用户并将水提升、加压的设备。在建筑内部给水系统中，升压设备一般采用离心式水泵，它具有结构简单、体积小、效率高且流量和扬程在一定范围内可以调节等优点。选择水泵应以节能为原则，使水泵在大部分时间内保持高效运行。

1. 水泵的抽水方式

建筑给水系统中水泵按进水方式分为水泵直接抽水和水池、水泵抽水两种。

（1）水泵直接抽水 水泵直接抽水是指由管道泵直接从室外取水，优点是能充分利用外网水压，系统简单，水质不易污染，缺点是会影响其他建筑物的正常供水，必须得到城市供水部门的同意才能使用此种抽水方式。

（2）水池、水泵抽水 水池、水泵抽水是将外网给水先存入贮水池，后由水泵从贮水池抽水供给各用户。在高层建筑或较大建筑物及由城市管网供水的工业企业，因不允许直接抽水或外网给水压力较小时，一般采用此种抽水方式。

以上两种抽水方式，水泵宜采用自动启闭装置，便于运行管理。当无水箱时，采用直接抽水方式的水泵启闭电压力继电器根据外网水压的变化来控制；采用水池、水泵抽水方式的水泵启闭由室内管网的压力来控制。当有水箱时，水泵启闭可通过设置在水箱中的浮球式或液位式水位继电器来控制。

2. 水泵的选择

水泵的选择是依据建筑给水系统的设计秒流量和给水系统的阻力来确定水泵的型号及台数，所选水泵应在高效区工作。

水泵的流量在单设水泵的给水系统中，应按设计秒流量确定；在水泵水箱系统中，应按最大小时流量确定。当用水量较均匀时，高位水箱的容积较大，水泵流量可按平均小时流量确定，对重要建筑按设计秒流量确定。

水泵的扬程应满足最不利配水点（或消火栓）所需的水压。

当水泵为直接抽水方式时，水泵扬程为

$$H_b \geqslant H_1 + (H_2 + H_3 + H_4 - H_z)\frac{1}{\gamma} \tag{1-10}$$

式中 H_b——水泵扬程（m）；

γ——水的重度（N/m³）；

H_1——水泵的几何扬水高度，即自给水系统引入管至系统最不利配水点（或消火栓）间的垂直距离（m）；

H_2——水表阻力（Pa）；

H_3——水泵吸水管和压水管的总阻力（Pa）；

H_4——最不利配水点（或消火栓、高位水箱最高设计水位）出流水头（Pa）；

H_z——资用水压力，即引入管连接点室外管网的最小水压（Pa）。

当水泵为水池、水泵抽水方式时，水泵扬程为

$$H_b = Z_1 + Z_2 + (H_3 + H_4)\frac{1}{\gamma} \tag{1-11}$$

式中　　Z_1——水泵的几何吸水高度，即水泵轴至贮水池最低水面之间的垂直距离（m）；

Z_2——水泵的几何压水高度，即水泵轴至最不利配水点（或消火栓、高位水箱最高设计水位）之间的垂直距离（m）。

H_3、H_4、γ——同式（1-10）。

水泵的台数确定，当供生活用水时，按建筑物的重要性考虑一般设置备用泵一台；对小型民用建筑允许短时间停水的，不考虑备用；对生产及消防给水，水泵的备用台数应按生产工艺要求及相关防火规定来确定。

水泵工作时会产生噪声，必要时应在水泵的进、出水管上设隔声装置，并设减振装置，如弹性基础或弹簧减振器。

3. 水泵的布置

水泵间净高不小于3.2m，应光线充足，通风良好，干燥不冻结，并有排水措施。为保证安装检修方便，水泵之间、水泵与墙壁之间应留有足够的距离：水泵机组的基础侧边之间及其至墙面的距离不得小于0.7m，对于电动机功率小于或等于20kW，或吸水口直径小于或等于100mm的小型水泵，两台同型号的水泵机组可共用一个基础，基础的一侧与墙面之间可不留通道；不留通道的机组凸出部分与墙壁之间的净距及相邻凸出部分的净距，不得小于0.2m；水泵机组的基础端边之间及其至墙的距离不得小于1.0m，电动机端边至墙的距离还应保证能抽出电动机转子；水泵机组的基础至少应高出地面0.1m。

1.5.3　气压给水设备

建筑给水除直接利用外网压力（压力足够大时）供水或利用水泵供水（外网压力不足时）外，还可以利用密闭贮罐内空气的压力，将罐中贮存的水压送至给水管网的各配水点，这种装置就是气压给水设备，用于代替高位水箱或水塔，可在不宜设置高位水箱或水塔的场所采用。气压给水设备的优点是建设速度快，便于隐蔽，容易拆迁，灵活性大，不影响建筑美观，水质不易污染，噪声小。但这种设备的调节能力小，费用高，耗用钢材较多，而且变压力的供水压力变化幅度大，在用水量大和水压稳定性要求较高时，使用这种设备供水会受到一定限制。

1. 气压给水设备的组成及分类

气压给水设备由密封罐（内部充满水和空气）、水泵（将水送至密封罐内和配水管网中）、空气压缩机（给罐内水加压和补充罐内空气）、控制器材（用于控制启闭水泵或空气压缩机）等部分组成。

（1）**按罐内压力变化情况分**　根据罐内压力变化情况不同，气压给水设备可分为变压式和定压式两种。

1）变压式气压给水设备。变压式气压给水设备罐内空气压力随供水情况而变化，给水压力有一定波动，主要用于用户对水压没严格要求时。图 1-35 所示为单罐变压式气压给水设备。

2）定压式气压给水设备。当用户对水压稳定性要求较高时，可在变压式气压给水设备的供水管上安装调节阀，使配水管网内的水压处于恒压状态。

（2）**按气压水罐的形式分**　根据气压水罐的形式不同，气压给水设备可分为隔膜式和补气式两种。

1）隔膜式气压给水设备（图 1-36）。隔膜式气压给水设备的气压罐内装有橡胶或塑料囊式弹性隔膜，隔膜将罐体分为气室和水室两部分，靠囊的伸缩变形调节水量，可以一次充气，长期使用，无需补气设备，是具有发展前途的气压给水设备。

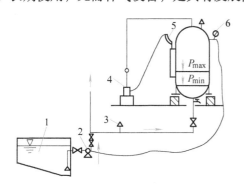

图 1-35　单罐变压式气压给水设备

1—水池　2—水泵　3—溢流阀　4—空气压缩机
5—水位继电器　6—压力继电器

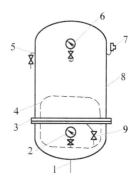

图 1-36　隔膜式气压给水设备

1—进出水管　2—压力表　3—法兰
4—橡胶隔膜　5—充气管　6—电解点压力表
7—溢流阀　8—罐体　9—放气管

2）补气式气压给水设备。补气式气压给水设备的气压罐内的空气与水接触，罐内空气由于渗漏和溶解于水中而逐渐减少，为确保渗水系统的运行，需经常补充空气。补气方式有利用空气压缩机补气，泄空补气或利用水泵出水管中积存空气补气。

2. 气压给水设备的设计计算

气压给水设备的设计计算包括气压水罐总容积计算、空气压缩机选择及水泵选择。

（1）**气压水罐总容积计算**

$$V_q = \frac{\beta V_{q1}}{1 - \alpha_b} \tag{1-12}$$

式中　V_q——气压水罐总容积（m^3）；

　　　β——气压水罐容积系数，隔膜式气压水罐取 1.05；

　　　V_{q1}——气压水罐的水容积（m^3）；

　　　α_b——气压水罐内的工作压力比（以绝对压力计），一般取 0.65 ~ 0.85。

（2）**空气压缩机选择**　当用空气压缩机补气时，空气压缩机的工作压力按略大于 P_{max} 选用。由于空气的损失量较小，因此一般最小型的空气压缩机就可满足要求。但为防止水受到污染，宜采用无油润滑的空气压缩机，空气管用焊接钢管，管径一般为 20~25mm。

（3）水泵选择 变压式气压给水设备水泵压力应根据给水系统所需压力和采用的 α_b 值确定出的 P_{max} 值来选择，尽量使水泵在压力为 P_{min} 时，水泵流量不小于设计秒流量；当压力为 P_{max} 时，水泵流量不小于最大小时流量；罐内压力为平均压力时，水泵出水量不小于最大小时流量的 2 倍。

定压式气压给水设备的计算与变压式气压给水设备相同，但水泵应根据 P_{min} 选择，流量不小于设计秒流量。

水泵的台数一般为 1 罐 2 泵（其中一台备用）或 3~4 台小流量水泵并联运行，按最大 1 台泵流量计算罐的调节容积，这样可提高水泵的工作效率，同时又可减少调节容积，提高供水的可靠性。

由于变压式气压给水设备的工作压力波动较大，因此宜选用 DA 型多级泵和 W 系列等 $Q-H$ 特性曲线较陡的离心式水泵。

课题6 建筑内部给水系统的水力计算

1.6.1 用水量标准

小区给水设计用水量，应根据居民生活用水量、公共建筑用水量、绿化用水量、水景及娱乐设施用水量、道路及广场用水量、公用设施用水量、未预见用水量及管网漏失水量和消防用水量确定（注：消防用水量仅用于校核管网计算，不计入正常用水量）。

居住小区的居民生活用水量，应按小区人口和《建筑给水排水设计标准》（GB 50015—2019）规定的住宅最高日生活用水定额（见表 1-7）经计算确定。

绿化浇灌用水定额应根据气候条件、植物种类、土壤理化性状、浇灌方式和管理制度等因素综合确定。当无相关资料时，小区绿化浇灌用水定额可按浇灌面积 1.0~3.0L/（m²·d）计算，干旱地区可酌情增加。

小区道路、广场的浇洒用水定额可按浇洒面积 2.0~3.0L/（m²·d）计算。

小区消防用水量和水压及火灾延续时间，应按《建筑设计防火规范》（GB 50016—2014）确定。

小区管网漏失水量和未预见水量之和可按最高日用水量的 10%~15% 计。

居住小区内的公用设施用水量，应由该设施的管理部门提供用水量计算参数；当无重大公用设施时，不另计用水量。

表 1-7 住宅最高日生活用水定额及小时变化系数

住宅类别		卫生器具设置标准	用水定额/[L/（人·d）]	小时变化系数 K_h
普通住宅	Ⅰ	有大便器、洗涤盆	85~150	2.5~3.0
	Ⅱ	有大便器、洗脸盆、洗涤盆、洗衣机、热水器和沐浴设备	130~300	2.3~2.8
	Ⅲ	有大便器、洗脸盆、洗涤盆、洗衣机、沐浴设备和集中热水供应设备（或家用热水机组）	180~320	2.0~2.5

（续）

住宅类别	卫生器具设置标准	用水定额/[L/（人·d）]	小时变化系数 K_h
别墅	有大便器、洗脸盆、洗涤盆、洗衣机、洒水栓、家用热水机组和沐浴设备	200～350	1.8～2.3

注：1. 当地主管部门对住宅生活用水定额有具体规定时，应按当地规定执行。

2. 别墅用水定额中含庭院绿化用水和汽车洗车用水。

宿舍、旅馆等公共建筑的生活用水定额及小时变化系数，根据卫生器具完善程度和区域条件，可按表1-8确定。

表1-8 宿舍、旅馆等公共建筑生活用水定额及小时变化系数

序号	建筑物名称		单 位	最高日生活用水定额/L	使用时数/h	小时变化系数 K_h
1	宿舍	Ⅰ类、Ⅱ类	每人每日	150～200	24	2.5～3.0
		Ⅲ类、Ⅳ类	每人每日	100～150	24	3.0～3.5
2	招待所、培训中心、普通旅馆	设公用盥洗室	每人每日	50～100	24	2.5～3.0
		设公用盥洗室、淋浴室	每人每日	80～130	24	2.5～3.0
		设公用盥洗室、淋浴室、洗衣室	每人每日	100～150	24	2.5～3.0
		设单独卫生间、公用洗衣室	每人每日	120～200	24	2.5～3.0
3	酒店式公寓		每人每日	200～300	24	2.0～2.5
4	宾馆、客房	旅客	每床位每日	250～400	24	2.0～2.5
		员工	每人每日	80～100		
5	医院住院部	设公用盥洗室	每床位每日	100～200	24	2.0～2.5
		设公用盥洗室、淋浴室	每床位每日	150～250	24	2.0～2.5
		设单独卫生间	每床位每日	250～400	24	2.0～2.5
		医务人员	每人每班	150～250	8	1.5～2.0
	门诊部、诊疗所		每病人每次	10～15	8～12	1.2～1.5
	疗养院、休养所住房部		每床位每日	200～300	24	1.5～2.0
6	养老院、托老所	全托	每人每日	100～150	24	2.0～2.5
		日托	每人每日	80～100	10	2.0
7	幼儿园、托儿所	有住宿	每儿童每日	50～100	24	2.5～3.0
		无住宿	每儿童每日	30～50	10	2.0
8	公共浴室	淋浴	每顾客每次	100	12	1.5～2.0
		浴盆、淋浴	每顾客每次	120～150	12	1.5～2.0
		桑拿浴（淋浴、按摩池）	每顾客每次	150～200	12	1.5～2.0
9	理发室、美容院		每顾客每次	40～100	12	1.5～2.0
10	洗衣房		每kg干衣	40～80	8	1.2～1.5
11	餐饮业	中餐、酒楼	每顾客每次	40～60	10～12	1.2～1.5
		快餐店、职工及学生食堂	每顾客每次	20～25	12～16	1.2～1.5
		酒吧、咖啡馆、茶座、卡拉OK房	每顾客每次	5～15	8～18	1.2～1.5
12	商场员工及顾客		每m²营业厅面积每日	5～8	12	1.2～1.5

（续）

序号	建筑物名称		单位	最高日生活用水定额/L	使用时数/h	小时变化系数 K_h
13	图书馆		每人每次	5~10	8~10	1.2~1.5
14	书店		每 m² 营业厅面积每日	3~6	8~12	1.2~1.5
15	办公楼		每人每班	30~50	8~10	1.2~1.5
16	教学、实验楼	中小学校	每学生每日	20~40	8~9	1.2~1.5
		高等院校	每学生每日	40~50	8~9	1.2~1.5
17	电影院、剧院		每观众每场	3~5	3	1.2~1.5
18	会展中心（博物馆、展览馆）		每 m² 展厅面积每日	3~6	8~16	1.2~1.5
19	健身中心		每人每次	30~50	8~12	1.2~1.5
20	体育场（馆）	运动员淋浴	每人每次	30~40	4	2.0~3.0
		观众	每人每场	3	4	1.2
21	会议厅		每座位每次	6~8	4	1.2~1.5
22	航站楼、客运站旅客		每人次	3~6	8~16	1.2~1.5
23	菜市场地面冲洗及保鲜用水		每 m² 每日	10~20	8~10	2.0~2.5
24	停车库地面冲洗水		每 m² 每次	2~3	6~8	1.0

　　注：1. 除养老院、托儿所、幼儿园外，其他建筑物的用水定额中均不含食堂用水。

　　　　2. 除注明外，均不含员工生活用水，员工用水定额为每人每班40~60L。

　　　　3. 医疗建筑用水中已含医疗用水。

　　　　4. 空调用水应另计。

　　生产用水一般比较均匀，并且具有规律性，其用水量可按消耗在单位产品上的水量计算，也可以按单位时间内消耗在生产设备上的水量计算。

　　工业企业建筑中的管理人员的生活用水定额可取 30~50L/（人·班）；车间工人的生活用水定额应根据车间性质确定，宜采用 30~50L/（人·班）；用水时间宜取 8h，小时变化系数宜取 1.5~2.5。

　　工业企业建筑淋浴用水定额，应根据《工业企业设计卫生标准》（GBZ 1—2010）中车间的卫生特征分级确定，可采用 40~60L/（人·次），延续供水时间宜取 1h。

　　根据规范，按设计要求可以确定建筑物内生活用水的最高日用水量及最大小时用水量。

　　最高日用水量按下式计算。

$$Q_d = mq_d \qquad (1-13)$$

式中　Q_d——最高日用水量（L/d）；

　　　m——用水人数；

　　　q_d——每人最高日生活用水定额 [L/（人·d）]。

　　最大小时用水量按下式计算。

$$Q_h = K_h \frac{Q_d}{T} = Q_p K_h \qquad (1-14)$$

式中　Q_h ——最大小时用水量（L/h）；

T ——建筑物内每日用水时间（h）；

K_h ——小时变化系数，为生活用水量最高日内最大小时用水量与平均小时用水量之比，即 $K_h = Q_h / Q_p$，Q_p 为生活用水量最高日平均小时用水量（L/h）。

汽车冲洗用水定额，应根据采用的冲洗方式、车辆用途、道路路面等级和沾污程度等确定，按表 1-9 计算。

表 1-9　汽车冲洗用水定额　　　　　　　　　　［单位：L/（辆·次）]

车辆用途	冲洗方式			
	高压水枪冲洗	循环用水冲洗补水	抹车、微水冲洗	蒸汽冲洗
轿车	40 ~ 60	20 ~ 30	10 ~ 15	3 ~ 5
公共汽车、载重汽车	80 ~ 120	40 ~ 60	15 ~ 30	—

注：当汽车冲洗设备用水定额有特殊要求时，其值应按产品要求确定。

1.6.2　生活给水系统的水力计算

1. 建筑内部给水设计秒流量

设计秒流量是反映给水系统瞬时高用水规律的设计流量，是确定给水管管径和计算给水管道的压力损失、确定给水系统所需水压的主要依据。目前计算设计秒流量的方法归结起来有三种：经验法、平方根法、概率法。无论采用何种方法计算设计秒流量，都应建立在大量的实测数据和统计数据的基础上。我国现行规范对于住宅类建筑采用概率法计算设计秒流量，对于其他公共建筑仍采用平方根法计算设计秒流量。

（1）住宅类建筑中生活给水管道的设计秒流量计算

1）根据建筑物的卫生器具给水当量、使用人数、用水定额、使用时数及小时变化系数，按式（1-15）计算出最大用水时卫生器具给水当量平均出流概率。

$$U_o = \frac{q_1 m K_h}{0.2 N_g T \times 3600} \times 100\% \tag{1-15}$$

式中　U_o ——生活给水管道的最大用水时卫生器具给水当量平均出流概率；

q_1 ——最高用水日的用水定额 [L/（人·d）]，按表 1-8 取用；

m ——每户用水人数；

K_h ——小时变化系数，按表 1-8 取用；

N_g ——每户设置的卫生器具给水当量数；

T ——用水时间（h）；

0.2 ——一个卫生器具给水当量的额定流量（L/s）。

使用上述公式时应注意：q_1 应按当地实际使用情况正确选用；各建筑物的卫生器具给水当量最大用水时的平均出流概率参考值见表 1-10。

表 1-10　平均出流概率参考值

住 宅 类 型	U_o 参考值	住 宅 类 型	U_o 参考值
普通住宅 I 型	3.4 ~ 4.5	普通住宅 III 型	1.5 ~ 2.5
普通住宅 II 型	2.0 ~ 3.5	别墅	1.5 ~ 2.0

2）根据计算管段上的卫生器具给水当量总数，按式（1-16）计算得出该管段的卫生器具给水当量的同时出流概率。

$$U = \frac{1 + \alpha_c \ (N_g - 1)^{0.49}}{\sqrt{N_g}} \times 100\%$$ (1-16)

式中　U——计算管段的卫生器具给水当量同时出流概率；

　　　α_c——对应于不同 U_o 的系数，按表 1-11 选用；

　　　N_g——计算管段的卫生器具给水当量总数。

表 1-11　$U_o - \alpha_c$ 值对应表

U_o	1.0	1.5	2.0	2.5	3.0	3.5	4.0	4.5	5.0	6.0	7.0	8.0
α_c	3.23	6.97	0.01	0.01	0.01	0.02	0.02	0.03	0.03	0.04	0.05	0.06

3）根据计算管段上的卫生器具给水当量同时出流概率，按式（1-17）计算得出该管段的设计秒流量。

$$q_g = 0.2 U N_g$$ (1-17)

式中　q_g——计算管段的设计秒流量（L/s）。

4）当给水干管有两条或两条以上具有不同最大用水时卫生器具给水当量平均出流概率的支管时，该干管的最大用水时卫生器具给水当量平均出流概率按式（1-18）计算。

$$\overline{U}_o = \frac{\sum U_{oi} N_{gi}}{\sum N_{gi}}$$ (1-18)

式中　$\overline{U}_o$——给水干管的卫生器具给水当量平均出流概率；

　　　U_{oi}——支管的最大用水时卫生器具给水当量平均出流概率；

　　　N_{gi}——支管的卫生器具给水当量总数。

式（1-18）只适用于枝状管网的计算。

（2）宿舍（Ⅰ、Ⅱ类）、旅馆、宾馆、酒店式公寓、医院、疗养院、幼儿园、养老院、办公楼、商场、图书馆、书店、客运站、航站楼、会展中心、中小学教学楼、公共厕所等建筑的生活给水设计秒流量，以上建筑的生活给水管道设计秒流量按式（1-19）计算。

$$q_g = 0.2 \alpha \sqrt{N_g}$$ (1-19)

式中　q_g——计算管段的给水设计秒流量（L/s）；

　　　N_g——计算管段的卫生器具给水当量总数；

　　　α——根据建筑物用途而定的系数，按表 1-12 选用。

计算时应注意以下几点。

1）当计算值小于该管段上一个最大卫生器具给水额定流量时，应采用一个最大卫生器具给水额定流量作为设计秒流量。

2）当计算值大于该管段上按最大卫生器具给水额定流量累加所得流量值时，应按最大卫生器具给水额定流量累加所得流量值采用。

3）有大便器延时自闭冲洗阀的给水管段，大便器延时自闭冲洗阀的给水当量均以 0.5 计，计算得到的 q_g 附加 1.10L/s 的流量后，为该管段的给水设计秒流量。

4）综合楼建筑的 α 值应用加权平均法计算。

表 1-12　根据建筑物用途而定的系数 α 值

建筑名称	α 值	建筑名称	α 值
幼儿园、托儿所、养老院	1.2	学校	1.8
门诊部、诊疗所	1.4	医院、疗养院、休养所	2.0
办公楼、商场	1.5	酒店式公寓	2.2
图书馆	1.6	宿舍（Ⅰ、Ⅱ类）、旅馆、招待所、宾馆	2.5
书店	1.7	客运站、航站楼、会展中心、公共厕所	3.0

（3）宿舍（Ⅲ、Ⅳ类）、工业企业的生活间、公共浴室、职工食堂或营业餐馆的厨房、体育场馆、剧院、普通理化实验室等建筑的生活给水管道的设计秒流量，以上建筑的生活给水管道设计秒流量按式（1-20）计算。

$$q_{\mathrm{g}} = \sum q_{\mathrm{o}} N_{\mathrm{o}} b \tag{1-20}$$

式中　q_{g}——计算管段的给水设计秒流量（L/s）；

　　　q_{o}——同类型的一个卫生器具给水额定流量（L/s）；

　　　N_{o}——同类型卫生器具数；

　　　b——卫生器具的同时排水百分数，应按表 1-13～表 1-15 采用。

当设计秒流量的计算值小于该管段上一个最大卫生器具给水额定流量时，应采用一个最大的卫生器具给水额定流量作为设计秒流量。大便器自闭式冲洗阀应单列计算，当单列计算值小于 1.2L/s 时，以 1.2L/s 计；大于 1.2L/s 时，以计算值计。

表 1-13　宿舍、工业企业生活间、公共浴室、影剧院、体育场馆等卫生器具同时排水百分数　（%）

卫生器具名称	宿舍（Ⅲ、Ⅳ类）	工业企业生活间	公共浴室	影剧院	体育场馆
洗涤盆（池）	—	33	15	15	15
洗手盆	—	50	50	50	70（50）
洗脸盆、盥洗槽水龙头	5～100	60～100	60～100	50	80
浴盆	—	—	50	—	—
无间隔淋浴器	20～100	100	100	—	100
有间隔淋浴器	5～80	80	60～80	（60～80）	（60～100）
大便器自动冲洗水箱	5～70	30	20	50（20）	70（20）
大便槽自动冲洗水箱	100	100	—	100	100
大便器自闭式冲洗阀	1～2	2	2	10（2）	5（2）
小便器自闭式冲洗阀	2～10	10	10	50（10）	70（10）
小便器（槽）自动冲洗水箱	—	100	100	100	100
净身器	—	33	—	—	—
饮水器	—	30～60	30	30	30
小卖部洗涤盆	—	—	50	50	50

注：1. 表中括号内的数值为影剧院的化妆间、体育场馆的运动员休息室使用。

　　2. 健身中心的卫生间，可采用本表体育场馆运动员休息室的同时排水百分数。

表 1-14　职工食堂、营业餐馆厨房设备同时排水百分数

卫生器具和设备名称	同时排水百分数（%）	卫生器具和设备名称	同时排水百分数（%）
洗涤盆（池）	70	开水器	50
煮锅	60	蒸汽发生器	100
生产性洗涤机	40	灶台水龙头	30
器皿洗涤机	90		

注：职工或学生食堂的洗碗台水龙头应按 100% 同时排水，但不与厨房用水叠加。

表 1-15　实验室化验水龙头同时排水百分数

卫生器具名称	同时排水百分数（%）	
	科研教学实验室	生产实验室
单联化验龙头	20	30
双联或三联化验龙头	30	50

2. 建筑物内生活用水最大时用水量

建筑物内生活用水最大时用水量应按表 1-7 和表 1-8 确定。

3. 给水管网的压力损失计算

住宅的入户管，公称直径不宜小于 20mm。生活给水管道的水流速度，宜按表 1-16 选用。

表 1-16　生活给水管道的水流速度

公称口径/mm	15 ~ 20	25 ~ 40	50 ~ 70	≥80
水流速度/（m/s）	≤1.0	≤1.2	≤1.5	≤1.8

（1）给水管的沿程压力损失计算　给水管道的沿程压力损失可按式（1-21）计算。

$$h_f = iL \tag{1-21}$$

式中　h_f——计算管道的沿程压力损失（kPa）；

　　　i——管道单位长度压力损失（kPa/m），按式（1-22）计算；

　　　L——计算管道长度（m）。

$$i = 105C_h^{-1.85} d_j^{-4.87} q_g^{1.85} \tag{1-22}$$

式中　q_g——给水设计秒流量（L/s）；

　　　d_j——管道计算内径（m）；

　　　C_h——海澄—威廉系数，各种塑料管、内衬（涂）塑管 $C_h = 140$，铜管、不锈钢管
　　　　　　$C_h = 130$，衬水泥、树脂的铸铁管 $C_h = 130$，普通钢管、铸铁管 $C_h = 100$。

给水管（镀锌钢管）水力计算表见附录 1，给水塑料管水力计算表见附录 2。

（2）生活给水管道配水管的局部压力损失计算　生活给水管道配水管的局部压力损失，宜按管道的连接方法，采用管（配）件当量长度法计算。当管（配）件当量资料不足时，可采用沿程压力损失的百分数估算，见表 1-17。

（3）其他附件仪表的压力损失计算　其他附件仪表的压力损失，应按选用产品所给定的压力损失值计算。在未确定具体产品时，可按下列情况选用。

1）住宅户水表取 0.01MPa。

表 1-17 局部压力损失系数

管（配）件内径 d_1 与管道内径 d_2 的关系	连 接 方 法	
	三通	分水器
$d_1 = d_2$	25% ~ 30%	15% ~ 20%
$d_1 > d_2$	50% ~ 60%	30% ~ 35%
$d_1 < d_2$	70% ~ 80%	35% ~ 40%

2）建筑物或小区引入管上的水表，在生活用水工况时取 0.03MPa，在校核消防工况时取 0.05MPa。

3）比例式减压阀的压力损失，阀后动水压宜按阀后静水压的 80% ~ 90% 取用。

4）管道过滤器的局部压力损失取 0.01MPa。

5）倒流防止器、真空破坏器的局部水头损失，应按相应产品测试参数确定。

4. 水力计算的方法和步骤

给水管网的布置方式不同，其水力计算的方法和步骤亦有差别。现将常见的给水方式的水力计算方法和步骤归纳如下。

（1）下行上给式水力计算的方法和步骤

1）根据给水系统图，确定管网中最不利配水点（一般为距引入管起端最远最高，要求的流出压力最大的配水点），再根据最不利配水点，选定最不利管路（通常为最不利配水点至引入管起端间的管路）作为计算管路，并绘制计算简图。

2）按流量变化对计算管段进行节点编号，并标注在计算简图上。

3）根据建筑物的类型及性质，正确地选用设计秒流量计算式，并计算出各设计管段的给水设计秒流量。

4）根据各设计管段的设计秒流量和允许流速，查水力计算表确定出各管段的管径和管段单位长度的压力损失，并计算管段的沿程压力损失值。

5）计算管段的局部压力损失以及管路的总压力损失。系统中设有水表时，还需选用水表，并计算水表压力损失值。

6）确定建筑物室内给水系统所需的总压力。

7）将室内管网所需的总压力 H 与室外管网提供的压力 H_0 相比较。当 $H < H_0$ 时，如果小得不多，系统管径可以不作调整；如果小得很多，为了充分利用室外管网水压，应在正常流速范围内，缩小某些管段的管径。当 $H > H_0$ 时，如果相差不大，为了避免设置局部升压装置，可以放大某些管段的管径；如果两者相差较大，则需设增压装置。总之，既要考虑充分利用室外管网压力，又要保证最不利配水点所需的水压和水量。

8）设有水箱和水泵的给水系统，还应计算水箱的容积；计算从水箱出口至最不利配水点间的压力损失值，以确定水箱的安装高度；计算从水箱供水至最不利配水点的压力来校核水泵压力。

（2）上行下给式水力计算方法和步骤

1）在上行干管中选择要求压力最大的管路作为计算管路。

2）划分计算管段，并计算各管段的设计秒流量，确定各管段的管径，计算其压力损失，计算管路的总压力损失，确定水箱的安装高度。

3）计算各立管管径，根据各节点处已知压力和立管几何高度，自上而下按已知压力选择管径，要注意防止管内水流速过大，以免产生噪声。

在水力计算时，对于管段数量较多，计算较为复杂的室内给水管网，为了便于计算及复核，可采用计算表格的形式逐段进行计算。

课题 7 高层建筑给水系统

1.7.1 高层建筑给水系统的特点

高层建筑是指 10 层及 10 层以上的居住建筑或建筑高度超过 24m 的公共建筑。高层建筑对室内给水的设计、施工、材料及管理方面提出了更高的要求。高层建筑与多层建筑比较有以下特点。

1）高层建筑室内卫生设备较完善，用水标准较高，使用人数较多，所以供水安全可靠性要求高。

2）高层建筑层数多，如果从底层到顶层采用一套管网系统供水，则管网下部管道及设备的静水压力很大，一般管材、配件及设备的强度难以适应，所以，给水管网必须进行合理的竖向分区。

3）高层建筑对防振、防沉降、防噪声、防漏等要求较高，需要具有可靠的保证。

4）高层建筑对消防要求较高，必须设置可靠的室内消防给水系统以保证有效扑灭火灾。高层建筑内给水系统的竖向分区，原则上应根据建筑物使用材料、设备的性能、维护管理条件，并结合建筑物层数和室外给水管网水压等情况来确定。如果分区压力过高，不仅出水量过大，而且阀门启闭时易产生水锤，使管网产生噪声和振动，甚至损坏，既增加了维修的工作量，又降低了管网使用寿命，同时也将给用户带来不便；如果分区压力过低，势必增加给水系统的设备、材料及其建设费用和维护管理费用。

高层建筑消防给水系统应以室内消火栓系统为主，对于重要的高层民用建筑和建筑高度超过 50m 的其他建筑，常同时设有自动喷水灭火装置，以提高灭火的可靠性。

高层建筑消防给水设计标准在原则上与低层建筑消防给水有所不同，它除了要求在火灾起火 10min 内能保证供给足够的消防水量和水压外，还应满足火灾延续时间内的消防用水要求。

1.7.2 高层建筑给水系统的竖向分区

高层建筑给水系统必须解决低层管道中静水压力过大的问题，其技术上采用竖向分区供水的方法，即按建筑物的垂直方向分成几个供水区，各分区分别组成各自的给水系统。确定分区范围时应考虑充分利用室外给水管网水压，在确保供水安全可靠的前提下，使工程造价和管理费用最省；要使各区最低卫生器具或用水设备配水装置处的静水压力小于产品标准中规定的允许工作压力。

高层建筑生活给水系统竖向分区压力，对住宅、旅馆、医院为 300～350kPa，办公楼为350～450kPa。

高层建筑给水系统竖向分区常用方式有以下几种。

1. 串联分区给水方式

如图 1-37 所示，各分区均设有水泵和水箱，分别安装在相应的技术设备层内。上区水泵从下区水箱中抽水供本区使用，低区水箱兼作上区水池。因而各区水箱容积为本区使用水量与转输到上面各区水量之和，水箱容积从上向下逐区加大。这种给水方式的主要优点是无须设置高压水泵和高压管线，各区水泵的流量和压力可按本区需要设计，供水逐级加压向上输送；水泵可在高效区工作，耗能少，设备及管道比较简单，投资较省。缺点是由于水泵分散在各区技术层内，占用建筑面积较多，振动及噪声干扰较大，因此，各区技术层应采取防振、防噪声、防漏的技术措施；水箱容积较大，增加了结构负荷和建筑造价；上区供水受到下区限制，一旦下区发生事故，则上区供水就会受到影响。

2. 并联分区给水方式

按水泵与水箱供水干管的布置不同，并联分区给水分为单管式和平行式两种基本类型。

（1）并联分区单管给水方式 各区分别设有高位水箱，给水经设在底层的泵房统一加压后，由一根总干管将水分别输送至各区高位水箱，在下区水箱进水管上需设减压阀，如图 1-38 所示。这种给水方式供水较为可靠，管道长度较短，设备型号统一，数量较少，因而维护管理方便，投资较省。其缺点是各区要求的水压相差较大，而全部流量均按最高区水压供水，因而在低区能量浪费较大；各区合用一套水泵与干管，如果发生事故，则断水影响范围大。该给水方式适用于分区数目较少的高层建筑。

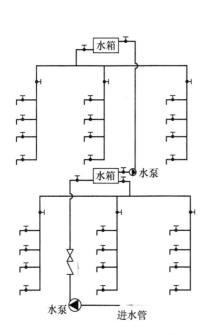

图 1-37　串联分区给水方式

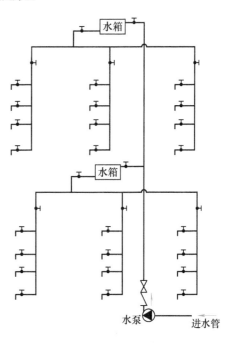

图 1-38　并联分区单管给水方式

（2）并联分区平行给水方式 每区设有专用水泵和水箱，各区水泵集中设置在建筑物底层的总泵房内，各区水泵与水箱设独立管道连接，各区均用水泵和水箱联合式供水，如图 1-39所示。这种给水方式使各独立运行的水泵在本区所需要的流量和压力下工作，因而效率较高，水泵运行管理方便，供水安全，一处发生事故，影响范围小。其缺点是水泵型号较多，压水管线较长。这种给水方式优点较显著，得到了广泛的应用。

3. 减压给水方式

建筑物的用水由设置在底层的水泵加压后，输送至最高水箱，再由此水箱依次向下区供水，并通过各区水箱或减压阀减压，如图1-40所示。减压给水方式的水泵型号统一，设备布置集中，便于管理；与前面各种给水方式比较，水泵及管道投资较省；如果设减压阀减压，各区可不设水箱，节省建筑面积。其缺点是设置在建筑物高层的总水箱容积大，增加了建筑底层的结构荷载；下区供水受上区限制；下区供水压力损失大，所以能源消耗大。

4. 分区无水箱给水方式

如图1-41所示，各分区设置单独的供水水泵，不设置水箱，水泵集中设置在建筑物底层的水泵房内，分别向各区管网供水。这种给水方式省去了水箱，因而节省了建筑面积；设备集中布置，便于维护管理；能源消耗较少。其缺点是水泵型号及数量较多，投资较大。

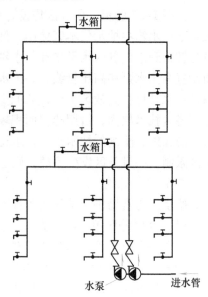

图1-39　并联分区平行给水方式

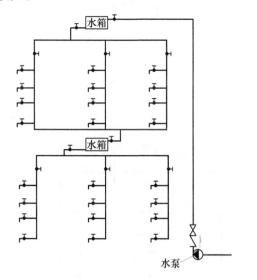

图1-40　分区水箱减压给水方式

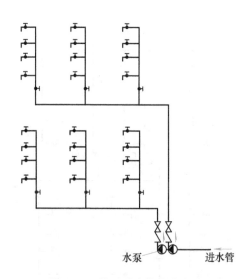

图1-41　分区无水箱给水方式

德 育 建 议

通过南水北调、三峡工程等大型工程案例介绍，激发学生的社会责任感、使命感，引导学生充分认识建筑给水在社会发展与国民经济建设当中所起的重要作用。通过对上述工程中著名人物的介绍及其实践经历，培养学生的批判思维、诚信务实精神、严谨的科学态度。以生活给水系统设计为例，分析生活给水水箱设置与否的优缺点，借此来提高学生分析问题的能力，使学生在今后走入工作岗位时能够学会根据实际情况进行决策。

复习思考题

1. 室内给水系统的基本组成包含哪几部分？

2. 室内给水系统常用的管材有哪些？其规格怎样表示？

3. 管道的连接方法有几种？各适用于哪些管材？

4. 给水系统常用的管件有哪些？各起什么作用？

5. 给水附件分为哪两类？在系统中起什么作用？

6. 水表的作用是什么？按叶轮构造不同分为哪两类？各适用于什么场合？

7. 水箱上应安装哪些配管？各起什么作用？

8. 水泵的选择依据是什么？怎样确定水泵的台数？

9. 什么叫气压给水？气压给水需要哪些设备？

10. 现有一住宅小区，拟采用隔膜式气压给水设备，其最大时供水量为 $60m^3$，最不利配水点的压力为 300kPa，试计算贮罐总体积并选择水泵。

11. 室内给水管道布置的原则和要求有哪些？

12. 高层建筑给水的分区方式有哪些？

13. 如何选用设计流量计算公式？

14. 下行上给式系统和上行下给式系统水力计算的方法有何不同？

单元 2 建筑内部消防给水系统

课题 1 消 防 概 论

2.1.1 灭火机理

可燃物与氧化剂作用发生的放热反应，通常伴有火焰、发光和（或）发烟现象，称为燃烧。火灾是指在时间或空间上由于燃烧失去控制而造成的灾害。

1. 火灾分类

根据可燃物的性质、类型和燃烧特性，火灾可分为以下五类。

（1）A 类火灾 指固体物质火灾，如木材、棉、毛、麻、纸张及其制品等燃烧的火灾。

（2）B 类火灾 指液体火灾或可熔化固体物质火灾，如汽油、煤油、柴油、原油、甲醇、乙醇、沥青、石蜡等燃烧的火灾。

（3）C 类火灾 指气体火灾，如煤气、天然气、甲烷、乙烷、丙烷、氢气等燃烧的火灾。

（4）D 类火灾 指金属火灾，如钾、钠、镁、钛、锆、锂、铝镁合金等燃烧的火灾。

（5）E 类（带电）火灾 指带电物体的火灾。

火灾发生的必要条件是可燃物、氧化剂和温度（引火源）。有焰燃烧除上述必要条件外，还必须具备未受抑制的链式反应，即自由基的存在（自由基的存在使燃烧继续发展扩大）。

燃烧的充分条件是一定的可燃物浓度、一定的氧气含量、一定的点火能量和不受抑制的链式反应。

2. 灭火系统分类

灭火就是采取一定的技术措施破坏燃烧条件，使燃烧反应终止的过程。

建筑消防灭火设施常见的系统有：消火栓灭火系统、消防炮灭火系统、自动喷水灭火系统、水喷雾灭火系统、细水雾灭火系统、泡沫灭火系统、气体灭火系统、干粉灭火系统等。

3. 灭火机理

灭火的基本原理是冷却、窒息、隔离和化学抑制，前三种主要是物理过程，最后一种为化学过程。

（1）冷却灭火 将可燃物冷却到燃点以下，燃烧反应就会中止。如用水扑灭一般固体物质的火灾，水吸收大量热量，使燃烧物的温度迅速降低，火焰熄灭。

（2）窒息灭火 降低氧的浓度使燃烧不能持续，达到灭火的目的。如用二氧化碳、氮气、水蒸气等方法来稀释氧的浓度。窒息灭火多用于密闭或半密闭空间。

（3）隔离灭火 把可燃物与火焰、氧隔离开，使燃烧反应自动中止。如切断流向火区的可燃气体或液体的通道，或喷洒灭火剂把可燃物与氧和热隔离开，这是常用的灭火方法。

（4）化学抑制灭火　物质在有焰燃烧中的氧化反应，都是通过链式反应进行的。碳氢化合物在燃烧过程中分子被活化，产生大量的自由基（—H、—OH 和—O）的链式反应。灭火剂能抑制自由基的产生，降低自由基浓度，中止链式反应扑灭火灾。

2.1.2　建筑分类

民用建筑根据其建筑高度和层数可分为单、多层民用建筑和高层民用建筑。高层民用建筑根据其建筑高度、使用功能和楼层的建筑面积可分为一类和二类。民用建筑的分类应符合表 2-1 的规定。

表 2-1　民用建筑的分类

名称	高层民用建筑		单、多层民用建筑
	一类	二类	
住宅建筑	建筑高度大于 54m 的住宅建筑（包括设置商业服务网点的住宅建筑）	建筑高度大于 27m，但不大于 54m 的住宅建筑（包括设置商业服务网点的住宅建筑）	建筑高度不大于 27m 的住宅建筑（包括设置商业服务网点的住宅建筑）
公共建筑	1. 建筑高度大于 50m 的公共建筑 2. 任一楼层建筑面积大于 1000m² 的商店、展览、电信、邮政、财贸金融建筑和其他多种功能组合的建筑 3. 医疗建筑、重要公共建筑 4. 省级及以上的广播电视和防灾指挥调度建筑、网局级和省级电力调度建筑 5. 藏书超过 100 万册的图书馆、书库	除一类高层公共建筑外的其他高层公共建筑	1. 建筑高度大于 24m 的单层公共建筑 2. 建筑高度不大于 24m 的其他公共建筑

注：1. 表中未列入的建筑，其类别应根据本表类比确定。

2. 除《建筑设计防火规范（2018 年版）》（GB 50016—2014）另有规定外，宿舍、公寓等非住宅类居住建筑的防火要求，应符合《建筑设计防火规范（2018 年版）》（GB 50016—2014）有关公共建筑的规定；裙房的防火要求应符合《建筑设计防火规范（2018 年版）》（GB 50016—2014）有关高层民用建筑的规定。

2.1.3　建筑物火灾危险性分类

建筑物火灾危险性分类的依据是：火灾危险性大小、火灾发生频率、可燃物数量、单位时间内释放的热量、火灾蔓延速度以及扑救难易程度。

1. 厂房生产的火灾危险性分类

厂房生产的火灾危险性分为甲、乙、丙、丁和戊五类，其中甲类火灾危险性最大，详见表 2-2。

表 2-2　生产的火灾危险性分类

生产的火灾危险性类别	使用或产生下列物质生产的火灾危险性特征
甲	1. 闪点小于28℃的液体 2. 爆炸下限小于10%的气体 3. 常温下能自行分解或在空气中氧化能导致迅速自燃或爆炸的物质 4. 常温下受到水或空气中水蒸气的作用，能产生可燃气体并引起燃烧或爆炸的物质 5. 遇酸、受热、撞击、摩擦、催化以及遇有机物或硫磺等易燃的无机物，极易引起燃烧或爆炸的强氧化剂 6. 受撞击、摩擦或与氧化剂、有机物接触时能引起燃烧或爆炸的物质 7. 在密闭设备内操作温度不小于物质本身自燃点的生产
乙	1. 闪点不小于28℃但小于60℃的液体 2. 爆炸下限不小于10%的气体 3. 不属于甲类的氧化剂 4. 不属于甲类的易燃固体 5. 助燃气体 6. 能与空气形成爆炸性混合物的浮游状态的粉尘、纤维、闪点不小于60℃的液体雾滴
丙	1. 闪点不小于60℃的液体 2. 可燃固体
丁	1. 对不燃烧物质进行加工，并在高温或熔化状态下经常产生强辐射热、火花或火焰的生产 2. 利用气体、液体、固体作为燃料或将气体、液体进行燃烧作其他用的各种生产 3. 常温下使用或加工难燃烧物质的生产
戊	常温下使用或加工不燃烧物质的生产

2. 仓库储存物品的火灾危险性分类

仓库储存物品的火灾危险性分为甲、乙、丙、丁和戊五类，其中甲类火灾危险性最大，详见表2-3。

表 2-3　储存物品的火灾危险性分类

储存物品的火灾危险性类别	储存物品的火灾危险性特征
甲	1. 闪点小于28℃的液体 2. 爆炸下限小于10%的气体，受到水或空气中水蒸气的作用能产生爆炸下限小于10%气体的固体物质 3. 常温下能自行分解或在空气中氧化能导致迅速自燃或爆炸的物质 4. 常温下受到水或空气中水蒸气的作用，能产生可燃气体并引起燃烧或爆炸的物质 5. 遇酸、受热、撞击、摩擦以及遇有机物或硫磺等易燃的无机物，极易引起燃烧或爆炸的强氧化剂 6. 受撞击、摩擦或与氧化剂、有机物接触时能引起燃烧或爆炸的物质
乙	1. 闪点不小于28℃但小于60℃的液体 2. 爆炸下限不小于10%的气体 3. 不属于甲类的氧化剂 4. 不属于甲类的易燃固体 5. 助燃气体 6. 常温下与空气接触能缓慢氧化，积热不散引起自燃的物品

（续）

储存物品的 火灾危险性类别	储存物品的火灾危险性特征
丙	1. 闪点不小于60℃的液体 2. 可燃固体
丁	难燃烧物品
戊	不燃烧物品

3. 灭火系统设置场所的危险等级

自动喷水灭火系统设置场所的危险等级按《自动喷水灭火系统设计规范》（GB 50084—2017）分为4个，详见表2-4。

表2-4　设置场所火灾危险等级分类

火灾危险等级		设置场所分类
轻危险级		住宅建筑、幼儿园、老年人建筑、建筑高度为24m及以下的旅馆、办公楼；仅在走道设置闭式系统的建筑等
中危险级	Ⅰ级	1. 高层民用建筑：旅馆、办公楼、综合楼、邮政楼、金融电信楼、指挥调度楼、广播电视楼（塔）等 2. 公共建筑（含单、多、高层）：医院、疗养院；图书馆（书库除外）、档案馆、展览馆（厅）；影剧院、音乐厅和礼堂（舞台除外）及其他娱乐场所；火车站、机场及码头的建筑；总建筑面积小于5000m²的商场、总建筑面积小于1000m²的地下商场等 3. 文化遗产建筑：木结构古建筑、国家文物保护单位等 4. 工业建筑：食品、家用电器、玻璃制品等工厂的备料与生产车间等；冷藏库、钢屋架等建筑构件
	Ⅱ级	1. 民用建筑：书库、舞台（葡萄架除外）、汽车停车场（库）、总建筑面积5000m²及以上的商场、总建筑面积1000m²及以上的地下商场、净空高度不超过8m、物品高度不超过3.5m的超级市场等 2. 工业建筑：棉毛麻丝及化纤的纺织、织物及制品、木材木器及胶合板、谷物加工、烟草及制品、饮用酒（啤酒除外）、皮革及制品、造纸及纸制品、制药等工厂的备料与生产车间等
严重 危险级	Ⅰ级	印刷厂、酒精制品、可燃液体制品等工厂的备料与车间、净空高度不超过8m、物品高度超过3.5m的超级市场等
	Ⅱ级	易燃液体喷雾操作区域、固体易燃物品、可燃的气溶胶制品、溶剂清洗、喷涂油漆、沥青制品等工厂的备料及生产车间、摄影棚、舞台葡萄架下部等
仓库 危险级	Ⅰ级	食品、烟酒；木箱、纸箱包装的不燃、难燃物品等
	Ⅱ级	木材、纸、皮革、谷物及制品、棉毛麻丝化纤及制品、家用电器、电缆、B组塑料与橡胶及其制品、钢塑混合材料制品、各种塑料瓶盒包装的不燃、难燃物品及各类物品混杂储存的仓库等
	Ⅲ级	A组塑料与橡胶及其制品；沥青制品等

注：表中的A组、B组塑料橡胶的举例见《自动喷水灭火系统设计规范》（GB 50084—2017）附录B。

课题2　消火栓给水系统

2.2.1　设置场所

1. 室外消火栓系统

城镇（包括居住区、商业区、开发区、工业区等）应沿可通行消防车的街道设置市政消火栓系统。

民用建筑、厂房、仓库、储罐（区）和堆场周围应设置室外消火栓系统。

用于消防救援和消防车停靠的屋面上，应设置室外消火栓系统。

注意：耐火等级不低于二级且建筑体积不大于3000m³的戊类厂房，居住区人数不超过500人且建筑层数不超过两层的居住区，可不设置室外消火栓系统。

2. 室内消火栓系统

1）下列建筑应设置室内消火栓。

① 建筑占地面积大于300m²的厂房和仓库。

② 高层公共建筑和建筑高度大于27m的住宅建筑。

注意：建筑高度不大于27m的住宅建筑，设置室内消火栓系统确有困难时，可只设置干式消防竖管和不带消火栓箱的$DN65$的室内消火栓。

③ 体积大于5000m³的车站、码头、机场的候车（船、机）建筑、展览建筑、商店建筑、旅馆建筑、医疗建筑和图书馆建筑等单、多层建筑。

④ 特等、甲等剧场，超过800个座位的其他等级的剧场和电影院等，以及超过1200个座位的礼堂、体育馆等单、多层建筑。

⑤ 建筑高度大于15m或体积大于10000m³的办公建筑、教学建筑和其他单、多层民用建筑。

2）国家级文物保护单位的重点砖木或木结构的古建筑，宜设置室内消火栓。

3）消防卷盘的设置要求。人员密集的公共建筑、建筑高度大于100m的建筑和建筑面积大于200m²的商业服务网点内应设置消防软管卷盘或轻便消防水龙。高层住宅建筑的户内宜配置轻便消防水龙。

4）以下建筑内可不设置室内消火栓。

① 耐火等级为一、二级且可燃物较少的单、多层丁、戊类厂房（仓库）。

② 耐火等级为三、四级且建筑体积不大于3000m³的丁类厂房；耐火等级为三、四级且建筑体积不大于5000m³的戊类厂房（仓库）。

③ 粮食仓库、金库、远离城镇且无人值班的独立建筑。

④ 存有与水接触能引起燃烧、爆炸的物品的建筑。

⑤ 室内无生产、生活给水管道，室外消防用水取自储水池且建筑体积不大于5000m³的其他建筑。

2.2.2　室外消防给水系统的设置和水压

1. 系统设置

室外消防给水系统按消防水压要求分高压消防给水系统、临时高压消防给水系统和低压消防给水系统。

城市、居住区、企业事业单位广泛采用生活－消防合用的低压给水系统；高层建筑及设有高层建筑的小区，其室外消防给水也常采用生活－生产－消防合用的低压给水系统。该系统具有节省投资、维护管理简单的优点。

在工业企业，当生产用水与消防用水所要求的水压、水质相适用时，可考虑采用生产－消防合用的室外给水系统。这种系统应保证消防用水时不致因水压下降引起生产事故，且生产设备检修时不会造成消防供水中断。

当城市、居住区或企业事业单位内有建筑群时，室外消防给水系统可采用区域消防给水系统。当区域内有高层建筑时，室外消防给水采用高压或临时高压供水方式的难度较大，可采用以下方式：室外采用低压消防给水系统，室内采用高压或临时高压消防给水系统；室外、室内消防给水系统均为高压或临时高压给水系统。

2. 对水压的要求

在计算室外消防给水系统所需的水压时，应采用喷嘴口径 19mm 的水枪和直径 65mm、长度 120m 的有内衬消防水带的参数，每支水枪的计算流量应小于 5L/s。

室外消防给水管道的压力应满足以下要求：当室外消防给水采用低压给水系统时，室外消火栓口处的水压从室外设计地面算起不应小于 0.1MPa，以满足消防车或手提泵等取水所需压力。当采用高压或临时高压给水系统时，管道的供水压力应能保证用水总量达到最大，且水枪在任何建筑物的最高处时，水枪的充实水柱压力仍不小于 0.1MPa。管网最不利点处室外消火栓的压力可按下式计算。

$$H_{栓口} = H_{高差} + h_{水带} + h_{水枪} \qquad (2\text{-}1)$$

式中　$H_{栓口}$——管网最不利点处室外消火栓口处所需压力（MPa）；

$\quad\quad H_{高差}$——该消火栓距最不利点水枪喷嘴口的高差所产生的位置水头（MPa）；

$\quad\quad h_{水带}$——直径为 65mm 水带的水头损失之和（MPa）；

$\quad\quad h_{水枪}$——口径 19mm 的水枪充实水柱压力不小于 0.1MPa、流量不小于 5L/s 时所需的压力（MPa）。

2.2.3　室内消火栓给水系统分类及给水方式

1. 系统分类

室内消火栓给水系统有高压消防给水系统和临时高压消防给水系统两类。

1）高压消防给水系统的管网内始终保持灭火时所需的压力和流量，灭火时不需要启动水泵加压。

2）临时高压消防给水系统有两种情况：一种是多层建筑消防给水管网内最不利点周围平时水压和流量不满足灭火需要，灭火时需要启动水泵来满足水压和水量的要求；另一种是高层民用建筑内高位消防水箱的设置高度不能保证最不利点消火栓静水压力（当建筑高度不超过 100m 时，高层建筑最不利点消火栓静水压力不应低于 0.07MPa；当建筑高度超过 100m

时，高层建筑最不利点消火栓静水压力不应低于 0.15MPa），由增压泵或气压给水设备等增压设施来保证足够的压力，火灾发生时再启动消防水泵。

2. 设置方式

1）室内消火栓给水管网宜与自动喷水灭火系统的管网分开设置；当合用消防泵时，供水管路应在报警阀前分开设置。

2）高层厂房（仓库）应设置独立的消防给水系统。室内消防竖管应连成环状。

3）室内消防给水管道、消防水池（箱）与室外生活给水管或生活－消防合用管道连接时，应采取防止回流污染的技术措施。

3. 给水方式

（1）由室外给水管网直接供水 当建筑物高度不大，而室外给水管网的压力和流量在任何时候均能够满足室内最不利点所需的设计流量和压力时，宜采用此种方式，如图 2-1 所示。

（2）设高位消防水箱或增压设备的给水方式 当室外给水管网水压变化较大，生活和生产用水量达到最大，室外管网不能保证室内最不利点消火栓所需的水压和水量时，可采用此种给水方式，如图 2-2 所示。当室外管网水压较大时，室外管网向水箱充水，由水箱贮存一定水量，以备消防使用。消防水箱的容积按室内 10min 消防用水量确定。生活、生产与消防合用水箱时，应保证消防用水不作他用的技术措施，以保证消防贮水量。

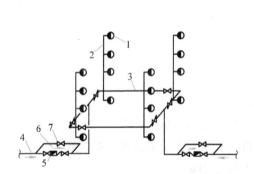

图 2-1 由室外给水管网直接供水的给水方式
1—室内消火栓 2—消防竖管 3—干管
4—进户管 5—水表 6—止回阀 7—阀门

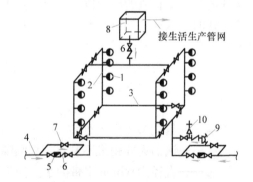

图 2-2 设高位消防水箱的给水方式
1—室内消火栓 2—消防竖管 3—干管 4—进户管
5—水表 6—止回阀 7—阀门 8—水箱
9—水泵接合器 10—安全阀

（3）设水泵、水箱的给水方式 当室外管网水压经常不能满足室内消火栓灭火系统的水压和水量要求时，宜采用此种给水方式，如图 2-3 所示。消防与生活、生产用水共用室内给水系统时，其消防水泵应保证供应生活、生产、消防用水的最大秒流量，并应满足室内最不利点消火栓的水压要求。因此，水箱应贮存 10min 的室内消防用水量。水箱的设置高度也应保证最不利点消火栓所需的水压要求。

（4）高层建筑室内消火栓灭火系统的给水方式

1）不分区室内消火栓灭火系统的给水方式。当消火栓栓口的静水压力不超过 0.8MPa 时，可采用不分区的给水方式，如图 2-4 所示。

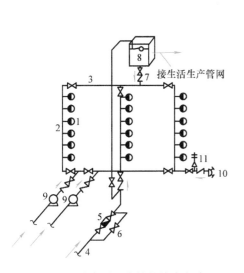

图 2-3　设水泵、水箱的给水方式

1—室内消火栓　2—消防竖管　3—干管
4—进户管　5—水表　6—旁通管及阀门
7—止回阀　8—水箱　9—水泵
10—水泵接合器　11—安全阀

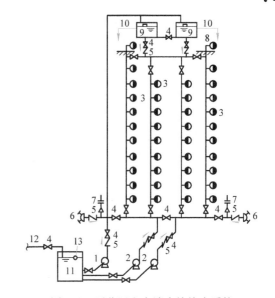

图 2-4　不分区室内消火栓给水系统

1—生活、生产水泵　2—消防水泵
3—消火栓和水泵远距离启动按钮　4—阀门
5—单向阀　6—水泵接合器　7—溢流阀
8—屋顶消火栓　9—高位水箱
10—至生活、生产管网　11—贮水池
12—来自城市管网　13—浮球阀

2）分区室内消火栓灭火系统的给水方式。当建筑高度超过 50m 或建筑内最低处消火栓的静水压力超过 0.8MPa 时，室内消火栓系统难以得到消防车的供水支援。为加强供水安全和保证火场灭火用水，宜采用分区给水方式。分区给水可分为以下三种方式。

① 分区并联给水方式：其特点是分区设置水泵和水箱，水泵集中布置在地下室，各区独立运行，供水可靠，便于维护管理；但管材耗用较多，投资较大，水箱占用上层使用面积。分区并联给水系统如图 2-5a 所示。

② 分区串联给水方式：其特点是分区设置水箱和水泵，水泵分散布置，自下区水箱抽水供上区用水，设备与管道简单，节省投资；但水泵布置在楼板上，振动和噪声较大，占用上层使用面积，设备分散维护管理不便，上区供水受下区限制。分区串联给水方式如图 2-5b 所示。

③ 分区无水箱给水方式：其特点是分区设置变速水泵或多台并联水泵，根据水量调节水泵变速或运行台数，供水可靠，设备集中便于管理，不占用上层使用面积，能耗较低；但水泵型号、数量较多，投资较大，水泵调节控制要求高。分区无水箱给水方式如图 2-5c 所示，适用于各类型高层工业与民用建筑。

2.2.4　消火栓设置要求

1. 室外消火栓

1）室外消火栓应沿道路设置，且应设置在便于消防车取用的地点，但不宜布置在建筑

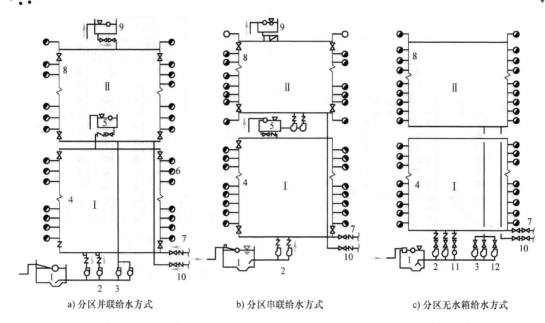

a) 分区并联给水方式　　　　　b) 分区串联给水方式　　　　　c) 分区无水箱给水方式

图 2-5　分区室内消火栓给水系统

1—水池　2—Ⅰ区消防水泵　3—Ⅱ区消防水泵　4—Ⅰ区管网　5—Ⅰ区水箱　6—消火栓

7—Ⅰ区水泵接合器　8—Ⅱ区管网　9—Ⅱ区水箱　10—Ⅱ区水泵接合器

11—Ⅰ区补压泵　12—Ⅱ区补压泵

物一侧。消火栓距路边不应大于 2m，距房屋外墙不宜小于 5m。当道路宽度大于 60m 时，宜在道路两边设置消火栓，并宜靠近十字路口。

2）甲、乙、丙类液体储罐区和液化石油气储罐区的消火栓应设置在防火堤或防护墙外。距罐壁 15m 范围内的消火栓，不应计算在该罐可使用的数量内。

3）室外消火栓的间距不应大于 120m。

4）室外消火栓的保护半径不应大于 150m；在市政消火栓保护半径 150m 以内，当室外消防用水量小于或等于 15L/s 时，可不设置室外消火栓。

5）室外消火栓的数量应按其保护半径和室外消防用水量等综合计算确定，每个室外消火栓的用水量应按 10～15L/s 计算；与保护对象的距离在 5～40m 范围内的市政消火栓，可计入室外消火栓的数量内。

6）室外消火栓宜采用地上式消火栓。地上式消火栓应有 1 个 DN150 或 DN100 和 2 个 DN65 的栓口。当采用室外地下式消火栓时，应有 DN100 和 DN65 的栓口各 1 个。寒冷地区设置的室外消火栓应有防冻措施。

7）工艺装置区内的消火栓应设置在工艺装置的周围，其间距不宜大于 60m。当工艺装置区宽度大于 120m 时，宜在该装置区内的道路边设置消火栓。

8）建筑的室外消火栓、阀门、消防水泵接合器等处应设置相应的永久性固定标识。

9）寒冷地区设置市政消火栓、室外消火栓确有困难的，可设置水鹤等为消防车加水的设施，其保护范围可根据需要确定。

10）城市交通隧道出入口外应设置室外消火栓。隧道每个出入口外应设置室外消火栓；双向交通隧道宜在隧道中部的适当位置设置一个室外消火栓。室外消火栓宜采用地上式；当

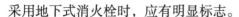

采用地下式消火栓时，应有明显标志。

11）停车场的室外消火栓宜沿停车场周边设置，且距离最近一排汽车不宜小于7m，距加油站或油库不宜小于15m。

2. 室内消火栓

1）除无可燃物的设备层外，设置室内消火栓的建筑物，其各层均应设置消火栓。同一建筑物内应采用统一规格的消火栓、水枪和水带，每条水带的长度不应大于25m。

2）单元式、塔式住宅的消火栓宜设置在首层楼梯间和其他各层休息平台上，当设2根消防竖管确有困难时，可设1根消防竖管，但必须采用双口双阀型消火栓。干式消火栓竖管应在首层靠出口部位设置便于消防车供水的快速接口和止回阀。

3）消防电梯间前室内应设置消火栓，该消火栓可作为普通室内消火栓使用。

4）冷库内的消火栓应设置在常温穿堂或楼梯间内。

5）室内消火栓应设置在位置明显且易于操作的部位。栓口离地面或操作基面高度宜为1.1m，其出水方向宜向下或与设置消火栓的墙面成90°角；栓口与消火栓箱内边缘的距离不应影响消防水带的连接。

6）室内消火栓的间距应由计算确定。高层厂房（仓库）、高架仓库和甲、乙类厂房中室内消火栓的间距不应大于30m；其他单层和多层建筑中室内消火栓的间距不应大于50m。

7）室内消火栓的布置应保证每一个防火分区同层有两支水枪的充实水柱同时到达任何部位。建筑高度小于或等于24m且体积小于或等于5000m³的多层仓库，可采用1支水枪充实水柱到达室内任何部位。

8）水枪的充实水柱应经计算确定，甲、乙类厂房，层数超过6层的公共建筑和层数超过4层的厂房（仓库），不应小于10m；高层厂房（仓库）、高架仓库和体积大于25000m³的商店、体育馆、影剧院、会堂、展览建筑，车站、码头、机场建筑等，不应小于13m；其他建筑，不宜小于7m。

9）高层厂房（仓库）和高位消防水箱静压不能满足最不利点消火栓水压要求的其他建筑，应在每个室内消火栓处设置直接启动消防水泵的按钮，并应有保护设施。

10）室内消火栓栓口处的出水压力大于0.5MPa时，应设置减压设施；静水压力大于1.0MPa时，应采用分区给水系统。

11）设有室内消火栓的建筑，如为平屋顶时，宜在平屋顶上设置试验和检查用的消火栓。

2.2.5　充实水柱、保护半径与间距

1. 充实水柱

水枪的充实水柱是指靠近水枪出口的一段密集不分散的射流。从喷嘴出口起到射流90%的总射流量穿过直径38mm圆圈处的一段射流长度称为充实水柱长度。这段水柱具有扑灭火灾的能力，为灭火的有效段。为防止消防队员被火烧伤，要求水枪的充实水柱有一定的长度，可按式（2-2）计算确定，并不小于表2-5中的规定要求，即：当 S_k 大于规范规定值时取计算值，当 S_k 小于规范规定值时取规范规定的值。

$$S_k = \frac{H_1 - H_2}{\sin\alpha} \tag{2-2}$$

式中 S_k ——水枪充实水柱长度（m）；

H_1 ——室内最高着火点距离地面高度（m）；

H_2 ——水枪喷嘴距离地面高度（m），一般取 1m；

α ——水枪与地平面之间的夹角（°），一般取 45°，最大不应超过 60°。

表 2-5　充实水柱要求

位置	类　别	充实水柱长度/m
室外	高压或临时高压给水系统	≥10
室内	甲、乙类厂房；层数超过 6 层的公共建筑；层数超过 4 层的厂房（仓库）；人防工程、车库；建筑高度不超过 100m 的高层民用建筑	≥10
	高架仓库、高层厂房（客房）；体积大于 25000m³ 的商店、体育馆、影剧院、会堂、展览建筑、车站、码头、机场建筑等；建筑高度超过 100m 的高层民用建筑	≥13
	其他建筑	≥7

2. 保护半径和间距

（1）保护半径　室内消火栓的保护半径 R 应按式（2-3）计算确定，消防竖管布置应保证每个防火分区同层有 2 支水枪的充实水柱同时达到任何部位。建筑高度小于或等于 24m 且体积小于或等于 5000m³ 的多层仓库，可采用 1 支水枪的充实水柱达到室内任何部位。

$$R = kL_d + L_s \tag{2-3}$$

式中 R ——室内消火栓的保护半径（m）；

k ——水带弯曲折减系数，一般取 0.8～0.9；

L_d ——水带长度（m）；

L_s ——消防水枪充实水柱的水平投影长度（m），$L_s = S_k \cos\alpha$。

（2）间距　室内消火栓间距 S 应根据计算确定，并满足以下规定：高架库房、高层厂房（仓库）和甲、乙类厂房、高层民用建筑的消火栓间距不应大于 30m；其他单层、多层民用建筑的裙房的消火栓间距不应大于 50m。

1）要求 1 支水枪的充实水柱达到室内同层任何部位时的间距 S_1（图 2-6）可按式（2-4）计算。

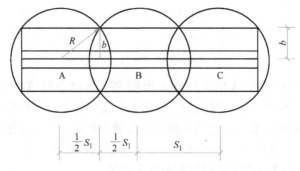

图 2-6　1 支水枪的充实水柱达到室内同层任何部位时的间距

$$S_1 = 2\sqrt{R^2 - b^2} \tag{2-4}$$

式中　S_1——要求 1 支水枪的充实水柱达到室内同层任何部位时的消火栓间距（m）；

　　　R——消火栓保护半径（m）；

　　　b——消火栓最大保护宽度（m）。

2）要求 2 支水枪的充实水柱达到室内同层任何部位时的间距 S_2（图 2-7）可按式（2-5）计算。

$$S_2 = \sqrt{R^2 - b^2} \tag{2-5}$$

式中　S_2——要求 2 支水枪的充实水柱达到室内同层任何部位时的消火栓间距（m）。

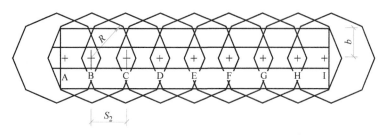

图 2-7　2 支水枪的充实水柱达到室内同层任何部位时的间距

2.2.6　消防管网及附件设置要求

1. 室外消防管网

1）室外消防给水管网应布置成环状；当室外消防用水量小于或等于 15L/s 时，可布置成枝状。

2）向环状管网输水的进水管不应少于两条，当其中一条发生故障时，其余的进水管应能满足消防用水总量的供给要求。

3）环状管道应采用阀门分成若干独立段，每个独立段内室外消火栓的数量不宜超过 5 个。

4）室外消防给水管道的直径不应小于 $DN100$。

2. 室内消防管网

1）室内消火栓超过 10 个且室外消防用水量大于 15L/s 时，其消防给水管道应连成环状，且至少应有两条进水管与室外管网或消防水泵连接。当其中一条进水管发生事故时，其余的进水管应仍能供应全部消防用水量。

2）高层厂房（仓库）应设置独立的消防给水系统。室内消防竖管应连成环状。

3）室内消防竖管直径不应小于 $DN100$。

4）室内消火栓给水管网宜与自动喷水灭火系统的管网分开设置；当合用消防泵时，供水管路应在报警阀前分开设置。

5）消防用水与其他用水合用的室内管道，当其他用水达到最大小时流量时，应仍能保证供应全部消防用水量。

6）允许直接吸水的市政给水管网，当生产、生活用水量达到最大仍能满足室内外消防用水量时，消防泵宜直接从市政给水管网吸水。

7) 严寒和寒冷地区非采暖的厂房（仓库）及其他建筑的室内消火栓系统，可采用干式系统，但在进水管上应设置快速启闭装置，管道最高处应设置自动排气阀。

3. 阀门

消火栓给水系统中的设备和器材、管材、阀门等配件的压力等级不应小于系统设计工作压力。系统管网中阀门的设置应保证检修时其余的消火栓仍可以满足灭火的要求。

1) 室外消防给水管网应设阀门，将管网分隔成若干独立的管段，两阀门间管道上消火栓数量不超过5个，环状管网的节点处宜设必需的阀门。

2) 室内消防给水管道应采用阀门分成若干独立段。对于单层厂房（仓库）和公共建筑，检修停止使用的消火栓不应超过5个。对于多层民用建筑和其他厂房（仓库），室内消防给水管道上阀门的布置应保证检修管道时关闭的竖管不超过1根；当设置的竖管超过3根时，可关闭2根。

3) 高层民用建筑中室内每根竖管上下均应设阀门，应保证检修管道时关闭的竖管不超过1根；当系统中竖管数超过4根时，可关闭不相邻的2根。

4) 阀门保持常开并应有明显的启闭标志或信号。宜采用蝶阀、明杆闸阀或带启闭刻度的暗杆阀等。

4. 水泵接合器

当室内消防水泵发生故障或室内消防水源供水不足时，消防车从室外消火栓取水加压后经水泵接合器将水送到室内消防给水管网。因此，设置室内消火栓系统且层数超过4层的厂房（库房）、层数超过5层的公共建筑、高层民用建筑和高层厂房（库房）均应设水泵接合器。

高层民用建筑室内消防给水采用竖向分区给水方式时，在消防车供水压力范围内的每个分区应分别设置水泵接合器，且应有明显的标志。只有采用串联给水方式时，上区用水从下区水箱吸水供给，可仅在下区设水泵接合器，供整个建筑物使用。

1) 消防水泵接合器的数量应按室内消防用水量计算确定。每个消防水泵接合器的流量宜按 $10 \sim 15L/s$ 计算，且水泵接合器数量不宜少于2个。一般 $DN100$ 的水泵接合器，通水能力为 $10L/s$；$DN150$ 的水泵接合器，通水能力为 $15L/s$。

2) 水泵接合器应与室内消防管网连接，连接点应尽量远离固定消防水泵出水管与室内管网的接点。水泵接合器应设在室外便于消防车使用和接近的地点，距人防工程出入口不宜小于5m，距室外消火栓或消防水池取水口的距离宜为 $15 \sim 40m$。

3) 当采用墙壁式水泵接合器时，其中心高度距室外地坪为700mm，水泵接合器上部的墙面不宜采用玻璃窗或玻璃幕墙等易破碎材料；当必须在该位置设置水泵接合器时，其上部应采取有效遮挡保护措施。

4) 水泵接合器宜采用地上式；当采用地下式水泵接合器时应有明显标志。

5. 减压阀

系统压力或消火栓口压力大于规定值时，应设减压设施。

采用减压阀时，减压阀的设计流量应在减压阀产品的流量与压力特性曲线的有效段内。高区减压阀还应保证在150%设计流量时，减压阀的出口动压不小于设计值的65%。减压阀进口处应设过滤器，进、出口处均应设压力表，其量程是工作压力的2倍。室内消火栓栓口处的压力大于规定值时，一般设减压稳压消火栓或在支管上设减压孔板。

2.2.7 消防给水系统设计用水量

建筑的全部消防用水量应为其室内、外消防用水量之和。

室外消防用水量应为民用建筑、厂房（仓库）、储罐（区）、堆场室外设置的消火栓、水喷雾、水幕、泡沫等灭火、冷却系统需要同时开启的用水量之和。

室内消防用水量应为民用建筑、厂房（仓库）室内设置的消火栓、自动喷水、泡沫等灭火系统需要同时开启的用水量之和。

1. 室外消防用水量

城市、居住区的室外消防用水量应按同一时间内的火灾次数和一次灭火用水量确定。同一时间内的火灾次数和一次灭火用水量不应小于表 2-6 的规定。

表 2-6　城市、居住区同一时间内的火灾次数和一次灭火用水量

人数 N/万人	同一时间内的火灾次数/次	一次灭火用水量/(L/s)	人数 N/万人	同一时间内的火灾次数/次	一次灭火用水量/(L/s)
$N \leq 1.0$	1	15	$30.0 < N \leq 40.0$	2	75
$1.0 < N \leq 2.5$	1	30	$40.0 < N \leq 50.0$	3	75
$2.5 < N \leq 5.0$	2	30	$50.0 < N \leq 70.0$	3	90
$5.0 < N \leq 20.0$	2	45	$N > 70.0$	3	100
$20.0 < N \leq 30.0$	2	60			

工业园区、商务区等消防给水设计流量，宜根据其规划区域的规模和同一时间的火灾次数，以及规划中的各类建筑室内外同时作用的水灭火系统设计流量之和，经计算分析确定。

建筑物室外消火栓设计流量，应根据建筑物的用途功能、体积、耐火等级、火灾危险性等因素综合分析确定。建筑物室外消火栓设计流量不应小于表 2-7 的规定。

表 2-7　建筑物室外消火栓设计流量　　　　　　　　　　（单位：L/s）

耐火等级	建筑物名称及类别			建筑物体积 V/m³					
				$V \leq 1500$	$1500 < V \leq 3000$	$3000 < V \leq 5000$	$5000 < V \leq 20000$	$20000 < V \leq 50000$	$V > 50000$
一、二级	工业建筑	厂房	甲、乙	15	20	25	30		35
			丙	15	20	25	30		40
			丁、戊	15					20
		库房	甲、乙	15		25		—	
			丙	15		25		35	45
			丁、戊	15					20
	民用建筑	住宅	普通	15					
		公共建筑	单层及多层	15		25	30		40
			高层	—		25	30		40
	地下建筑（包括地铁）、平战结合的人防工程			15		20	25		30
	汽车库、修车库（独立）			15					20

（续）

耐火等级	建筑物名称及类别		建筑物体积 V/m³					
			V≤1500	1500<V≤3000	3000<V≤5000	5000<V≤20000	20000<V≤50000	V>50000
三级	工业建筑	乙、丙	15	20	30	40	45	—
		丁、戊	15			20	25	35
	单层及多层民用建筑		15		20	25	30	
四级	丁、戊类工业建筑		15	20	25	—		
	单层及多层民用建筑		15	20	25	—		

注：1. 成组的建筑物应按消火栓设计流量较大的相邻两座建筑物的体积之和确定。

2. 火车站、码头和机场的中转库房，其室外消火栓设计流量应按相应耐火等级的丙类物品库房确定。

3. 国家级文物保护单位的重点砖木、木结构的建筑物室外消火栓设计流量，按三级耐火等级民用建筑物消火栓设计流量确定。

2. 室内消防用水量

建筑物室内消火栓设计流量，应根据建筑物的用途功能、体积、高度、耐火极限、火灾危险性等因素综合确定。建筑物室内消火栓设计流量不应小于表2-8的规定。

表2-8　建筑物室内消火栓设计流量

建筑物名称		建筑物高度 H/m、层数、体积 V/m³或座位数 n/个、火灾危险性		消火栓用水量/(L/s)	同时使用水枪数量/支	每根竖管最小流量/(L/s)
工业建筑	厂房	H≤24	甲、乙、丁、戊	10	2	10
			丙	20	4	15
		24<H≤50	乙、丁、戊	25	5	15
			丙	30	6	15
		H>50	乙、丁、戊	30	6	15
			丙	40	8	15
	仓库	H≤24	甲、乙、丁、戊	10	2	10
			丙	20	4	15
		H>24	丁、戊	30	6	15
			丙	40	8	15
单、多层民用建筑	科研楼、试验楼	V≤10000		10	2	10
		V>10000		15	3	10
	车站、码头、机场的候车(船、机)楼和展览建筑等	5000<V≤25000		10	2	10
		25000<V≤50000		15	3	10
		V>50000		20	4	15

（续）

建筑物名称		建筑物高度 H/m、层数、体积 V/m^3 或座位数 $n/$个、火灾危险性	消火栓用水量/（L/s）	同时使用水枪数量/支	每根竖管最小流量/（L/s）
单、多层民用建筑	剧场、电影院、会堂、礼堂、体育馆建筑等	$800 < n \leq 1200$	10	2	10
		$1200 < n \leq 5000$	15	3	10
		$5000 < n \leq 10000$	20	4	15
		$n > 10000$	30	6	15
	旅馆	$5000 < V \leq 10000$	10	2	10
		$10000 < V \leq 25000$	15	3	10
		$V > 25000$	20	4	15
	商店、图书馆、档案馆等	$5000 < V \leq 10000$	15	3	10
		$10000 < V \leq 25000$	25	5	15
		$V > 25000$	40	8	15
	病房楼、门诊楼等	$5000 < V \leq 10000$	5	2	5
		$10000 < V \leq 25000$	10	2	10
		$V > 25000$	15	3	10
	办公楼、教学楼等	$V > 10000$	15	3	10
	住宅	$21 < H \leq 54$	5	2	5
高层民用建筑	普通住宅	$27 < H \leq 54$	10	2	10
		$H > 54$	20	4	10
	一类公共建筑	$H \leq 50$	30	6	15
		$H > 50$	40	8	15
	二类公共建筑	$H \leq 50$	20	4	10
		$H > 50$	30	6	15
国家级文物保护单位的重点砖木或木结构的古建筑		$V \leq 10000$	20	4	10
		$V > 10000$	25	5	15
汽车库/修车库（独立）			10	2	10
地下建筑		$V \leq 5000$	10	2	10
		$5000 < V \leq 10000$	20	4	15
		$10000 < V \leq 25000$	30	6	15
		$V > 25000$	40	8	20
人防工程	商场、餐厅、旅馆、医院等	$V \leq 5000$	5	1	5
		$5000 < V \leq 10000$	10	2	10
		$10000 < V \leq 25000$	15	3	10
		$V > 25000$	20	4	10

（续）

建筑物名称		建筑物高度 H/m、层数、体积 V/m³ 或座位数 n/个、火灾危险性	消火栓用水量/(L/s)	同时使用水枪数量/支	每根竖管最小流量/(L/s)
人防工程	展览厅、影院、剧场、礼堂、健身体育馆等	$V \leqslant 1000$	5	1	5
		$1000 < V \leqslant 2500$	10	2	10
		$V > 2500$	15	3	10
	丙、丁、戊类生产车间、自行车库	$V \leqslant 2500$	5	1	5
		$V > 2500$	10	2	10
	丙、丁、戊类物品库房、图书资料档案库	$V \leqslant 3000$	5	1	5
		$V > 3000$	10	2	10

注：1. 丁、戊类高层厂房（仓库）室内消火栓的设计流量可按本表减少10L/s，同时使用消防水枪数量可按本表减少2支。

2. 当高层民用建筑高度不超过50m，室内消火栓用水量超过20L/s，且设有自动喷水灭火系统时，其室内、外消防用水量可按本表减少5L/s。

3. 消防软管卷盘、轻便消防水龙及多层住宅楼梯间中的干式消防竖管，其消防给水设计流量可不计入室内消防给水设计流量。

当建筑物室内设有自动喷水灭火系统、水喷雾灭火系统、泡沫灭火系统或固定消防炮灭火系统等一种以上自动水灭火系统全保护时，室内消火栓系统设计流量可减少50%，但不应小于10L/s。

城市交通隧道内室内消火栓设计流量不应小于表2-9的规定。地铁地下车站室内消火栓设计流量不应小于20L/s，区间隧道不应小于10L/s。

表2-9　城市交通隧道内室内消火栓设计流量

隧道用途	建筑类别	隧道长度/m	消火栓设计流量/(L/s)
可通行危险化学品等机动车	一、二、三	>500	20
仅限通行非危险化学品等机动车	一、二、三	>10000	
	三、四	≤10000	10

3. 其他消防给水系统的设计用水量

水喷雾灭火系统的用水量应按《水喷雾灭火系统技术规范》（GB 50219—2014）的有关规定确定；自动喷水灭火系统的用水量应按《自动喷水灭火系统设计规范》（GB 50084—2017）的有关规定确定；泡沫灭火系统的用水量应按《泡沫灭火系统技术标准》（GB 50151—2021）的有关规定确定；固定消防炮灭火系统的用水量应按《固定消防炮灭火系统设计规范》（GB 50338—2003）的有关规定确定。

2.2.8 消防水池、消防水箱及增压设施

1. 消防水池

（1）设置条件

1）多层民用建筑（含建筑高度大于24m的单层公共建筑）和单层、多层、高层工业建

筑，符合下列条件之一时应设置消防水池。

① 当生产、生活用水量达到最大时，市政给水管道、进水管或天然水源不能满足室内外消防用水量。

② 市政给水管道为枝状或只有 1 根进水管，且室内外消防用水量之和大于 25L/s。

2）高层民用建筑符合下列条件之一时，应设消防水池。

① 市政给水管道和进水管或天然水源不能满足消防用水量。

② 市政给水管道为枝状或只有 1 根进水管（二类居住建筑除外）。

（2）有效容积　消防水池的有效容积是指水池溢流水位以下至消防水泵最低吸水水位之间的水量，不应包括隔墙、柱体所占的体积。扑救火灾时消防水泵从消防水池吸水、加压后送至消防管网，与此同时室外给水管网可通过水池进水管向消防水池补水。因此，消防水池的有效容积与室外给水管网的补水能力有关。

当室外给水管网能保证室外消防用水量时，消防水池的有效容量应满足在火灾延续时间内室内消防用水量的要求。当室外给水管网不能保证室外消防用水量时，消防水池的有效容量应满足在火灾延续时间内室内消防用水量与室外消防用水量不足部分之和的要求。

当室外给水管网供水充足且在火灾情况下能保证连续补水时，消防水池的容量可减去火灾延续时间内补充的水量。当室内外消防给水系统的火灾延续时间相等时，消防水池的有效容量可按式（2-6）计算。

$$V_f = 3.6(Q_n + Q_w - Q_b)T_b \tag{2-6}$$

式中　V_f——消防水池的有效容积（m^3）；

　　　Q_n——室内消防用水量（L/s）；

　　　Q_w——室外消防用水量（L/s）；

　　　Q_b——在火灾延续时间内室外给水管网可连续补给消防水池的水量（L/s），补水量经计算确定，补水管的设计流速不宜大于 2.5m/s；

　　　T_b——火灾延续时间（h），详见《消防给水及消火栓系统技术规范》（GB 50974—2014）。

当消防水池贮存多种灭火系统（包括室外消防给水系统）的用水量，且灭火系统的火灾延续时间有所不同时，有效容积应为同时启用的各种灭火系统用水量之和减去火灾延续时间内室外给水管网连续补给消防水池的水量。由于各种火灾系统的火灾延续时间有所不同，因此消防水池的有效容量可按式（2-7）计算。

$$V_f = 3.6(Q_i T_{bi} - Q_b T_{bmax}) \tag{2-7}$$

式中　Q_i——某灭火系统的设计用水量（L/s）；

　　　T_{bi}——某灭火系统的火灾延续时间（h）；

　　　T_{bmax}——各种灭火系统火灾延续时间中的最大值（h）。

其余符号含义同式（2-6）。消防水池的补水时间不宜超过 48h，对于缺水地区或独立的石油库区不应超过 96h。当总容量超过 500m³ 时，应分成 2 个能独立使用的消防水池。

（3）其他设计要求

1）供消防车取水的消防水池应设置取水口或取水井，且吸水高度不应大于 6m。取水口或取水井与建筑物（水泵房除外）的距离不宜小于 15m；与甲、乙、丙类液体储罐的距离不宜小于 40m；与液化石油气储罐的距离不宜小于 60m，如采取防止辐射热的保护措施，可减为40m。

2）高层建筑消防系统，取水口或取水井与被保护高层建筑的外墙距离不宜小于5m，并不宜大于100m。

3）消防水池的保护半径不应大于150m。

4）同一时间内只考虑1次火灾的高层建筑群、工厂及居住区等，可共用消防水池、消防泵房、高位消防水箱。消防水池、高位消防水箱的容量应按消防用水量最大的一幢高层建筑计算。高位消防水箱应满足相关规定，且应设置在高层建筑群内最高的一幢高层建筑的屋顶最高处。

5）严寒和寒冷地区的消防水池应采取防冻保护设施。消防水池须有盖板，盖板上须覆土保温；人孔和取水口设双层保温井盖。

6）消防用水与生产、生活用水合并的水池，应采取确保消防用水不作他用的技术措施，如图2-8所示。

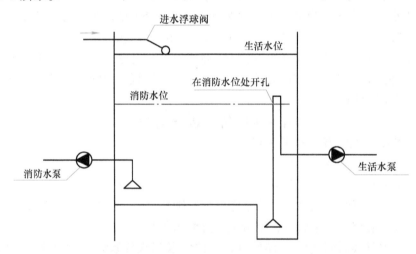

图2-8　消防用水不作他用的技术措施

7）消防水池应设水位显示装置和溢水管。其溢流水位宜高出设计最高水位0.05m左右，溢水管喇叭口应与溢流水位在同一水位线上，溢水管管径比进水管大一级，溢水管上不应设阀门。溢水管不应与排水管直接连通。

8）消防水泵宜设置单独从水池吸水的吸水管。吸水管内的流速宜采用1.0～1.2m/s；吸水管应设置喇叭口。喇叭口宜向下，低于消防水池最低水位不宜小于0.3m，当达不到此要求时，应采取防止空气被吸入的措施，具体要求如图2-9所示，喇叭口到最低水位的距离H应大于或等于0.8倍吸水管管径，且不应小于0.1m。

9）补水量应经计算确定，且补水管

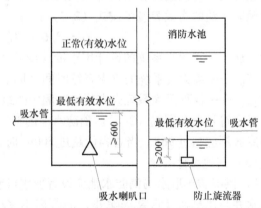

图2-9　消防水池最低水位与吸水口安装尺寸关系图

的设计流速不宜大于 2.5m/s。

10）应有泄空、通气等措施，泄水管不应与排水管直接连通。

2. 消防水箱

（1）设置条件　设置常高压给水系统并能保证最不利点消火栓和自动喷水灭火系统等的水量和水压的建筑物，或设置干式消防竖管的建筑物，可不设置消防水箱。设置临时高压给水系统的建筑物应设置消防水箱（包括气压水罐、水塔、分区给水系统的分区水箱）。

（2）有效容积　对工业建筑和多层民用建筑，消防水箱应储存 10min 的消防用水量。当室内消防用水量小于或等于 25L/s，经计算消防水箱所需消防储水量大于 12m³ 时，仍可采用 12m³；当室内消防用水量大于 25L/s，经计算消防水箱所需消防储水量大于 18m³ 时，仍可采用 18m³。

对高层民用建筑，一类公共建筑的消防水箱容量不应小于 18m³；二类公共建筑和一类居住建筑的消防水箱容量不应小于 12m³；二类居住建筑的消防水箱容量不应小于 6m³。并联给水方式的分区消防水箱容量应与高位消防水箱相同。

消防水箱内储存的消防用水量可按式（2-8）计算。

$$V_x = 0.6Q_x \tag{2-8}$$

式中　V_x——消防水箱内储存的消防用水量（m³）；

　　　Q_x——室内消防用水量（L/s）；

　　　0.6——单位换算系数。

（3）设置高度　消防水箱应设置在建筑的最高部位，依靠重力自流供水，其设置高度应按各种灭火系统设计规范要求确定。

1）高层民用建筑消火栓给水系统消防水箱的设置高度：当建筑高度不超过 100m 时，高层建筑最不利点消火栓静水压力不应低于 0.07MPa；当建筑高度超过 100m 时，高层建筑最不利点消火栓静水压力不应低于 0.15MPa。当消防水箱不能满足上述静水压力要求时，应设置增压设施。

消火栓给水系统与自动喷水灭火系统共用消防水箱时，其设置高度还应保证最不利点喷头处的最小工作压力，最不利点喷头处最小工作压力可按式（2-9）计算。

$$H_{xs} = H_{xh} + \Delta H_{xg} \tag{2-9}$$

式中　H_{xs}——消防水箱最低水位与最不利点喷头之间的高差产生的静水压力（kPa）；

　　　H_{xh}——最不利点处所需水压（kPa）；

　　　ΔH_{xg}——消防水箱至最不利点处喷头之间管路的总水头损失（kPa）。

2）工业建筑和多层民用建筑的消防水箱，应设置在建筑物的最高部位，保证重力自流出水。

（4）其他设计要求　消防用水与其他用水合用的水箱应采取消防用水不作他用的技术措施。除串联消防给水系统外，发生火灾时由消防水泵供给的消防用水不应进入高位消防水箱。

3. 增压设施

1）高层民用建筑临时高压消防给水系统中的消防水箱，当其设置高度不能满足规定的静水压力要求时应设置增压设施，以保证火灾初期消防主泵未开启时室内消火栓或自动喷水灭火系统的压力要求。增压设施一般由增压泵、气压水罐等组成，如图 2-10 所示。

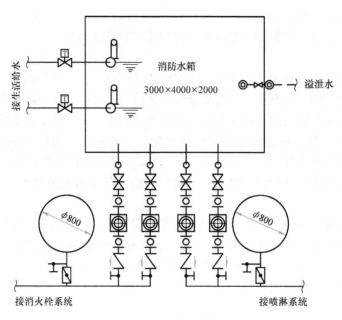

图 2-10 增压设施

对增压泵，其出水量应满足 1 支水枪用水量或自动喷水灭火系统 1 个喷头的用水量。对气压给水设备中的气压水罐，其调节容积应为 2 支水枪和 5 个喷头 30s 的用水量，即 $30 \times (2 \times 5 + 5 \times 1) L = 450 L$。

2) 设置在高压消防给水系统中的高位水池，是消防给水系统的一个水源，其有效容积应满足火灾延续时间内的设计消防用水量要求，设置高度应满足系统的设计压力。

2.2.9 消防水泵及泵房

1. 消防水泵设计流量

独立消火栓给水系统，消防水泵的设计流量不应小于该消火栓给水系统的设计灭火用水量。

供给 2 栋及 2 栋以上的建筑时，消防水泵流量应取其中消防用水量较大建筑的消防流量。

多种灭火设备联合供水的消防给水系统，消防水泵的设计流量应取消防时同时作用的各系统组合流量的最大者。

当消防给水管网与生产、生活给水管网合用时，消防水泵设计流量应保证生产、生活用水达到最大小时用水量时（淋浴用水量可按 15% 计算，浇洒和洗涤用水量可不计算在内）仍能满足全部消防设计用水量。

2. 消防水泵扬程

消防水泵扬程应满足各系统最不利点灭火设备所需水压，由式（2-10）确定。

$$H_p = H_1 + H_2 + H_{xh0} \tag{2-10}$$

式中 H_p——消防水泵扬程（kPa）；

H_1——最不利点消火栓与消防水池最低水位或系统入口管水平中心线的高差产生的

静水压力（kPa）；

H_2——计算管路沿程和局部水头损失之和（kPa）；

H_{xh0}——最不利点消火栓口处所需的水压（kPa）。

当市政给水环形干管允许直接吸水时，消防水泵应直接从室外给水管网吸水。直接吸水时，消防水泵的扬程应按市政给水管网的最低压力计算，并以市政给水管网的最高水压校核该水泵的工作情况，以防管网内压力过高导致出现渗漏、水泵效率下降等情况。

3. 消防水泵的设置要求

1）一组消防水泵的吸水管不应少于 2 根。当其中一根关闭时，其余的吸水管应仍能通过全部用水量。消防水泵应采用自灌式吸水，并应在吸水管上设置检修阀门。

2）消防水泵应设置备用泵，其工作能力不应小于最大一台消防工作泵。当工厂、仓库、堆场和储罐的室外消防用水量小于或等于 25L/s，或建筑的室内消防用水量小于或等于 10L/s 时，可不设置备用泵。

3）消防水泵应保证在火警后 30s 内启动。消防水泵与动力机械应直接连接。

4. 消防泵房

1）独立建造的消防泵房，其耐火等级不应低于二级。附设在建筑中的消防泵房应采用耐火极限不低于 2.0h 的隔墙和 1.5h 的楼板与其他部位隔开。

2）消防泵房设置在首层时，其疏散门宜直通室外；设置在其他层时，其疏散门应靠近安全出口。消防泵房的门应采用甲级防火门。

3）消防泵房应有不少于两条的出水管直接与消防给水管网连接。当其中一条出水管关闭时，其余的出水管应仍能通过全部用水量。出水管上应设置试验和检查用的压力表和 $DN65$ 的放水阀门。当存在超压可能时，出水管上应设置防超压设施。

2.2.10　室内消火栓给水系统设计计算

高压消防给水系统设计计算的主要任务是：确定管径，并校核压力。临时高压消防给水系统设计计算的主要任务是：确定管径，计算水头损失，确定消防水泵的流量和扬程，确定消防水池和消防水箱的有效容积，校核消防水箱的设置高度及增压设施选型。

1. 室内消火栓口处所需的最低水压

$$H_{xh0} = H_q + h_d + H_k = 10 \times \frac{q_{xh}^2}{B} + 10A_d \cdot L_d \cdot q_{xh}^2 + H_k \qquad (2\text{-}11)$$

式中　H_{xh0}——消火栓口处所需最低水压（kPa）；

H_q——水枪喷嘴处的压力（kPa），$H_q = 10 \times \dfrac{q_{xh}^2}{B}$；

q_{xh}——水枪的射流量（L/s）；

h_d——水带的水头损失，kPa，$h_d = 10A_d \cdot L_d \cdot q_{xh}^2$；

A_d——水带的阻力系数；

L_d——水带的长度（m）；

H_k——消火栓栓口局部水头损失（kPa），一般取 20kPa；

B——水枪的水流特性系数，与水枪喷嘴口径有关，见表 2-10。

表 2-10 水枪水流特性系数 B 与水枪喷嘴口径的关系

水枪喷嘴口径 /mm	13	16	19	22	25
B	0.346	0.793	1.577	2.836	4.727

（1）水枪喷嘴处压力（H_q） 水枪喷嘴处压力与喷嘴口径和充实水柱长度有关，而水枪的射流量与喷嘴口径、喷嘴形状和水枪喷嘴处压力有关。水枪喷嘴处压力可用式（2-12）计算。

$$H_q = 10 \times \frac{\alpha_f \cdot S_k}{1 - \varphi \cdot \alpha_f \cdot S_k} \tag{2-12}$$

式中 H_q——水枪喷嘴处压力（kPa）；

S_k——水枪的充实水柱长度（m）；

α_f——与充实水柱长度有关的系数，$\alpha_f = 1.19 + 80 \times (0.01 S_k)^4$，也可按表 2-11 选用；

φ——与水枪喷嘴口径有关的阻力系数，见表 2-12。

表 2-11 α_f 值与充实水柱的关系

S_k/m	6	8	10	12	16
α_f	1.19	1.19	1.20	1.21	1.24

表 2-12 φ 值与水枪喷嘴口径的关系

水枪喷嘴口径/mm	13	16	19
φ	0.0165	0.0124	0.0097

水枪的射流量可由水枪喷嘴处压力确定。

$$q_{xh} = \sqrt{\frac{B \cdot H_q}{10}} \tag{2-13}$$

式中 q_{xh}——水枪的射流量（L/s）。

水枪充实水柱长度 S_k、喷嘴处压力 H_q 与射流量 q_{xh} 之间的关系见表 2-13。

表 2-13 水枪 S_k、H_q、q_{xh} 的关系

充实水柱长度 S_k /m	不同喷嘴口径的压力和流量					
	13mm		16mm		19mm	
	H_q/kPa	$q_{xh}/(L/s)$	H_q/kPa	$q_{xh}/(L/s)$	H_q/kPa	$q_{xh}/(L/s)$
7	96	1.8	92	2.7	90	3.8
8	112	2.0	105	2.9	105	4.1
9	130	2.1	125	3.1	120	4.3
10	150	2.3	141	3.3	136	4.6
11	170	2.4	159	3.5	152	4.9
12	191	2.6	177	3.7	169	5.2
13	215	2.9	197	4.0	187	5.4

（2）水带水头损失（h_d）　按式（2-14）计算。

$$h_d = 10 \times A_d \cdot L_d \cdot q_{xh}^2 \tag{2-14}$$

式中　h_d——水带水头损失（kPa）；

　　　A_d——水带的阻力系数，见表2-14；

　　　L_d——水带长度（m）。

表 2-14　水带的阻力系数 A_d

水带材质	水带口径/mm		
	50	65	80
麻织	0.01501	0.00430	0.00150
衬胶	0.00677	0.00172	0.00075

2. 计算层的水枪实际射流量

1）当消防水泵由下（例如地下室）向上管网供水时，计算层消火栓口处的压力 H_{xhs} 为

$$H_{xhs} = H_{xh0} + \Delta h + h_z \tag{2-15}$$

式中　H_{xhs}——计算层消火栓口处的压力（kPa）；

　　　H_{xh0}——最不利点消火栓口处的压力（kPa）；

　　　Δh——最不利点消火栓到计算层消火栓之间管路的沿程和局部水头损失之和（kPa）；

　　　h_z——计算层消火栓与最不利点消火栓之间的高差引起的静水压力（kPa）。

2）当消防水箱由上向下供水时，计算层消火栓口处的压力 H_{xhs} 为

$$H_{xhs} = h_z - \Delta h \tag{2-16}$$

式中　Δh——消防水箱到计算层消火栓之间管路的沿程和局部水头损失之和（kPa）；

　　　h_z——消防水箱最低水位与计算消火栓口之间的高差引起的静水压力（kPa）。

3）计算层水枪的实际射流量 q_{xhs} 为

$$q_{xhs} = \sqrt{\frac{H_{xhs}}{\frac{10}{B} + 10 A_d L_d}} \tag{2-17}$$

3. 消火栓口的减压计算

消火栓口处剩余压力过大时会造成水枪反作用力过大，导致使用者难以操控，同时出水量大于设计流量，导致消防用水很快用尽，不利于初期火灾的扑救。因此，室内消火栓口处的出水压力超过 0.50MPa 时，应在消火栓口处设置不锈钢减压孔板或采用减压稳压消火栓，以消除消火栓口处的剩余水头。为使消火栓保护距离具有可延展性，减压型（减压孔板或减压稳压）消火栓口处的动压力不宜小于 0.45MPa，并用屋顶消防水箱供水工况进行压力复核。

减压孔板应设置在消防支管上，其水头损失可参考表2-15。

4. 管网水头损失

在确定了管网中各管段的设计流量后，在一定范围内选定某一流速即可计算出管径和单位长度的沿程水头损失；局部水头损失按沿程水头损失的20%计，则可计算出管网系统的总水头损失。当资料充足时，局部水头损失可按管（配）件当量长度法计算。

消防管道内流速一般控制在 $1.4 \sim 1.8 \mathrm{m/s}$ 之间，不宜大于 $2.5 \mathrm{m/s}$。

表 2-15　消火栓与减压孔板组合水头损失　　　　　　（单位：MPa）

消火栓型号		SN50	SN65
流量 q_x（L/s）		2.5	5.0
减压孔板孔径 d /mm	12	0.6576	—
	14	0.3458	—
	16	0.1966	0.8361
	18	0.1185	0.5113
	20	0.076	0.3276
	22	0.0487	0.2180
	24	0.0326	0.1495
	26	—	0.1050
	28	—	0.0753
	30	—	0.0549
	32	—	0.0406

5. 室内消火栓给水系统设计计算方法和步骤

1）根据室内消火栓给水系统平面图绘制出系统图。

2）确定系统最不利点消火栓和计算管路，对计算管路上的节点进行编号。宜根据阀门位置把消火栓管网简化为枝状管网。

3）室内消火栓给水系统的竖管流量分配。根据最不利立管、次不利立管……依次分配消火栓用水量，每根竖管的流量不应小于规范中有关竖管最小流量的规定。

4）计算最不利点处消火栓口所需水压。

5）室内消火栓给水系统横干管的流量应为消火栓设计用水量。

6）对计算管路进行水力计算。根据管段流量和控制流速可查相应的水力计算表，确定管径和单位长度管道沿程水头损失，即可计算管路的沿程和局部水头损失。

7）分别按消防水泵和屋顶消防水箱供水工况的枝状管网进行水力计算。

8）确定系统所需压力和流量，选择消防水泵，确定消防水池（箱）容积；临时高压给水系统还应校核水箱安装高度，确定是否需设增压稳压设备。

9）确定消火栓减压孔板或减压稳压消火栓，减压计算还应满足消防水泵、消防水泵接合器或屋顶消防水箱 3 种供水工况的要求。

【例 2-1】　某工程为某校一栋综合楼，平面图形状为条形，长为 60.4m，宽为 16.8m，共 11 个教室，每层的建筑面积大于 1000mm²。建筑高度 18.6m，层数为 6，层高为 3.1m，耐火等级为二级。试进行建筑消防给水系统的设计。

【解】　根据建筑物的性质，该建筑应设置室内消火栓灭火系统。

1. 消火栓的布置间距

（1）消火栓充实水柱长度　消火栓充实水柱按下面 3 种方法计算，取其中最大值。

1）α 取 $45°$，层高为 3.1m，$S_k = \dfrac{H_1 - H_2}{\sin\alpha} = \dfrac{(3.1-1)\mathrm{m}}{\sin 45°} \approx 3\mathrm{m}$。

2）水枪充实水柱应经过水力计算确定。根据该建筑物的性质，应属于其他建筑。查表 2-5，充实水柱不应小于 7m。

3）根据水枪出水流量确定。根据该建筑物的性质，查表 2-8 可知，该建筑物室内消火栓用水量为 15L/s，同时使用水枪数量为 3 支，竖管的流量为 10L/s。因此，消防水枪的最小出流量为 5L/s。

$q_{xh} = 5L/s$；水枪喷嘴口径为 19mm 时，$B = 1.577$。

$$H_q = 10 \times \frac{q_{xh}^2}{B} = (10 \times 25/1.577)kPa = 158.5kPa$$

根据水枪喷口处水压计算 S_k。

$$S_k = \frac{H_q}{\alpha_f \cdot (10 + \varphi \cdot H_q)} = \frac{158.5m}{1.19 \times (10 + 0.0097 \times 158.5)} = 11.54m$$

综合上述 3 种方法的计算，充实水柱长度取 11.54m。

（2）消火栓保护半径　水龙带折减系数取 0.8，水枪倾斜角度取 45°。

$$R = k \cdot L_d + L_s = (0.8 \times 25 + 11.54 \times \cos 45°)m = 28.1m$$

（3）消火栓布置间距　根据建筑物的性质，室内按 1 排消火栓布置，且应保证有 2 支消防水枪的充实水柱同时达到任何部位，则

$$S = \sqrt{R^2 - b^2} = (\sqrt{28.1^2 - 8.4^2})m = 26.8m$$

立管数量计算：$n = L/S + 1 = (60.4/26.8 + 1)$ 根 = 3.25 根，4 根。

2. 消火栓口所需水压

$$H_{xh0} = H_q + h_d + H_k = H_q + 10A_d \cdot L_d \cdot q_{xh}^2 + H_k$$

消火栓水龙带水头损失

$$h_d = 10 \times A_d \cdot L_d \cdot q_{xh}^2 = (10 \times 0.00172 \times 25 \times 5^2)kPa = 10.75kPa$$

消火栓局部水头损失取 $H_k = 20kPa$，则消火栓栓口所需水压为：

$$H_{xh0} = H_q + h_d + H_k = (158.5 + 10.75 + 20)kPa = 189.25kPa$$

3. 室内消火栓给水管网的水力计算

绘制室内消火栓灭火系统给水管网系统图，如图 2-11 所示。

（1）计算管段 1—2 的管径和水头损失　该管段只供给 1 个消火栓，管段流量为 5L/s。考虑到竖管采用同样口径的管道，所以取 1—2 段管径为 100mm，采用镀锌钢管。查水力计算表得相应的流速和阻力系数 i，并计算出管段水头损失为 0.232kPa，填入表 2-16。

（2）计算 2—3 管段的管径和水头损失　计算层节点 2 压力下消火栓 2 的出流量

$$q_{xhs} = \sqrt{\frac{H_{xhs}}{\frac{10}{B} + 10A_d \cdot L_d}} = \sqrt{\frac{189.25 + 0.232 + 31 - 20}{\frac{10}{1.577} + 10 \times 0.00172 \times 25}}L/s \approx 5.44L/s$$

因此，管段 2—3 的流量为 $(5 + 5.44)$ L/s = 10.44L/s。查水力计算表得相应的流速和阻力系数 i，并计算出管段水头损失为 0.911kPa，填入表 2-16。

同理可以计算出管段 3—4 的流量为 $(5 + 5.44 + 5.85)$ L/s = 16.29L/s。

由于同时使用水枪数量为 3 支，因此管段 4—5 和管段 5—6 各的流量均为 16.29L/s。

管径与各管段水头损失计算见表 2-16。

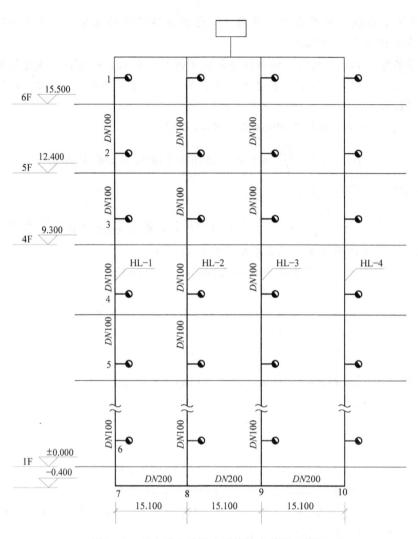

图 2-11　室内消火栓灭火系统给水管网系统图

表 2-16　消防管网水力计算表

管段编号	管长/ m	管段流量/ (L/s)	管径/ mm	流速/ (m/s)	阻力系数 i/ (kPa/m)	管段水头损失 /kPa
1—2	3.1	5	100	0.58	0.0749	0.232
2—3	3.1	10.44	100	1.20	0.294	0.911
3—4	3.1	16.29	100	1.91	0.729	2.26
4—5	3.1	16.29	100	1.91	0.729	2.26
5—6	3.1	16.29	100	1.91	0.729	2.26
6—7	1.4	16.29	100	1.91	0.729	1.02
7—8	15.1	32.58	200	1.05	0.00998	0.151
8—9	22.65	48.87	200	1.59	0.0233	0.528
9—10	15	48.87	200	1.59	0.0223	0.349

沿程总水头损失为 9.971kPa。

（3）局部水头损失　局部水头损失按沿程水头损失的 20% 计算，则局部水头损失为 1.99kPa。

计算管路沿程和局部水头损失之和为 (9.97 + 1.99) kPa = 11.96kPa。

4. 水箱设置高度

工业建筑和多层民用建筑的消防水箱，应设置在建筑物的最高部位，保证重力自流出水，即保证最不利点所需静水压力 7mH₂O，如图 2-11 所示。

5. 水箱的体积

$$V_x = 0.6Q_x = 0.6 \times 30m^3 = 18m^3$$

工业建筑和多层民用建筑，消防水箱应储存 10min 的消防用水量。当室内消防用水量大于 25L/s，经计算消防水箱所需消防储水量大于 18m³ 时，仍可采用 18m³。

6. 消防水泵的扬程计算

消防水泵的扬程可按下式计算。

$$H_p = H_1 + H_2 + H_{xh0} = (16.6 \times 10 + 11.96 + 182.5)kPa = 360.46kPa = 36.05mH_2O$$

消防水泵扬程：36.05mH₂O。

消防水泵流量：48.87L/s。

7. 水泵接合器的设置

水泵接合器数量： $N = [Q/(10 \sim 15)]$ 个 $= [15/(10 \sim 15)]$ 个 $= 1 \sim 1.5$ 个

由计算可知，应为室内消火栓系统设置 2 个水泵接合器（水泵接合器的数量不宜少于 2 个），每个水泵接合器用 DN175 的镀锌钢管接至室内消火栓管网上。

课题 3   自动喷水灭火系统

2.3.1   设置场所

在人员密集、不易疏散、外部增援灭火与救生较困难、性质重要或火灾危害性较大的场所，应采用自动喷水灭火系统。自动喷水灭火系统设置场所见《建筑设计防火规范（2018 年版)》（GB 50016—2014）、《汽车库、修车库、停车场设计防火规范》（GB 50067—2014）。

以下场所不能设置自动喷水灭火系统：当灭火现场存在遇水发生爆炸或加速燃烧的物品；遇水发生剧烈化学反应或产生有毒有害物质的物品；洒水将发生喷溅或沸溢的液体的场所。

2.3.2   系统种类及其适用条件、特点

根据所使用喷头的形式不同，自动喷水灭火系统分为两大类。第一类是闭式系统，有湿式灭火系统、干式灭火系统、预作用系统、重复启闭预作用系统 4 种，它们采用的是闭式洒水喷头；第二类是开式系统，有雨淋系统和水幕系统，它们采用的是开式洒水喷头。

（1）湿式灭火系统   该系统适用于环境温度在 4~70℃ 之间的场所。为提高系统的可靠性及保证维修时系统关闭部分不致过大，一个报警阀控制的喷头数不宜超过 800 只。湿式系统局部应用，适用于室内最大净空高度不超过 8m、总建筑面积不超过 1000m² 的民用建筑中的轻危险级或中危险级 I 级需要局部保护的区域。

湿式灭火系统具有管理方便、投资较小、喷水灭火速度快的特点。

（2）干式灭火系统　该系统适用于环境温度低于 4℃ 或高于 70℃ 的建筑物和场所。干式灭火系统的主要特点是在报警阀后管路内无水，不怕冻结，不怕环境温度高。干式灭火系统与湿式灭火系统相比，因增加一套充气设备，且要求管网内的气压要经常保持在一定范围内，因此，管理比较复杂，投资较大，在喷水灭火速度上不如湿式系统来得快。

早期抑制快速响应喷头（ESFR）和快速响应喷头不能用于干式系统。空压机的供气能力应在 30min 内使管道内的气压达到设计要求。

（3）预作用系统　预作用系统适用于准工作状态时不允许误喷而造成水渍损失的一些性质重要的建筑物内（如档案库等），以及在准工作状态时严禁管道充水的场所（如冷库等），也可用于代替干式系统。

预作用系统一个报警阀后控制的喷头数不宜超过 800 只，配水管道的充水时间不宜大于 2min，管道容积宜在 1500L 以内。当在正常的气压下，打开末端试水装置能在 60s 内出水时，最大容积不宜超过 3000L。

对预作用系统，在同一保护区域内应设置专用的火灾探测装置。

在预作用阀门之后的管道内充有压气体，其压力宜为 0.03 ~ 0.05MPa；空压机供气量应在 30min 内使管道内的气压达到设计要求。

系统应同时具备自动控制、消防控制室（盘）手动控制和水泵房现场紧急操作三种启动供水水泵和开启雨淋阀的控制方式。

（4）重复启闭预作用系统　重复启闭预作用系统适用于灭火后必须及时停止喷水以减少不必要水渍损失的场所，如计算机房、棉花仓库以及烟草仓库等。

目前这种系统有两种形式，一种是喷头具有自动重复启闭的功能；另一种是系统通过烟、温度传感器控制系统的控制阀来实现系统的重复启闭功能。

（5）雨淋式灭火系统　雨淋式灭火系统一个报警阀后控制的喷头数不宜超过 500 只，配水管道充水时间不宜大于 2min。雨淋式灭火系统的设置场所参见《建筑设计防火规范》（GB 50016—2014）。

该系统的特点是：动作速度快、淋水强度大，雨淋报警阀后保护区范围内的所有喷头都喷水。该系统适用于扑救面积大、燃烧猛烈、蔓延速度快的火灾，以及扑救高度较大空间的地面火灾。

（6）水幕系统

1）适用条件。防水分割幕不宜用于尺寸超过 15m（宽）×8m（高）的开口。防护冷却水幕仅用于防火卷帘的冷却，可参考湿式系统或雨淋系统来确定系统大小。水幕系统的设置场所参见《建筑设计防火规范》（GB 50016—2014）。

2）特点。该系统不具备直接灭火能力，其线状布置喷头在喷水时形成的"水帘"，主要起阻火、冷却、隔离作用。而配合防火卷帘等分割物的水幕，是利用直接喷向分割物而产生的冷却作用，保持分割物在火灾中的完整性和隔热性。

报警阀可以采用雨淋报警阀组或湿式报警阀组，也可采用常规的手动操作启闭的阀门。采用雨淋报警阀组的水幕系统，需设配套的火灾自动报警系统或传动管系统联动，由报警系统或传动管系统监测火灾并启动雨淋阀与供水泵。

防火分隔水幕应采用开式洒水喷头或水幕喷头，防护冷却水幕应采用水幕喷头。

(7) 自动喷水 – 泡沫联用系统　自动喷水 – 泡沫联用系统是比自动喷水灭火系统更有效的系统，可应用于 A 类固体火灾、B 类易燃液体火灾、C 类气体火灾的扑灭。《汽车库、修车库、停车场设计防火规范》（GB 50067—2014）规定，大型汽车库宜采用自动喷水 – 泡沫联用系统。

当保护场所中含有可燃液体时，宜采用自动喷水 – 泡沫联用系统，如地下汽车库、含有少量易燃液体的燃油锅炉和柴油发电机房等。

2.3.3　系统主要组件

1. 喷头

（1）闭式喷头　在喷头的喷口处设有定温封闭装置，当环境温度达到其动作温度时，该装置可自动开启。一般定温装置有玻璃球形和易熔合金两种形式，为防误动作，选择喷头时，要求喷头的公称动作温度比使用环境的最高温度大30℃。喷头在动作喷水后需要更换定温装置。

现已有双金属围片式和活塞式自动启闭喷头产品。喷头在火灾后可自行关闭，其动作灵敏，抗外界干扰，但结构复杂，可用于湿式系统、干式系统、预作用系统、重复启闭预作用系统。

（2）开式喷头

1）开式洒水喷头。开式洒水喷头是不安装感温元件的喷头，适用于雨淋系统或水幕系统。

2）水幕喷头。可喷出一定形状的幕帘起阻隔火焰穿透、吸热和隔烟等作用，不直接用于灭火，适用于水幕系统。

3）水喷雾喷头。可使一定压力的水经过喷头后形成雾状水滴，并按一定的雾化角度喷向设定的保护对象，以达到冷却、抑制和灭火目的，适用于水喷雾系统和自动喷水 – 泡沫联用系统。

（3）特殊喷头

1）快速响应洒水喷头。响应时间指数 RTI≤50（m·s)$^{0.5}$的闭式洒水喷头。

2）早期抑制快速响应喷头。响应时间指数 RTI≤28±8（m·s)$^{0.5}$，是大流量的特种洒水喷头。

3）扩大覆盖面洒水喷头。单个喷头的保护面积可达 30~36m^2，可降低系统造价。

自动喷水 – 泡沫联用系统的喷头有 3 种形式：水泡沫喷头、水喷雾喷头和自动喷水喷头。开式系统喷头有吸气型和非吸气型 2 类，吸气型喷头是专用的泡沫喷头，其额定压力一般为 0.3MPa；非吸气型喷头可以采用开式洒水喷头或水雾喷头代替。

2. 报警装置

（1）报警阀　自动喷水灭火系统应设报警阀组。保护室内钢屋架等建筑构件的闭式系统，应设独立的报警阀组。水幕系统应设独立的报警阀组或感温雨淋阀。串联接入湿式系统配水干管的其他自动喷水灭火系统，应分别设置独立的报警阀组，其控制的喷头数计入湿式阀组控制的喷头总数。

报警阀的作用是开启和关断管网的水流，传递控制信号至控制系统并启动水力警铃直接报警。报警阀有湿式、干式、干 – 湿式和雨淋式 4 种类型。

1）湿式报警阀。用于湿式自动喷水灭火系统。

2）干式报警阀。用于干式自动喷水灭火系统。

3）干－湿式报警阀。用于干式和湿式交替应用的自动喷水灭火系统。

4）雨淋式报警阀。用于雨淋式、预作用式、水幕式、水喷雾式自动喷水灭火系统。

（2）水流报警装置　水流报警装置有水力警铃、水流指示器和压力开关。

1）水流指示器。用于自动喷水灭火系统中将水流信号转换成电信号的一种报警装置。水流指示器的最大工作压力为 1.2MPa，一般有 20～30s 的延迟时间才会报警。

2）压力开关。一种压力型水流探测开关，安装在延迟器和水力警铃之间的报警管路上。报警阀开启后，压力开关在水压的作用下接通电触点，发出电信号。

（3）延迟器　延迟器为罐式容器，安装于报警阀与水力警铃（或压力开关）之间，其作用是防止水源压力波动引起误报警，延迟时间在 15～90s 之间可调。

3. 管道

配水管道应采用内外壁热镀锌钢管，或符合现行国家或行业标准，并经国家固定灭火系统质量监督检验测试中心检测合格的涂覆其他防腐材料的钢管，以及铜管、不锈钢管。当报警阀入口前管道采用不防腐的钢管时，应在该管段管道的末端设过滤器。当自动喷水灭火系统中设有 2 个及 2 个以上报警阀组时，报警阀组前宜设成环状供水管道。环状供水管道上设置的控制阀宜采用信号阀；当不采用信号阀时，宜设锁定阀位的锁具。

4. 供水设备设施

包括水泵、气压供水设备、贮水池和高位水箱、水泵接合器。

（1）消防水泵（喷淋系统）　采用临时高压给水系统的自动喷水灭火系统，宜设置独立的消防水泵（喷淋系统），并应按"一用一备"或"两用一备"设置备用泵。当与消火栓系统合用消防水泵时，系统管道应在报警阀前分开。

每组消防水泵的吸水管不应少于 2 根。报警阀入口前设置环状管道的系统，每组消防水泵的出水管不应少于 2 根。供水泵的吸水管上应设置流量压力检测装置或预留可供连接流量、压力检测装置的接口。必要时应有控制水泵出口压力的措施。

（2）高位水箱　采用临时高压给水系统的自动喷水灭火系统，应设高位消防水箱，其储水量应计算确定，并符合现行有关国家标准的规定。消防水箱应满足系统最不利点处喷头的最低工作压力和喷水强度；如不能满足系统最不利点处喷头的最低工作压力时，系统应设置增压稳压设施。

消防水箱的出水管，应符合下列规定。

1）应设止回阀，并应与报警阀入口前管道连接。

2）轻危险级、中危险级场所的系统，出水管管径不应小于 80mm；严重危险级和仓库危险级场所的系统，出水管管径不应小于 100mm。

采用临时高压给水系统的自动喷水灭火系统，无法设置高位消防水箱时，系统应设气压供水设备。气压供水设备的有效容积，应按系统最不利处 4 只喷头在最低工作压力下的 10min 用水量确定。

干式系统、预作用系统设置的气压供水设备，应同时满足配水管道的充水要求。

（3）水泵接合器　自动喷水灭火系统应设水泵接合器，其数量应按系统的设计流量确定，每个水泵接合器的流量宜按 $10\sim15\mathrm{L/s}$ 计算。设置要求同消火栓给水系统。

（4）火灾探测器　火灾探测器是自动喷水灭火系统的重要组成部分，它在接到火灾信号后，通过电气自控装置进行报警或启动消防设备。火灾探测器有感烟型（如离子感烟式、光电感烟式）、感温型（定温式、差温式、差定温式）、感光型（紫外火焰探测器、红外火焰探测器）、可燃气体探测器等多种形式。火灾探测器系统由电气自控专业负责设计。

（5）其他组件　自动喷水灭火系统中还应根据需要设置其他组件，如安全阀、信号阀、减压设施、末端试水装置等。

1）安全阀。阻止系统超压。

2）信号阀。供水控制阀关闭时输出电信号。

3）减压设施。当配水干管、配水管入口处压力超过规定值时，应设置减压阀、减压孔板或节流管等减压设施减压。减压阀应设在报警阀组入口前，减压孔板或节流管一般设在配水管水流指示器前。

4）末端试水装置。由试水阀和压力表组成，设置在每个报警阀组供水的最不利处，作用是检测系统的可靠性，对于干式系统和预作用系统还可以测试系统的充水时间。试水口的流量系数应等于同楼层或同一防火分区喷头的流量系数。

2.3.4　设计计算

1. 设计基本参数

设计基本参数主要包括喷水强度、作用面积、工作压力、最大保护面积、喷头间距等。喷水强度是自动喷水灭火系统最重要的控制参数之一，要达到控火、灭火效果，必须保证足够的喷水强度；作用面积是自动喷水灭火系统在实施一次灭火过程中按设计喷水强度保护的最大喷水面积，在作用面积内喷水强度、喷水的均匀性应得到保障。喷水强度和作用面积的大小主要与建筑物或建筑物内储存的可燃物多少、燃烧时间等因素有关。喷头的动作数与作用面积有关，确定了作用面积，选定了喷头，即可得到喷头最大动作数。

1）民用建筑和工业厂房的自动喷水灭火系统设计基本参数不应低于表2-17的规定。建筑物的火灾危险等级划分参见表2-4。

表2-17　民用建筑和工业厂房的自动喷水灭火系统设计参数

火灾危险等级		净空高度/m	喷水强度/ $[\mathrm{L/(min \cdot m^2)}]$	作用面积/$\mathrm{m^2}$	喷头工作压力/ MPa
轻危险级		≤8	4	160	0.10
中危险级	I		6		
	II		8		
严重危险级	I		12	260	
	II		16		

注：系统最不利点处喷头的工作压力不应低于 $0.05\mathrm{MPa}$。

2）非仓库类高大净空场所设置湿式自动喷水灭火系统时，其设计参数不应低于表2-18的规定。

表2-18 非仓库类高大净空场所设置湿式自动喷水灭火系统设计参数

适用场所	净空高度/m	喷水强度/ [L/(min·m²)]	作用面积/m²	喷头流量系数 K	喷头最大间距/m
中庭、影剧院、音乐厅、单一功能体育馆等	8～12	6	260	$K=80$	3
会展中心、多功能体育馆、自选商场等	8～12	12	300	$K=115$	

注：1. 喷头溅水盘与顶板的距离应符合规范的规定。

2. 最大储物高度超过3.5m的自选商场应按16L/(min·m²)确定喷水强度。

3. 表中"～"两侧的数据，左侧为"大于"，右侧为"不大于"。

3）干式系统的作用面积应取表2-18规定值的1.3倍。

4）雨淋系统中每个雨淋阀控制的喷水面积不宜大于表2-18规定的作用面积。

5）仅在走道设置单排喷头的闭式系统，其作用面积应按最大疏散距离所对应的走道面积确定。

6）装设网格、栅板类通透性吊顶的场所，系统的喷水强度应按表2-17规定值的1.3倍确定。当网格、栅板的投影面积小于地面面积的15%时，其喷头应安装在网格、栅板内；当投影面积为地面面积的15%～70%时，应在该吊顶的上下均设置喷头；当投影面积大于地面面积的70%时，可安装在网格、栅板类吊顶的下面。

7）设置自动喷水灭火系统的仓库和货架储物仓库的设计参数应符合《自动喷水灭火系统设计规范》（GB 50084—2017）中的相关规定。

8）水幕系统的设计基本参数应符合表2-19的规定。

表2-19 水幕系统的设计基本参数

水幕类别	喷水点高度/m	喷水强度/ [L/(min·m²)]	喷水工作压力/ MPa
防水分割水幕	≤12	2.0	0.1
防护冷却水幕	≤4	0.5	

2. 喷头布置形式

（1）正方形布置 喷头正方形布置见图2-12a，其间距按下式计算。

$$S = 2R\cos45° \tag{2-18}$$

式中 R——喷头有效保护计算半径（m）；

S——喷头间距（m）。

（2）矩形布置 喷头矩形布置见图2-12b，每个长方形对角线长度不应超过2R，喷头与边墙的距离不应超过喷头间距的1/2。喷头间距按式（2-19）计算。

$$S = \sqrt{A^2 + B^2} \leqslant 2R \tag{2-19}$$

式中 A——建筑物长度方向喷头之间的间距（m）；

B——建筑物宽度方向喷头之间的间距（m）。

（3）菱形布置　喷头菱形布置见图2-12c，喷头间距按式（2-20）计算。

$$S = \sqrt{3}R$$
$$D = 1.5R \qquad\qquad (2\text{-}20)$$

式中　S——建筑物长边方向喷头间距（m）；

　　　D——建筑物短边方向喷头间距（m）。

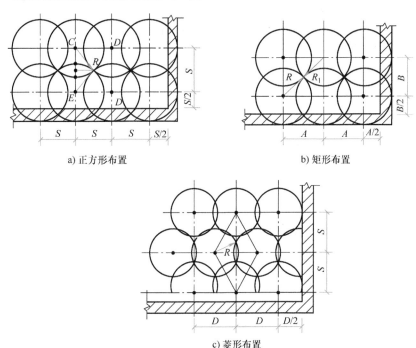

a) 正方形布置　　　　　　　　　b) 矩形布置

c) 菱形布置

图2-12　喷头布置的几种形式

3. 喷头布置要求

喷头布置应满足其水力特性和布水特性、最大和最小间距要求，并且不超出其规定的最大保护面积。喷头应布置在屋顶或吊顶下，易于接触到火灾热气流且有利于均匀喷水的位置，并避免障碍物阻挡热气流与喷头的接触。

（1）保护面积及间距　直立型、下垂型喷头间距与布置形式、喷水强度、保护面积的规定见表2-20。边墙型标准喷头的保护跨度与间距见表2-21。

表2-20　同一根配水支管上喷头间距与相邻配水支管的间距

喷水强度/ [L/(min·m²)]	正方形布置的 边长/m	矩形或菱形布置 的长边边长/m	一只喷头的最大 保护面积/m²	喷头与端墙的 最大距离/m
4	4.4	4.5	20.0	2.2
6	3.6	4.0	12.5	1.8
8	3.4	3.6	11.5	1.7
≥12	3.0	3.6	9.0	1.5

注：1. 仅在走道设置单排喷头的闭式系统，其喷头间距应按走道地面不留漏喷空白点确定。

　　2. 喷水强度大于8L/(min·m²)时，宜采用流量系数K>80的喷头。

　　3. 货架内置喷头的间距均不应小于2m，并不应大于3m。

表2-21　边墙型标准喷头的最大保护跨度与间距　　　　　　（单位：m）

设置场所火灾危险等级	轻危险级	中危险级（Ⅰ级）
配水支管上喷头的最大间距	3.6	3.0
单排喷头的最大保护跨度	3.6	3.0
两排相对喷头的最大保护跨度	7.2	6.0

注：1. 两排相对喷头应交错布置。

2. 室内跨度大于两排相对喷头的最大保护跨度时，应在两排相对喷头中间增设一排喷头。

（2）喷头溅水盘要求　除吊顶型喷头及吊顶下安装的喷头外，直立型、下垂型标准喷头，其溅水盘与顶板的距离不应小于75mm，且不应大于150mm。快速响应早期抑制喷头的溅水盘与顶板的距离，应符合表2-22的规定。

表2-22　快速响应早期抑制喷头的溅水盘与顶板的距离　　　　　　（单位：mm）

喷头安装方式	直立型		下垂型	
溅水盘与顶板的距离	不应小于	不应大于	不应小于	不应大于
	100	150	150	360

图书馆、档案馆、商场、仓库中的通道上方宜设有喷头。喷头与保护对象的水平距离，不应小于0.3m；喷头溅水盘与保护对象的最小垂直距离不应小于表2-23的规定。

表2-23　喷头溅水盘与保护对象的最小垂直距离

喷头类型	最小垂直距离/m
标准喷头	0.45
其他喷头	0.90

（3）喷头与障碍物的距离关系

1）直立型、下垂型喷头与梁、通风管道的距离（图2-13）宜符合表2-24的规定。

2）直立型、下垂型标准喷头的溅水盘以下0.45m，其他直立型、下垂型喷头的溅水盘以下0.9m范围内，如有屋架等间断障碍物或管道，则喷头与邻近障碍物的最小水平距离（图2-14）宜符合表2-25的规定。

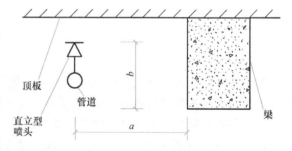

图2-13　喷头与梁、通风管道的最小水平距离

表2-24　喷头与梁、通风管道等障碍物的距离　　　　　　（单位：mm）

喷头与梁、通风管道的水平距离 a	喷头溅水盘与梁或通风管道的底面的垂直距离 b		
	标准覆盖面积洒水喷头	扩大覆盖面积洒水喷头、家用喷头	早期抑制快速响应喷头、特殊应用喷头
$a < 300$	0	0	0
$300 \leqslant a < 600$	$b \leqslant 60$	0	$b \leqslant 40$
$600 \leqslant a < 900$	$b \leqslant 140$	$b \leqslant 30$	$b \leqslant 140$

（续）

喷头与梁、通风管道的水平距离 a	喷头溅水盘与梁或通风管道的底面的垂直距离 b		
	标准覆盖面积洒水喷头	扩大覆盖面积洒水喷头、家用喷头	早期抑制快速响应喷头、特殊应用喷头
$900 \leqslant a < 1200$	$b \leqslant 240$	$b \leqslant 80$	$b \leqslant 250$
$1200 \leqslant a < 1500$	$b \leqslant 350$	$b \leqslant 130$	$b \leqslant 380$
$1500 \leqslant a < 1800$	$b \leqslant 450$	$b \leqslant 180$	$b \leqslant 550$
$1800 \leqslant a < 2100$	$b \leqslant 600$	$b \leqslant 230$	$b \leqslant 780$
$a \geqslant 2100$	$b \leqslant 880$	$b \leqslant 350$	$b \leqslant 780$

表 2-25 喷头与邻近障碍物的最小水平距离　　　　　（单位：m）

条　　件	c、e 或 $d \leqslant 0.2$	c、e 或 $d > 0.2$
喷头与邻近障碍物的最小水平距离 a	$3c$ 或 $3e$（c 与 e 取大值）或 $3d$	0.6

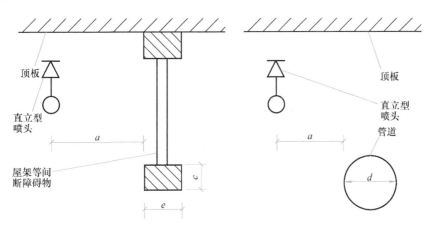

图 2-14 喷头与邻近障碍物的最小水平距离

3）当梁、通风管道、排管、桥架等障碍物的宽度大于 1.2m 时，其下方应增设喷头，如图 2-15 所示。

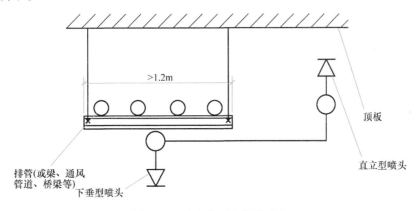

图 2-15 障碍物下方增设喷头

4）直立型、下垂型喷头与不到顶隔墙的水平距离，不得大于喷头溅水盘与不到顶隔墙顶面垂直距离的2倍，如图2-16所示。

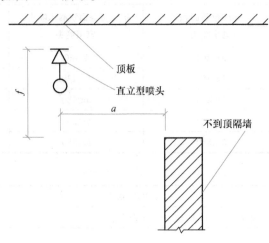

图2-16　喷头与不到顶隔墙的水平距离

5）直立型、下垂型喷头与靠墙障碍物的距离如图2-17所示。

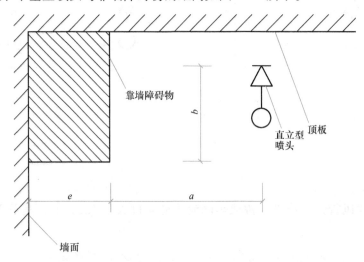

图2-17　喷头与靠墙障碍物的距离

6）障碍物横截面边长小于750mm时，喷头与障碍物的距离应按式（2-21）确定。

$$a \geqslant (e-200)+b \tag{2-21}$$

式中　a——喷头与障碍物的水平距离（mm）；

　　　b——喷头溅水盘与障碍物底面的垂直距离（mm）；

　　　e——障碍物横截面的边长（mm），$e<750$。

7）障碍物横截面边长大于或等于750mm，或a的计算值大于表2-25中喷头与端墙距离的规定时，应在靠墙障碍物下增设喷头。

8）边墙型喷头的两侧1m及正前方2m范围内，顶板或吊顶下不应有阻挡喷水的障碍物。

4. 管道设置要求

1）配水管道的工作压力不应大于 1. 20MPa，且不应设置其他用水设施。

2）配水管道应采用内外壁热镀锌钢管。当报警阀入口前管道采用内壁不防腐的钢管时，应在该段管道的末端设过滤器。

3）系统管道的连接，应采用沟槽式连接件（卡箍），或丝扣、法兰连接。报警阀前采用内壁不防腐钢管时，可焊接连接。

4）系统中直径大于或等于 100mm 的管道，应分段采用法兰或沟槽式连接件（卡箍）连接。水平管道上法兰间的管道长度不宜大于 20m；立管上法兰间的距离不应跨越 3 个及 3 个以上楼层。净空高度大于 8m 的场所内，立管上应有法兰。

5）管道的直径应经水力计算确定。配水管道的布置，应使配水管入口的压力均衡。轻危险级、中危险级场所中各配水管入口的压力均不宜大于 0. 40MPa。

6）配水管两侧每根配水支管控制的标准喷头数，轻危险级、中危险级场所不应超过 8 只，同时在吊顶上下安装喷头的配水支管，上下侧均不应超过 8 只。严重危险级及仓库危险级场所均不应超过 6 只。

7）轻危险级、中危险级场所中配水支管、配水管控制的标准喷头数，不应超过表 2-26 的规定。

8）短立管及末端试水装置的连接管，其管径不应小于 25mm。

9）干式系统的配水管道充水时间，不宜大于 1min；预作用系统与雨淋系统的配水管道充水时间，不宜大于 2min。

表 2-26　轻危险级、中危险级场所中配水支管、配水管控制的标准喷头数

公称管径/mm	控制的标准喷头数/只	
	轻危险级	中危险级
25	1	1
32	3	3
40	5	4
50	10	8
70	18	12
80	48	32
100	—	64

10）干式系统、预作用系统的供气管道，采用钢管时，管径不宜小于 15mm；采用铜管时，管径不宜小于 10mm。

11）水平安装的管道宜有坡度，并应坡向泄水阀。充水管道的坡度不宜小于 2‰，准工作状态不充水管道的坡度不宜小于 4‰。

5. 系统水力计算

（1）系统的设计流量

喷头的最小出流量应按式（2-22）计算。

$$q = K \sqrt{10P} \tag{2-22}$$

式中　q——喷头流量（L/min）；

　　　P——喷头工作压力（MPa）；

　　　K——喷头流量系数。

如果喷头到支管有局部水头损失或势能差（图2-18），那么 K 值应采用折算后的流量系数 K_s。K_s 按式（2-23）计算。

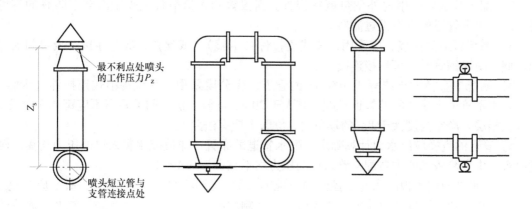

图2-18　喷头安装方式

$$K_s = \frac{q_1}{\sqrt{10 \times (P_z + h_s + Z_s)}} \tag{2-23}$$

式中　K_s——喷头流量折算系数；

q_1——作用面积内最不利点处喷头的出流量（L/min），计算方法见式（2-22）。

P_z——作用面积内最不利点处喷头的工作压力（MPa）；

h_s——喷头短立管的水头损失（MPa）；

Z_s——喷头短立管的几何高差产生的水压（MPa），喷头在支管上方时为正值，喷头在支管下方时为负值。

水力计算选定的最不利点处作用面积宜为矩形，长边应平行于配水支管，长边长度不宜小于作用面积平方根的 1.2 倍。

系统的设计流量，应按最不利点处作用面积内喷头同时喷水的总流量确定。

$$Q_s = \frac{1}{60} \sum_{i=1}^{n} q_i \tag{2-24}$$

式中　Q_s——系统设计流量（L/s）；

q_i——最不利点处作用面积内各喷头节点的流量（L/min）；

n——最不利点处作用面积内的喷头数。

系统设计流量的计算，应保证任意作用面积内的平均喷水强度不低于表2-19和表2-20的规定。最不利点处作用面积内任意4只喷头围合范围内的平均喷水强度，轻危险级、中危险级不应低于表2-17规定值的85%；严重危险级不应低于表2-17的规定值。

设置货架内喷头的仓库，顶板下喷头与货架内喷头应分别计算设计流量，并应按其设计流量之和确定系统的设计流量。

建筑内设有不同类型的系统或有不同危险等级的场所时，系统的设计流量应按其设计流量的最大值确定。

当建筑物内同时设有自动喷水灭火系统和水幕系统时，系统的设计流量应按同时启用的自动喷水灭火系统和水幕系统的用水量计算，并取二者之和中的最大值确定。

雨淋系统和水幕系统的设计流量，应按雨淋阀控制的喷头的流量之和确定。多个雨淋阀并联的雨淋系统，其系统设计流量应按同时启用雨淋阀的流量之和的最大值确定。

当原有系统延伸管道、扩大保护范围时，应对增设喷头后的系统重新进行水力计算。

（2）管道水力计算　管道内的水流速度宜采用经济流速，必要时可超过 5m/s，但不应大于 10m/s。为了计算方便，管内流速可采用表 2-27 查出的流速系数值 K_c 直接乘以设计流量 Q 求出，即按式（2-25）计算；沿程阻力系数 i 按式（2-26）计算。

$$v = K_c Q \tag{2-25}$$

式中　K_c——流速系数（m/L），见表 2-27；

　　　　v——管道内水的平均流速（m/s）；

　　　　Q——管段设计流量（L/s）。

$$i = 0.0000107 \cdot \frac{v^2}{d_j^{1.3}} \tag{2-26}$$

式中　i——每米管道的水头损失（MPa/m）；

　　　　v——管道内水的平均流速（m/s）；

　　　　d_j——管道的计算内径（m），取值应按管道的内径减 1mm 确定。

表 2-27　流速系数 K_c 值

钢管管径/mm	15	20	25	32	40	50
K_c/(m/L)	5.85	3.105	1.883	1.05	0.8	0.47
钢管管径/mm	70	80	100	125	150	
K_c/(m/L)	0.283	0.204	0.115	0.075	0.053	

管道的局部水头损失，宜采用当量长度法计算。当量长度见表 2-28。

表 2-28　当量长度表　　　　　　　　　　　　　　　　（单位：mm）

管件名称	管件直径/mm								
	25	32	40	50	70	80	100	125	150
45°弯头	0.3	0.3	0.6	0.6	0.9	0.9	1.2	1.5	2.1
90°弯头	0.6	0.9	1.2	1.5	1.8	2.1	3.1	3.7	4.3
三通或四通	1.5	1.8	2.4	3.1	3.7	4.6	6.1	7.6	9.2
蝶阀				1.8	2.1	3.1	3.7	2.7	3.1
闸阀				0.3	0.3	0.3	0.6	0.6	0.9
止回阀	1.5	2.1	2.7	3.4	4.3	4.9	6.7	8.3	9.8
异径接头	32/25	40/32	50/40	70/50	80/70	100/80	125/100	150/125	200/150
	0.2	0.2	0.2	0.5	0.6	0.8	1.1	1.3	1.6

注：1. 过滤器当量长度的取值，由生产厂提供。

　　2. 当异径接头的出口直径不变而入口直径提高 1 级时，其当量长度应增大 0.5 倍；提高 2 级或 2 级以上时，其当量长度应增 1.0 倍。

　　3. 表中三通或四通的当量长度是水流按侧向流动时的数值；水流直通流动时，其当量长度可按表中数值的 1/5 取值。

　　4. 当采用新材料和新阀门等能产生局部水头损失的部件时，应根据产品的要求确定管件的当量长度。

水泵扬程或系统入口的供水压力应按式（2-27）计算。

$$H = \sum h + P_0 + Z \tag{2-27}$$

式中　H——水泵扬程或系统入口的供水压力（MPa）；

$\sum h$——管道沿程和局部水头损失的累计值（MPa），湿式报警阀、水流指示器取值 0.02MPa，雨淋阀取值 0.07MPa（注：蝶阀型报警阀及马鞍型水流指示器的取值由生产厂提供）；

P_0——最不利点处喷头的工作压力（MPa）；

Z——最不利点处喷头与消防水池的最低水位或系统入口管水平中心线之间的高程差（MPa），当系统入口管或消防水池最低水位高于最不利点处喷头时，Z 应取负值。

（3）减压设施

1）减压孔板应符合下列规定：应设在直径不小于 50mm 的水平直管段上，前后管段的长度均不宜小于该管段直径的 5 倍；孔口直径不应小于设置管段直径的 30%，且不应小于 20mm；应采用不锈钢板材制作。

2）节流管应符合下列规定：直径宜按上游管段直径的 1/2 确定；长度不宜小于 1m；节流管内水的平均流速不应大于 20m/s。

3）减压孔板的水头损失，应按式（2-28）计算。

$$H_k = \xi \frac{V_k^2}{2g} \tag{2-28}$$

式中　H_k——减压孔板的水头损失（MPa）；

V_k——减压孔板后管道内水的平均流速（m/s）；

ξ——减压孔板的局部阻力系数。

4）节流管的水头损失，应按式（2-29）计算。

$$H_g = \xi \frac{V_g^2}{2g} + 0.00107L \frac{V_g^2}{d_g^{1.3}} \tag{2-29}$$

式中　H_g——节流管的水头损失（MPa）；

ξ——节流管中渐缩管与渐扩管的局部阻力系数之和，取值 0.7；

V_g——节流管内水的平均流速（m/s）；

d_g——节流管的计算内径（m），取值应按节流管内径减 1mm 确定；

L——节流管的长度（m）。

5）减压阀应符合下列规定：应设在报警阀组入口前；入口前应设过滤器；当连接两个及两个以上报警阀组时，应设置备用减压阀；垂直安装的减压阀，水流方向宜向下。

（4）系统设计计算内容与步骤

1）根据被保护对象的性质划分危险等级，选择系统形式。

2）确定系统的作用面积 A、喷水强度 D 等基本设计参数。

3）确定喷头形式和单个喷头的保护面积 A_s。

4）确定作用面积内的喷头数 N，见式（2-30）。

$$N = A/A_\text{s} \tag{2-30}$$

式中　N——作用面积内的喷头数；

　　　A——相应危险等级的作用面积（m^2）；

　　　A_s——一个喷头的保护面积（m^2）。

5）根据喷头布置形式、喷头间距及建筑平面等要求布置喷头。

6）确定最不利点处作用面积的位置及形状。最不利点处作用面积通常选在水力条件最不利处，即供水最远端、最高处。最不利点作用面积宜为矩形，其长边应平行于配水支管，长边长度不宜小于作用面积平方根的 1.2 倍。因此，作用面积的长边 L 的最小值为 $1.2\sqrt{A}$，作用面积的短边 B 为 A/L。

7）选择计算管路，绘制管道系统图，对各节点进行编号。

8）最不利点处喷头（第一个喷头）的出流量应根据不同危险场所相应的设计喷水强度和喷头保护面积按式（2-31）计算。

$$q_1 = DA_\text{s} \tag{2-31}$$

式中　q_1——喷头的最小出流量（L/min）；

　　　D——相应危险等级的设计喷水强度 $[\text{L}/(\text{min} \cdot \text{m}^2)]$；

　　　A_s——喷头保护面积（m^2）。

最不利点喷头的最小工作压力按式（2-32）计算。

$$P_\text{s} = \frac{q_1^2}{10K^2} = \frac{(DA_\text{s})^2}{10K^2} \tag{2-32}$$

9）计算第一根配水支管上各喷头的出流量及压力（不包括最不利点处喷头）；根据各计算管段中的喷头数，按表 2-28 初步确定各管段管径。

10）计算出第一根配水支管上各喷头的流量后，即可得到该支管起端的设计流量 q_z；经水力计算可知支管起端（支管与配水干管连接点）处的压力 P_s。把支管作为一个复合喷头，可按式（2-33）确定支管的流量系数 K_z。当其他支管上的喷头类型、布置形式、间距等特性都与该支管相同时，可用该支管流量系数 K_z 计算其他支管的流量。

$$K_\text{z} = \frac{q_\text{z}}{\sqrt{10 \times P_\text{s}}} \tag{2-33}$$

式中　K_z——支管流量系数；

　　　q_z——支管流量（L/min）；

　　　P_s——支管与配水干管连接处的压力（MPa）。

11）对最不利点处作用面积内的喷头逐个计算出流量后，按式（2-24）可计算出系统设计流量 Q_s。把最高层的最不利点处作用面积作为 1 个复合喷头，按式（2-34）计算出作用面积流量系数 K_A。

$$K_\text{A} = \frac{Q_\text{s}}{\sqrt{10 \times P_\text{s}}} \tag{2-34}$$

式中　K_A——作用面积流量系数；

　　　Q_s——系统设计流量（L/min）；

　　　P_s——支管与配水干管连接处的压力（MPa）。

12）按式（2-27）计算系统的供水压力或水泵扬程。

13）高位水箱和消防水池的计算方法同室内消火栓灭火系统，火灾延续时间按自动喷水灭火系统的要求确定。

2.3.5 自动喷水灭火系统设计训练

【例2-2】 某建筑物内设置湿式自动喷水灭火系统，按中危险级Ⅱ级设计，共三层，层高4m，各层建筑功能和布局均相同。根据柱网布局布置喷头，如图2-19所示。喷头流量系数 $K=80$。试确定：最不利点处作用面积的位置和形状；系统设计流量；立管起点（湿式报警阀后）的压力（注：为简化例题计算过程，水力计算时异径接头及支管上的局部损失忽略不计，不考虑喷头短立管的高差和水头损失产生的影响）。

【解】 （1）校核喷头的保护面积

查表2-17可知，中危险级Ⅱ级的设计喷水强度不应低于 $8L/(min \cdot m^2)$，保护面积不应低于 $160m^2$，系统最不利点处喷头的工作压力不应低于 $0.05MPa$。从表2-20可知，在 $D=8L/(min \cdot m^2)$ 时，单个喷头的最大保护面积为 $11.5m^2$。

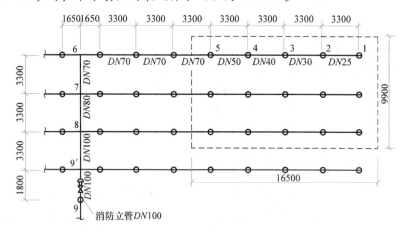

图2-19 【例2-2】题图

当喷头压力采用 $0.05MPa$ 时，喷头的出流量 $q_{min}=K\sqrt{10P_{min}}=(80 \times \sqrt{10 \times 0.05})L/min = 56.57L/min$，则相应的喷头保护面积为 $A_s=q_{min}/D=(56.57/8)m^2=7.07m^2$。

根据图2-19可知，每个喷头的实际保护面积 $A_s=3.3 \times 3.3m^2=10.89m^2$，介于 $11.5 \sim 7.07m^2$ 之间，满足要求。

（2）初步确定计算面积内的喷头数 N

$N=A/A_s=160/10.89=14.7$，取15个。

（3）确定作用面积

喷头按正方形布置，间距为3.3m。作用面积长边的最小长度 $L_{min}=1.2\sqrt{A}=1.2\sqrt{160}m = 15.18m$，则与作用面积长边平行的支管上的喷头数应为：$n=L_{min}/3.3=15.18/3.3=4.6$，取5个。

作用面积的实际长边可取 $L=5 \times 3.3m=16.5m$，大于15.18m。

作用面积短边 $B=A/L=(160/16.5)m=9.7m$。

最不利点处喷头数 15 个的作用面积为 $15 \times 10.89 \text{m}^2 = 163.35 \text{m}^2$，大于 160m^2，满足要求。作用面积形状、尺寸、节点编号如图 2-20 所示。

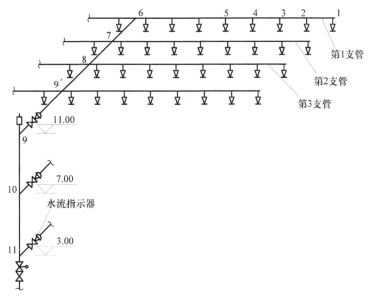

图 2-20   自动喷水系统计算草图

(4) 最不利点处喷头的出流量和压力

根据图 2-20 可知，该系统的最不利点为 1 点。

根据式 (2-31)，$q_1 = DA_s = 3.3 \times 3.38 \text{L/min} = 87.12 \text{L/min}$。

根据式 (2-32)，$P_s = \dfrac{q_1^2}{10K^2} = \dfrac{(DA_s)^2}{10K^2} = \dfrac{87.12^2}{10 \times 80^2} \text{MPa} = 0.12 \text{MPa}$（大于 0.05MPa）。

(5) 系统水力计算

1) 管段 1—2。

$q_{1-2} = q_1 = 87.12 \text{L/min} = 1.452 \text{L/s} \approx 1.5 \text{L/s}$。根据经济流速，1—2 段管径为 25mm。查表 2-27 可知，该管段流速系数 $K_c = 1.883$，则该管段的流速 $v = 1.883 \times 1.452 \text{m/s} = 2.73 \text{m/s}$。

查钢管水力计算表得：钢管 $DN25$ 的内径为 27mm。$i_{1-2} = 0.0000107 \cdot \dfrac{v^2}{d_j^{1.3}} = 0.0000107 \times$

$\dfrac{2.73^2}{(0.027-0.001)^{1.3}} \text{MPa/m} = 0.00917 \text{MPa/m}$，则管段 1—2 的沿程水头损失为 $h_{1-2} = i_{1-2} \times$

$L_{1-2} = 0.00917 \times 3.3 \text{MPa} = 0.0303 \text{MPa}$。

2) 节点 2。

$P_2 = P_1 + h_{1-2} = (0.12 + 0.0303) \text{MPa} = 0.1503 \text{MPa}$。

节点 2 处的喷头出流量 $q_2 = K \sqrt{10P} = 80 \times \sqrt{10 \times 0.1503} \text{L/min} = 98.06 \text{L/min} = 1.63 \text{L/s}$。

3) 管段 2—3。

$q_{2-3} = q_1 + q_2 = (1.452 + 1.63) \text{L/s} = 3.09 \text{L/s}$。根据经济流速，2—3 段管径为 32mm。查表 2-27 可知，该管段流速系数 $K_c = 1.05$，则该管段的流速 $v = 1.05 \times 3.09 \text{m/s} = 3.24 \text{m/s}$。

查钢管水力计算表得：钢管 $DN32$ 的内径为 35.8mm。$i_{2-3} = 0.0000107 \cdot \dfrac{v^2}{d_j^{1.3}} = 0.0000107 \times$

$\dfrac{3.24^2}{(0.0358 - 0.001)^{1.3}}$ MPa/m $= 0.00884$ MPa/m，则管段 2—3 的沿程水头损失为 $h_{2-3} = i_{2-3} \times$

$L_{2-3} = 0.00884 \times 3.3$ MPa $= 0.02917$ MPa。

4）管段 3—4 和管段 4—5 的计算过程和方法同上，计算结果填入表 2-29 中。

5）计算至节点 5 时，支管设计流量不再增加，即：$q_{6支管} = q_1 + q_2 + q_3 + q_4 + q_5 = 530.74$ L/min $= 8.85$ L/s。根据经济流速，5—6 段管径为 50mm。查表 2-27 可知，该管段流速系数 $K_c = 0.47$，则该管段的流速 $v = 0.47 \times 8.85$ m/s $= 4.16$ m/s。查钢管水力计算表得，钢管 $DN50$ 的内径为 53mm，$i_{5-6} = 0.0000107 \cdot \dfrac{v^2}{d_j^{1.3}} = 0.0000107 \times \dfrac{4.16^2}{(0.053 - 0.001)^{1.3}} = 0.00865$ MPa/m。

管段 5—6 长度为 11.55m，且节点 6 处 $DN50$ 三通的当量长度为 3.1m，则管段 5—6 的沿程水头损失为 $h_{5-6} = i_{5-6} \times L_{5-6} = 0.00865 \times (11.55 + 3.1)$ MPa $= 0.127$ MPa。

6 点的压力 $P_6 = P_5 + h_{5-6} = (0.231 + 0.127)$ MPa $= 0.358$ MPa。

6）计算支管流量折算系数 $K_z = \dfrac{q_z}{\sqrt{10 \times P_z}} = \dfrac{q_{5-6}}{\sqrt{10 \times P_6}} = \dfrac{530.74}{\sqrt{10 \times 0.358}} = 280.52$。

7）管段 6—7。

$q_{6-7} = q_{5-6} = 530.74$ L/min $= 8.85$ L/s。根据经济流速，6—7 段管径为 70mm。查表 2-27 可知，该管段流速系数 $K_c = 0.283$，则该管段的流速 $v = 0.283 \times 8.85$ m/s $= 2.50$ m/s。查钢管水力计算表得，钢管 $DN50$ 的内径为 68mm，$i_{6-7} = 0.0000107 \cdot \dfrac{v^2}{d_j^{1.3}} = 0.0000107 \times$

$\dfrac{2.50^2}{(0.068 - 0.001)^{1.3}}$ MPa/m $= 0.00225$ MPa/m。

管段 6—7 长度为 3.3m，且节点 7 处四通当量长度取 $1/5 \times 3.7$ m $= 0.74$ m，则管段 6—7 的沿程水头损失为 $h_{6-7} = i_{6-7} \times L_{6-7} = 0.00225 \times (3.3 + 0.74)$ MPa $= 0.00909$ MPa。

7 点的压力 $P_7 = P_6 + h_{6-7} = (0.358 + 0.00909)$ MPa $= 0.367$ MPa。

8）由 7 点流入次不利支管（第 2 根支管）的流量为：$q_{7支管} = K_z\sqrt{10P_7} = 280.52 \times$

$\sqrt{10 \times 0.367}$ L/min $= 537.39$ L/min $= 8.96$ L/s。

管段 7—8：$q_{7-8} = q_{6支管} + q_{7支管} = (8.85 + 8.96)$ L/s $= 17.81$ L/s。根据经济流速，7—8 段管径取 80mm。查表 2-27 可知，该管段流速系数 $K_c = 0.204$，则该管段的流速 $v_{7-8} = 0.204 \times 17.81$ m/s $= 3.63$ m/s。查钢管水力计算表得，钢管 $DN80$ 的内径为 80.5mm，$i_{7-8} = 0.0000107 \cdot \dfrac{v^2}{d_j^{1.3}} = 0.0000107 \times \dfrac{3.63^2}{(0.0805 - 0.001)^{1.3}}$ MPa/m $= 0.00379$ MPa/m。

管段 7—8 长度为 3.3m，且节点 8 处 $DN70$ 四通当量长度取 $(1/5 \times 4.6)$ m $= 0.92$ m，则管段 7—8 的沿程水头损失为 $h_{7-8} = i_{7-8} \times L_{7-8} = 0.00379 \times (3.3 + 0.92)$ MPa $= 0.016$ MPa。

8 点的压力 $P_8 = P_7 + h_{7-8} = (0.367 + 0.016)$ MPa $= 0.383$ MPa。

$q_{8支管} = K_z\sqrt{10P_8} = 280.52 \times \sqrt{10 \times 0.383} = 548.99$ L/min $= 9.15$ L/s。

9）管段 8—9。

$q_{8—9} = q_{6支管} + q_{7支管} + q_{8支管} = (8.85 + 8.96 + 9.15)\ \text{L/s} = 26.96\text{L/s}$。

该流量为作用面积内所有喷头出流量之和，即为系统的设计流量。

根据经济流速，8—9 段管径取 100mm。查表 2-27 可知，该管段流速系数 $K_c = 0.115$，则该管段的流速 $v_{8—9} = 0.115 \times 26.96\text{m/s} = 3.08\text{m/s}$。查钢管水力计算表得，钢管 $DN100$ 的内径为 106mm。$i_{8—9} = 0.0000107 \cdot \dfrac{v^2}{d_j^{1.3}} = 0.0000107 \times \dfrac{3.08^2}{(0.106 - 0.001)^{1.3}}\ \text{MPa/m} = 0.0019\text{MPa/m}$。

管段 8—9 长度为 5.1m，且管段 8—9 之间局部阻力损失如下：节点 9 处 $DN100$ 四通的当量长度取（1/5×6.1）m = 1.22m，节点 9 处 $DN100$ 三通当量长度 6.1m，$DN80$ 蝶阀的当量长度取 3.7m，水流指示器的局部水头损失取 0.02MPa，则管段 8—9 的总水头损失为 $h_{8—9} = i_{8—9} \times L_{8—9} = [0.0019 \times (5.1 + 1.22 + 6.1 + 3.7) + 0.02]\text{MPa} = 0.0506\text{MPa}$。

9 点的压力 $P_9 = P_8 + h_{8—9} = (0.383 + 0.0506)\text{MPa} = 0.433\text{MPa}$。

10）管段 9—10 和管段 10—11 的计算过程和方法同上，计算结果填入表 2-29 中。

系统设计流量为 26.79L/s，11 点的压力为：0.553MPa。

表 2-29　自动喷水灭火系统水力计算表

节点与管段	管径/mm	起点压力/MPa	起点喷头出流量/（L/min）	管段流量/(L/s)	流速/（m/s）	水力坡度/(0.01MPa/m)	管长/m	管段当量长度/m	总水头损失/(0.01MPa/m)
1—2	25	0.120	87.12	87.12	2.73	0.917	3.3	0	3.026
2—3	32	0.150	98.06	185.18	3.24	0.884	3.3	0	2.917
3—4	40	0.177	107.16	292.34	3.90	1.035	3.3	0	3.416
4—5	50	0.214	116.92	409.26	3.21	0.515	3.3	0	1.700
5—6	50	0.231	121.48	530.74	4.16	0.865	11.55	3.1	12.7
6—7	70	0.358		530.74	2.50	0.225	3.3	0.74	0.909
7—8	80	0.367		1068.70	3.63	0.379	3.3	0.92	0.16
8—9	100	0.383		1617.6	3.08	0.19	5.1	11.02	5.06
9—10	100	0.433		1607.56	3.08	0.191	4	6.1	1.929
10—11	100	0.453		1607.56	3.08	0.191	4	1.22	0.997
11		0.553							

课题4　水喷雾和细水雾灭火系统

2.4.1　水喷雾灭火系统

水喷雾灭火系统是在自动喷水灭火系统基础上发展起来的，该系统是采用特殊专用水雾喷头，将水流分散为细小的水雾滴来灭火（喷出粒径在 0.3～0.8mm 之间），是雨淋系统的一种形式。其特点是水的利用率极大提高，细小的水雾滴几乎可完全气化，冷却效果好，产生膨胀约 1680 倍的水蒸气可形成窒息的环境条件。其灭火机理主要是表面冷却、蒸汽窒息、乳化和稀释作用等。

1. 设置场所和作用

水喷雾灭火系统可用于扑救固体火灾、闪点高于 60℃ 的液体火灾和电器火灾，并可用于可燃气体和甲、乙、丙类液体的生产、储存装置或装卸设施的防护冷却，某些危险固体（如火药、烟花、爆竹）引起的火灾。

可燃油油浸电力变压器、充可燃油的高压电容器和多油开关宜设水喷雾灭火系统。

水喷雾灭火系统不得用于扑救遇水发生化学反应造成燃烧、爆炸的火灾，以及遇水雾会对保护对象造成严重破坏的火灾。

2. 设计参数

（1）基本参数 水喷雾灭火系统基本设计参数见表 2-30。

表 2-30 水喷雾系统基本设计参数

防护目的	保护对象		设计喷雾强度/ [L/(min·m²)]	持续喷雾时间/h	响应时间/s
灭火	固体灭火		15	1	45
	液体灭火	闪点 60~120℃	20	0.5	
		闪点高于 120℃	13		
	电器灭火	油浸式电力变压器、油开关	20	0.4	
		油浸式电力变压器的集油坑	6		
		电缆	13		
防护冷却	甲、乙、丙类液体生产、储存、装卸设施		6	4	45
	甲、乙、丙类液体储罐	直径 20mm 以下	6	4	300
		直径 20mm 及以上		6	
	可燃气体生产、储存、装卸设施和罐瓶间、瓶库		9	6	60

（2）喷头基本要求 水雾喷头的工作压力，当用于灭火时不应小于 0.35MPa；用于防护冷却时不应小于 0.2MPa。

1）水雾喷头、管道与电气设备带电（裸露）部分的安全净距应符合有关标准的规定。

水雾喷头与保护对象之间的距离不得大于水雾喷头的有效射程。

水雾喷头的平面布置方式可为矩形或菱形。当按矩形布置时，水雾喷头之间的距离不应大于 1.4 倍水雾喷头的水雾锥底圆半径；当按菱形布置时，水雾喷头之间的距离不应大于 1.7 倍水雾喷头的水雾锥底圆半径。喷头的水雾锥底圆半径应按式（2-35）计算。

$$R = B \cdot \tan \frac{\theta}{2} \tag{2-35}$$

式中 R——水雾锥底圆半径（m）；

B——水雾喷头的喷口与保护对象之间的距离（m）；

θ——水雾喷头的雾化角，θ 的取值为 30°、45°、60°、90°、120°。

2）当保护对象为油浸式电力变压器时，水雾喷头布置应符合下列规定。

水雾喷头应布置在变压器的周围,不宜布置在变压器顶部;保护变压器顶部的水雾不应直接喷向高压套管。

水雾喷头之间的水平距离与垂直距离应满足水雾锥相交的要求;油枕、冷却器、集油坑应设水雾喷头保护。

当保护对象为可燃气体和甲、乙、丙类液体储罐时,水雾喷头与储罐外壁之间的距离不应大于0.7m。

当保护对象为球罐时,水雾喷头布置尚应符合下列规定:水雾喷头的喷口应面向球心;水雾锥沿纬线方向应相交,沿经线方向应相接。

当球罐的容积大于或等于1000m³时,水雾锥沿纬线方向应相交,沿经线方向宜相接,但赤道以上环管之间的距离不应大于3.6m。

无防护层的球罐钢支柱和罐体液位计、阀门等处应设水雾喷头保护。

当保护对象为电缆时,喷雾应完全包围电缆。

当保护对象为输送机皮带时,喷雾应完全包围输送机的机头、机尾和上、下行皮带。

3)系统的计算流量应按式(2-36)计算。

$$Q_j = \frac{1}{60\sum_{i=1}^{n} q_i} \tag{2-36}$$

式中　Q_j——系统的计算流量(L/s);

　　　n——系统启动后同时喷雾的水雾喷头数量;

　　　q_i——水雾喷头的实际流量(L/min),应按水雾喷头的实际工作压力 P_i(MPa)计算。

当采用雨淋阀控制同时喷雾的水雾喷头数量时,水喷雾灭火系统的计算流量应按系统中同时喷雾的水雾喷头的最大用水量确定。系统的设计流量应按式(2-37)计算。

$$Q = KQ_j \tag{2-37}$$

式中　Q——系统的设计流量(L/s);

　　　K——安全系数,应取1.05~1.10。

4)管径和水头损失的计算详见自动喷水灭火系统。

2.4.2　细水雾灭火系统

细水雾灭火系统由一个或多个细水雾喷头、供水管网、加压供水设备及相关控制装置等组成,能在发生火灾时向保护对象或空间喷放细水雾并产生扑灭、抑制或控制火灾效果。细水雾灭火系统在有些场所可代替气体灭火系统和水喷雾灭火系统,并可扑灭 A、B、C 类火灾。

细水雾灭火机理:在冷却、窒息和隔绝热辐射的三重作用下达到控制火灾、抑制火灾和扑灭火灾的目的。细水雾灭火系统具有水喷淋和气体灭火的双重作用和优点,既有水喷淋系统的冷却作用,又有气体灭火系统的窒息作用。

1. 适用范围

1)细水雾灭火系统适用于扑救下列火灾:书库、档案资料库、文物库等场所的可燃固体火灾;液压站、油浸电力变压器室、润滑油仓库、透平油仓库、柴油发电机房、燃油锅炉房、燃油直燃机房、油开关柜室等场所的可燃液体火灾；燃气轮机房、燃气直燃机房等场所的可燃气体喷射火灾；配电室、计算机房、数据处理机房、通信机房、中央控制室、大型电缆室、电缆隧（廊）道、电缆竖井等场所的电气设备火灾；引擎测试间、交通隧道等适用细水雾灭火的其他场所的火灾。

2）细水雾灭火系统不得用于扑救下列火灾：存在遇水能发生反应并导致燃烧、爆炸或产生大量有害物质的火灾；存在遇水能产生剧烈沸溢性可燃液体的火灾；存在遇水能产生可燃性气体的火灾。

2. 主要设计参数

1）喷头布置。

① 全淹没系统喷头宜按矩形、正方形或菱形均衡布置在保护区顶部，对于高度超过4m的防护区空间宜分层布置。

② 局部应用系统喷头宜均衡布置在被保护物体周围，对于高度超过4m的较高物体应分层布置。

③ 区域系统采用细水雾喷头把保护区域与其他区域分开，保护区域内的喷头按全淹没系统设置。

④ 喷头间距不应大于3.0m，并不应小于1.6m，一般为2m左右。喷头的出流量通常为4~10L/min。

2）开式系统一个防护区的面积不宜大于500m²，体积不宜大于2000m³，当防护区面积或体积比较大时应经过专门认证；闭式系统小空间作用面积和体积分别为房间的面积和体积，大空间应认证确定。

3）设计应以系统或喷头认证设计参数或设备商提供的试验数据为依据；当无数据时可以参考下列参数设计：面积喷水强度为1~3L/(min·m²)，体积喷水强度为0.05~0.1L/(min·m³)。

4）设计火灾延续时间为30min，系统的响应时间不宜大于45s。

5）B类火灾宜连续喷雾；A类火灾为增加水雾的蒸发量，在试验数据确认的情况下，可采用间歇喷雾方式灭火。

6）容器（瓶组）式供水系统的水源应采用纯净水，泵组式供水系统可采用纯净水或自来水。

7）一套系统保护的防护区的数量不应超过8个；当超过8个防护区时，应增设备用量，备用量不应小于设计用水量。

8）喷头的最低工作压力应能保证喷头的雾化效果，一般不宜小于系统设计压力的50%~80%，且应符合产品认证的技术参数。

9）泵组式细水雾灭火系统，水泵的吸水管或出水管应设置过滤器；容器（瓶组）式供水系统宜在控制阀前设置过滤器。

10）全淹没灭火系统，水泵的保护区灭火时宜关闭所有洞口。确有特殊原因不能关闭的洞口应符合下列条件。

① 防护区运行开口总面积与四周侧壁的面积比不应大于0.2%。

② 单个最大开口面积不应大于1.0m²。

③ 开口设置的高度不应大于防护区总高度的50%，并不应小于防护区总高度的10%。

11）喷雾灭火前，防护区用的通风机、排烟机、送风机及其管道中的防火阀、排烟防火阀应自动关闭。人员确认灭火后方可启动排烟机排烟。

12）系统应具有自动控制、手动控制和应急操作三种控制方式。当响应时间大于 60s 时，可采用手动控制和应急操作两种控制方式。

13）火灾自动报警系统及控制系统在自动控制下，应在接收到两个独立的火灾信号后才能启动系统或循环控制系统。

课题 5　其他灭火系统

建筑因使用功能不同，其内的可燃物性质各异，传统的灭火剂——水对于一些火灾，已不能达到扑救的目的，甚至会带来更大的损失。因此，对不同性质的火灾，要采用不同的灭火方法和手段。

2.5.1　气体灭火系统

气体灭火系统一般包括二氧化碳灭火系统、水蒸气灭火系统、卤代烷灭火系统、氮气灭火系统等。气体灭火系统采用的是冷却、窒息、隔离和化学抑制方法中的一种或几种，一般适用于扑灭可燃气体、可燃液体和电气火灾，也可用于扑灭计算机房、重要文件档案库、通信广播机房、微波机房等忌水场所或设备的火灾。

1. 二氧化碳灭火系统

二氧化碳灭火系统是一种物理的、没有化学变化的气体灭火系统，其主要作用在于窒息，其次为冷却。其优点是不污染保护物、灭火快、空间淹没效果好。二氧化碳灭火系统按灭火方式分有全淹没系统、半固定系统、局部应用系统和移动系统。全淹没系统应用于扑救封闭空间内的火灾；局部应用系统适用于在经常有人的较大防护区内扑救个别已燃设备或室外设备火灾；半固定系统常用于增援固定二氧化碳灭火系统。

2. 水蒸气灭火系统

水蒸气是含热量高的惰性气体。水蒸气灭火系统具有良好的灭火作用，其工作原理是在火场燃烧区内，向其施放一定量的水蒸气，冲淡燃烧区的可燃气体，降低空气中氧的含量，使燃烧窒息，有良好的灭火作用。水蒸气灭火系统有固定式和半固定式两种。固定式水蒸气灭火系统为全淹没式灭火系统，用于扑灭整个房间、舱室的火灾，在空间的容积不大于 $500m^3$ 时效果较好。半固定式水蒸气灭火系统用于扑救局部火灾，利用水蒸气的机械冲击力量吹散可燃气体，并瞬间在火焰周围形成蒸汽层扑灭火灾。水蒸气用来扑灭高温设备和煤气管道火灾时，不致因设备热胀冷缩的应力作用而破坏设备。

3. 氮气灭火系统

氮气灭火系统的原理是减缓油转化为可燃气体，并终止可燃气体的产生而使火熄灭。氮气灭火系统主要用于电力变压器的油箱灭火。变压器爆裂漏油起火是常见的事故，在变压器油箱内，顶层热油温度高达 160℃，下层油温度较低。如搅拌所有的油，能降低其液体表面的温度，也就可消除热区域，防止碳氢气体的产生。

2.5.2　泡沫灭火系统

泡沫灭火系统以泡沫为灭火剂，其主要灭火机理是泡沫液的遮断作用，即通过隔绝氧气和抑制燃料蒸发、冷却和稀释等，达到扑灭火灾的目的。

泡沫灭火剂有普通型泡沫、蛋白泡沫、氟蛋白泡沫、水成膜泡沫、成膜氟蛋白泡沫等。泡沫灭火系统主要由消防泵、泡沫比例混合装置、泡沫产生装置及管道等组成。

泡沫灭火系统按发泡倍数分为低倍数、中倍数和高倍数灭火系统；按使用方式可分为全淹没式、局部应用式和移动式灭火系统；按泡沫的喷射方式分为液上喷射、液下喷射和喷淋喷射三种形式。

泡沫灭火系统广泛应用于油田、炼油厂、油库、发电厂、汽车库、飞机库、矿井坑道等场所。选用和应用泡沫灭火系统时，首先应根据可燃物性质选用泡沫液；其次应注意将泡沫罐置于通风、干燥的场所，温度应在 $0 \sim 40℃$ 范围内；此外，还应保证泡沫灭火系统所需的消防用水量、水温（$t = 0 \sim 35℃$）和水质。

德 育 建 议

以消防系统设计、参数选择和应用为切入点，将安全第一以及消防安全工作中的奉献、服务精神渗透其中，培养学生正确的价值观、爱岗敬业的精神。

复 习 思 考 题

1. 室外消防给水若采用低压给水系统，灭火时最不利点消火栓的水压如何计算？

2. 某建筑选消火栓泵，消防水池最低水位与最不利消火栓的高差为 56.0m，管路系统沿程水头损失为 $4.96mH_2O$，局部水头损失取沿程损失的 20%，消火栓口需要的压力为 $17.2mH_2O$。试问消火栓泵的扬程应为多少？

3. 某建筑内的消火栓箱内配 SN65 的消火栓，水龙带长度为 25m，若水带弯曲折减系数为 0.90，水枪充实水柱长度为 10m，则消火栓的保护半径为多少？

4. 某 5 层商业楼建筑高度 28.0m，每层建筑面积 $3500m^2$，自动喷水灭火系统的设计流量为 30L/s，消防水池储存室内外消防用水。试问消防水池的有效容积是多少？

5. 一地下车库设有自动喷水灭火系统，选用标准喷头，车库高 7.5m，柱网为 8.4m × 8.4m，每个柱网均匀布置 9 个喷头。在不考虑短立管的水流阻力的情况下，最不利作用面积内满足喷水强度要求的第一个喷头的工作压力为多少？

单元3 建筑内部热水供应系统

课题1 水质水温及用水量标准

3.1.1 热水水质

生活用热水的水质应符合《生活饮用水卫生标准》（GB 5749—2006）的规定；生产用热水的水质应满足生产工艺要求。

硬度高的水加热后，钙、镁离子受热析出，在设备和管道内结垢，会降低传热效率，同时也会加速对金属管材和设备的腐蚀。因此，应对集中热水供应系统的原水在加热前进行水质处理。集中热水供应系统的原水处理，应根据水质、水量、水温、水加热设备的构造、使用要求等因素经技术经济比较，按下列规定确定：当洗衣房日用热水量（按60℃计）大于或等于10m³且原水总硬度（以碳酸钙计）大于300mg/L时，应进行水质软化处理；原水总硬度（以碳酸钙计）为150~300mg/L时，宜进行水质软化处理；其他生活日用热水量（按60℃计）大于或等于10m³且原水总硬度（以碳酸钙计）大于300mg/L时，宜进行水质软化或阻垢缓蚀处理；经软化处理后的水质总硬度，洗衣房用水宜为50~100mg/L，其他用水宜为75~150mg/L；水质阻垢缓蚀处理应根据水的硬度、适用流速、温度、作用时间或有效长度及工作电压等选择合适的物理处理或化学稳定剂处理方法；当系统对溶解氧控制要求较高时，宜采取除氧措施。

目前，在集中热水供应系统中常采用电子除垢器、磁水器、静电除垢器等处理装置。这些装置体积小、性能可靠、使用方便。

3.1.2 热水水温

1. 热水的使用温度

生活用热水水温应满足生活使用的需要，卫生器具一次用水量、小时热水用水定额及使用水温见表3-1。设置集中热水供应系统的住宅，配水点的水温不应低于45℃，热水锅炉或水加热器出口的最高水温和配水点的最低水温见表3-2。生产用热水水温根据工艺要求确定。锅炉或水加热器出口水温与配水点最低水温的温度差不得大于10℃。

2. 冷水计算温度

在计算热水系统的耗热量时，冷水温度应以当地最冷月平均水温资料确定。无水温资料时，可按表3-3确定。

表3-1　卫生器具的一次用水量、小时热水用水定额及使用水温

序号	卫生器具名称			一次用水量/L	小时热水用水定额/(L/h)	使用水温/℃
1	住宅、旅馆、别墅、宾馆、酒店式公寓		带有淋浴器的浴盆	150	300	40
			无淋浴器的浴盆	125	250	40
			淋浴器	70~100	140~200	37~40
			洗脸盆、盥洗槽水龙头	3	30	30
			洗涤盆（池）	—	180	50
2	宿舍、招待所、培训中心淋浴器		有淋浴小间	70~100	210~300	37~40
			无淋浴小间	—	450	37~40
			盥洗槽水龙头	3~5	50~80	30
3	餐饮业		洗涤盆（池）	—	250	50
		洗脸盆	工作人员用	3	60	30
			顾客用	—	120	30
			淋浴器	40	400	37~40
4	幼儿园、托儿所	浴盆	幼儿园	100	400	35
			托儿所	30	120	35
		淋浴器	幼儿园	30	180	35
			托儿所	15	90	35
			盥洗槽水龙头	15	25	30
			洗涤盆（池）	—	180	50
5	医院、疗养院、休养所		洗手盆	—	15~25	35
			洗涤盆（池）	—	300	50
			浴盆	125~150	250~300	40
			沐浴器	—	200~300	32~40
6	公共浴室		浴盆	125	250	40
		淋浴器	有淋浴小间	100~150	200~300	37~40
			无淋浴小间	—	450~540	37~40
			洗脸盆	5	50~80	35
7	办公楼洗手盆			—	50~100	35
8	理发室、美容院		洗脸盆	—	35	35

（续）

序号	卫生器具名称		一次用水量/L	小时热水用水定额/（L/h）	使用水温/℃
9	实验室	洗脸盆	—	60	50
		洗手盆	—	15～25	30
10	剧院	淋浴器	60	200～400	37～40
		演员用洗脸盆	5	80	35
11	体育场馆	淋浴器	30	300	35
12	工业企业生活间	淋浴器　一般车间	40	360～540	37～40
		淋浴器　脏车间	60	180～480	40
		洗脸盆或盥洗槽水龙头　一般车间	3	90～120	30
		洗脸盆或盥洗槽水龙头　脏车间	5	100～150	35
13	净身器		10～15	120～180	30

注：一般车间指《工业企业设计卫生标准》（GBZ 1—2010）中规定的 3、4 级卫生特征的车间，脏车间指该标准中规定的 1、2 级卫生特征的车间。

表 3-2　热水锅炉或水加热器出口的最高水温和配水点的最低水温

水质处理情况	热水锅炉、热水机组或水加热器出口最高水温/℃	配水点最低水温/℃
无须软化处理或有软化处理	75	50
需软化处理但未进行软化处理	60	50

表 3-3　冷水计算温度　　　　　　　　　（单位：℃）

区域	省、市、自治区行政区		地面水	地下水	区域	省、市、自治区行政区		地面水	地下水
东北	黑龙江		4	6～10	西北	陕西	偏北	4	6～10
	吉林		4	6～10			大部	4	10～15
	辽宁	大部	4	6～10			秦岭以南	7	15～20
		南部	4	10～15		甘肃	南部	4	10～15
华北	北京		4	10～15			秦岭以南	7	15～20
	天津		4	10～15		青海	偏东	4	10～15
	河北	北部	4	6～10		宁夏	偏东	4	6～10
		大部	4	10～15			南部	4	10～15
	山西	北部	4	6～10		新疆	北疆	5	10～11
		大部	4	10～15			南疆	—	12
	内蒙古		4	10～15		乌鲁木齐		8	12

（续）

区域	省、市、自治区行政区		地面水	地下水	区域	省、市、自治区行政区		地面水	地下水
东南	山东		4	10～15	中南	湖北	西部	7	15～20
	上海		5	15～20		湖南	东部	5	15～20
	浙江		5	15～20			西部	7	15～20
	江苏	偏北	4	10～15		广东、港澳		10～15	20
		大部	5	15～20		海南		15～20	17～22
	江西大部		5	15～20	西南	重庆		7	15～20
	安徽大部		5	15～20		贵州		7	15～20
	福建	北部	5	15～20		四川大部		7	15～20
		南部	10～15	20		云南	大部	7	15～20
	台湾		10～15	20			南部	10～15	20
中南	河南	北部	4	10～15		广西	大部	10～15	20
		南部	5	15～20			偏北	7	15～20
	湖北	东部	5	15～20		西藏		—	5

3.1.3 热水用水定额

热水用水定额根据卫生器具完善程度和地区条件，按表3-4确定。

表3-4 热水用水定额

序号	建筑物名称		单位	最高日用水定额/L	使用时间/h
1	住宅	有自备热水供应和淋浴设备	每人每日	40～80	24
		有集中热水供应和淋浴设备	每人每日	60～100	24
2	别墅		每人每日	70～110	24
3	酒店式公寓		每人每日	80～100	24
4	宿舍	Ⅰ类、Ⅱ类	每人每日	70～100	24或定时供应
		Ⅲ类、Ⅳ类	每人每日	40～80	
5	招待所、培训中心、普通旅馆	设公用盥洗室	每人每日	25～40	24或定时供应
		设公用盥洗室、淋浴室	每人每日	40～60	
		设公用盥洗室、淋浴室、洗衣室	每人每日	50～80	
		设单独卫生间、公用洗衣室	每人每日	60～100	
6	宾馆、客房	旅客	每床位每日	120～160	24
		员工	每人每日	40～50	
7	医院住院部	设公用盥洗室	每床位每日	600～100	24
		设公用盥洗室、淋浴室	每床位每日	70～130	
		设单独卫生间	每床位每日	110～200	
	医务人员		每人每班	70～130	24
	门诊部、诊疗所		每病人每次	7～13	8
	疗养院、休养所住房部		每床位每日	100～160	24

（续）

序号	建筑物名称		单位	最高日用水定额/L	使用时间/h
8	养老院		每床位每日	50～70	24
9	幼儿园、托儿所	有住宿	每儿童每日	20～40	24
		无住宿	每儿童每日	10～15	10
10	公共浴室	淋浴	每顾客每次	40～60	
		浴盆、淋浴	每顾客每次	60～80	12
		桑拿浴（淋浴、按摩池）	每顾客每次	70～100	12
11	理发室、美容院		每顾客每次	10～15	12
12	洗衣房		每 kg 干衣	15～30	8
13	餐饮业	中餐、酒楼	每顾客每次	10～20	10～12
		快餐店、职工及学生食堂	每顾客每次	7～10	12～16
		酒吧、咖啡馆、茶座、卡拉 OK 房	每顾客每次	3～8	8～18
14	办公楼		每人每班	5～10	8
15	健身中心		每人每次	15～25	12
16	体育场（馆）	运动员淋浴	每人每次	17～26	4
17	会议厅		每座位每次	2～3	4

注：1. 热水温度按 60℃计。
　　2. 表内所列用水定额均已包括在表 1-8 和表 1-9 中。
　　3. 本表以 60℃热水水温为计算温度，卫生器具的使用水温见表 3-1。

课题 2　热水供应系统的分类及组成

3.2.1　热水供应系统的分类

1. 局部热水供应系统

局部热水供应系统供水范围小，一般靠近用水点设置小型加热设备供一个或几个用水点使用。因此，管路短、热损失小，适用于热水用量小且较分散的建筑物，如单元式住宅、诊所、医院等建筑。

2. 集中热水供应系统

集中热水供应系统供水范围较大，热水在锅炉房或换热站集中制备，供一幢或几幢建筑使用。该系统管网较复杂，设备多，一次性投资大，一般用于耗热量大、用水点多而集中的建筑物，如高级住宅、旅馆、疗养院等。

3. 区域热水供应系统

区域热水供应系统供水范围大，热水在区域锅炉房中的热交换站制备，管网复杂，热损失大，设备多，自动化程度高，一次性投资大，一般用于城市片区、居住小区的整个建筑群。

3.2.2　热水供应系统的组成

在热水供应系统中，集中热水供应系统应用较普遍。如图 3-1 所示，集中热水供应系统一般由第一循环系统、第二循环系统和控制附件组成。

1. 第一循环系统

第一循环系统又称为热媒系统，由锅炉、水加热器和热媒管网组成。锅炉产生的水蒸气（或高温水）通过热媒管网送到水加热器，经散热面加热冷水，水蒸气凝结放热后变成凝结水，靠余压经疏水器流至凝结水箱，再经循环泵送回锅炉产生水蒸气，如此循环完成热水的制备。

2. 第二循环系统

第二循环系统又称为热水配水系统，由热水配水管网和回水管网组成。被加热到设计温度的热水，从水加热器出口经配水管网送至各个热水配水点，而水加热器所需冷水来源于高位水箱或给水管网。为满足各热水配水点随时都有满足设计要求的热水，应在立管、水平干管以及配水支管上设置回

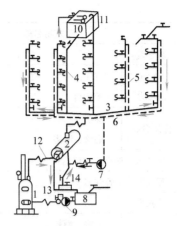

图3-1 热媒为蒸汽的集中热水供应系统

1—锅炉 2—水加热器 3—配水干管
4—配水立管 5—回水立管 6—回水干管
7—循环泵 8—凝结水池 9—冷凝水泵
10—给水水箱 11—透气管 12—热媒蒸汽管
13—凝水管 14—疏水器

水管，使一定量的热水在配水管网和回水管网中流动，以补偿配水管网所散失的热量，保证配水点的温度。根据建筑物的性质和使用要求，可选用以下热水供应方式。

（1）全循环热水供应方式 指热水供应系统中热水配水管网的水平干管、立管、配水支管都设有循环管道。该系统设循环水泵，用水时不存在使用前放水和等待时间，适用于高级宾馆、饭店、高级住宅等高标准建筑中，如图3-2所示。

（2）半循环热水供应方式 指热水供应系统中只在热水配水管网的水平干管设循环管道。该方式多用于全日和定时供应热水的建筑中，如图3-3所示。

（3）不循环热水供应方式 指热水供应系统中热水配水管网的水平干管、立管、配水支管都不设任何循环管道，适用于小型热水供应系统和使用要求不高的定时热水供应系统或连续用水系统，如公共浴室、洗衣房等，如图3-4所示。

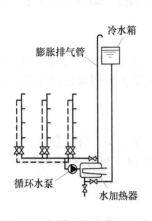

图3-2 全循环热水供应方式

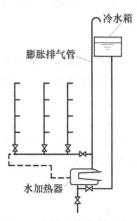

图3-3 半循环热水供应方式

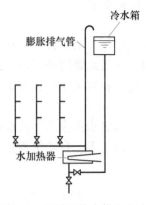

图3-4 不循环热水供应方式

3. 控制附件

由于集中热水供应系统中控制、连接、排气及水温变化的需要，常用的控制和安全附件有温度自动调节器、疏水器、减压阀、溢流阀、膨胀罐（箱）、管道补偿器、闸阀、水龙头、自动排气阀等。

3.2.3　热水供应系统管道的布置与敷设

1. 热水供应系统管道的布置

热水供应系统管道的布置可采用下行上给式或上行下给式。图3-5为同程式全循环下行上给式管道布置示意图，图3-6为异程式自然循环上行下给式管道布置示意图。

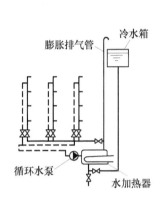

图3-5　同程式全循环下行上给式
管道布置示意图

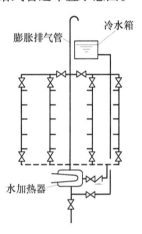

图3-6　异程式自然循环上行下给式
管道布置示意图

（1）下行上给式　水平干管可布置在地沟内或地下室内，但不允许直接埋地。水平干管（尤其是管材线膨胀系数大的干管）要设补偿器，并在最高配水点处排气，方法是循环立管应在最高配水点下约0.5m与配水立管连接。为便于排气和泄水，热水横管均应有与水流方向相反的坡度，坡度应大于或等于0.003，并在管网最低处设泄水阀门，以便检修。

（2）上行下给式　水平干管可布置在顶层吊顶内或顶层下，并有与水流方向相反的大于或等于0.003的坡度，最高点设排气阀。

2. 热水管网的敷设

热水管网的敷设分明装和暗装两种形式。明装就是管道沿墙、梁、柱、顶棚、地面等暴露敷设。暗装就是将管道在管道竖井或预留沟槽内隐蔽敷设。热水立管与横管连接处，为避免管道伸缩破坏，用乙字弯连接，如图3-7所示。

热水管道穿过建筑物的楼板、墙壁和基础时应加套管，热水管道穿越屋面及地下室外墙壁时应加防水套管。一般套管内径应比通过热水管的外径大2~3号，中间填不燃烧材料再用沥青油膏之类的软密封防水填料灌平。套管高出地面不少于20mm。

塑料热水管材质脆，刚度（硬度）较差，应避免撞击、紫外线照射，故宜暗设。对于外径$D_e \leq 25mm$的聚丁烯管、改性聚丙烯管、交联聚乙烯管等柔性管，一般可以将管道直埋在建筑垫层内，但不允许将管道直接埋在钢筋混凝土结构墙板内。埋在垫层内的管道不应有接头。外径 $D_e \geqslant 32mm$ 的塑料热水管可敷设在管井或吊顶内。塑料热水管明设时，立管宜布置在不受撞击处；如不能避免时应在管外加保护措施。

热水立管与横管连接时，为避免管道伸缩应力破坏管道，应采用乙字弯的连接方式。

热水横管的敷设坡度不宜小于0.003，以利于管道中的气体聚集后排放。上行下给式系统配水干管最高点应设排气装置，下行上给配水系统可利用最高配水点排气。当下行上给式热水系统设有循环管道时，其回水立管应在最高配水点以下（约0.5m）与配水立管连接。上行下给式热水系统可将循环管道与各立管连接。

系统最低点应设泄水装置，以便在维修时放空管道中的存水。

热水管道系统应采取补偿管道热胀冷缩的措施，常用的技术措施有自然补偿和伸缩器补偿。

为防止加热器内水倒流被泄空而造成安全事故，以及防止冷水进入热水系统影响配水点的供水温度，应在加热器的冷水供水管和机械循环第二循环回水管上装设单向阀，如图3-8所示。

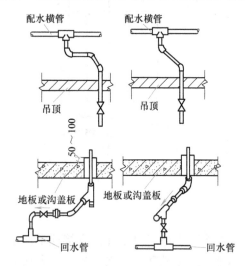

图3-7 热水立管与水平干管的连接方式

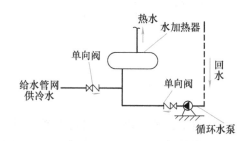

图3-8 热水管道上单向阀的位置

3.2.4 热水供应系统的管材及常用阀门附件

1. 管材

热水系统管材应采用热浸镀锌钢管、薄壁金属管、塑料管、复合管等，且应符合现行有关产品标准的要求。不同种类的管材要采用与管道同等材质、配套的管件。

2. 阀门附件

（1）自动温度调节器 当水加热器出口的水温需要控制时，常采用直接式或间接式自动温度调节器。自动温度调节器实质上由阀门和温包组成，温包放在水加热器热水出口管道内，感受温度自动调节阀门的开启及开启角度大小。阀门放置在热媒管道上，自动调节进入水加热器的热媒量。自动温度调节器构造如图3-9所示，其安装方法如图3-10所示。

（2）疏水器 疏水器的作用是自动排出管道和设备中的凝结水，同时阻止蒸汽流失。蒸汽的凝结水管道上应装设疏水器。热水系统常采用高压疏水器，常用的有吊桶式疏水器（图3-11）和热动力式疏水器（图3-12）。

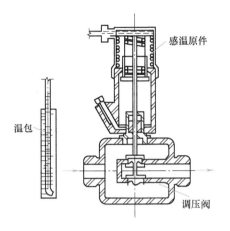

图 3-9 自动温度调节器构造

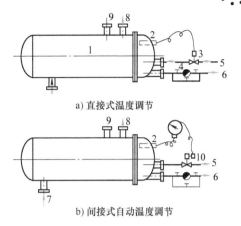

a) 直接式温度调节

b) 间接式自动温度调节

图 3-10 自动温度调节器安装示意图

1—加热设备 2—温包 3—自动调节器
4—疏水器 5—蒸汽 6—凝水 7—冷水
8—热水 9—装设安全阀 10—齿轮传动变速开关阀门

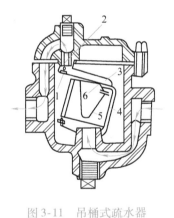

图 3-11 吊桶式疏水器

1—阀芯 2—阀孔 3—杠杆
4—吊桶 5—双金属弹簧片 6—快速排气孔

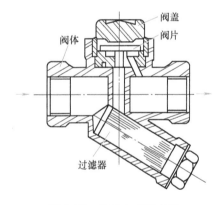

图 3-12 热动力式疏水器

(3) 自动排气阀 为排出上行下给式干管中的空气，保证管道内热水畅通，应在管网的最高处安装自动排气阀。自动排气阀的构造如图 3-13 所示。

(4) 减压阀和节流阀 若蒸汽压力大于加热器所需蒸汽压力，应在蒸汽管上设置减压阀。减压阀的工作原理是液体通过阀体内的阀瓣产生局部能量损耗而减压。常用的减压阀有活塞式、膜片式和波纹管式等。图 3-14 所示为活塞式减压阀。

节流阀用于热水供应系统的回水管上，它通过改变阀体内通道截面积来粗略调节压力或流量。节流阀有直通式及角式两种。前者多装于直线管段，后者可装于垂直相交管段。

(5) 溢流阀 溢流阀的作用是避免压力超过规定的范围而造成管网和设备等的破坏。热水系统中宜采用微起式弹簧溢流阀，设计时注意使用压力范围。

3. 补偿器

热水系统中的管道因受热膨胀伸长而产生内应力。为确保管道运行安全，在热水管道上应采取补偿管道因温度变化造成伸缩的措施，避免管道的弯曲、破裂或接头松动。

（1）自然补偿　利用管道布置敷设的自然转向来补偿管道的伸缩变形。常将管道布置成 L 形和 Z 形，如图 3-15 所示。

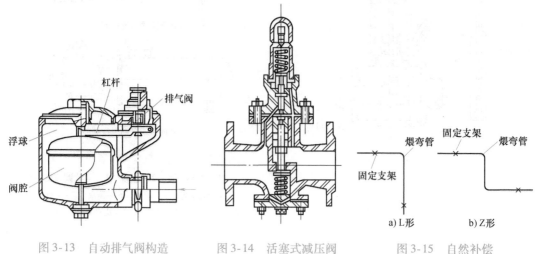

图 3-13　自动排气阀构造　　　　图 3-14　活塞式减压阀　　　　　图 3-15　自然补偿

（2）其他补偿器　当直线管段较长，无法利用自然补偿时应设置其他补偿器。常用的管道补偿器有方形补偿器（图 3-16）、套管式补偿器（图 3-17）和波纹管补偿器，也可采用可挠曲橡胶接头来代替补偿器，但必须采用耐用橡胶。

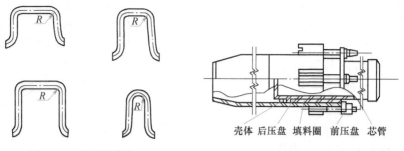

图 3-16　方形补偿器　　　　　图 3-17　单向套管式补偿（伸缩）器

3.2.5　热水管道的防腐与保温

1. 管道的防腐

热水管道若用非镀锌钢管或无缝钢管，为防止其受到氧气腐蚀，可在管道外表面涂防腐材料。常用的防腐材料为防锈漆和面漆（调和漆和银粉漆）。对明装非保温管道刷防锈漆 1道、面漆 2 道，对暗装或保温管道刷防锈漆 2 道。

2. 管道的保温

热水系统中，为减少热水制备和输送过程中的热量损失，提高运行的经济性，创造良好的工作和生活环境，应对管道和设备进行保温处理。

对于水加热设备，贮热水器，热水箱，热水供水干、立管，机械循环的回水干、立管，有冰冻可能的自然循环回水干、立管，均应保温。对未设循环的供水支管，长度 L 为 3～10m 时，为减少使用热水前泄放的冷水量，可采用自动调控的电伴热保温措施，电伴热保温支管内水温可按 45℃ 设计。

热水供回水管、热媒水管常用的保温材料为岩棉、超细玻璃棉、硬聚氨酯、橡塑泡棉等材料，其保温层厚度可参照表 3-5 采用。蒸汽管用憎水珍珠岩管壳保温时，其厚度见表 3-6。

表 3-5　热水供回水管、热媒水管保温层厚度　　　　　　　　　　（单位：mm）

管　　径	热水供、回水管				热媒水、蒸汽凝结水管	
	15~20	25~50	65~100	>100	≤50	>50
保温层厚度	20	30	40	50	40	50

表 3-6　蒸汽管保温层厚度　　　　　　　　　　（单位：mm）

管　　径	≤40	50~60	≥80
保温层厚度	50	60	70

不论采用何种保温材料，管道和设备在保温之前，均应进行防腐处理。保温材料应与管道或设备的外壁紧密相贴，并在保温层外表面做防护层。管道转弯处，保温层应做伸缩缝，缝内填柔性材料。

课题 3　高层建筑热水供应系统

高层建筑的热水供应系统应做竖向分区，其分区的原则、方法和要求与给水系统相同。由于高层建筑使用热水要求标准高、管路长，因此宜设置机械循环热水供应系统。机械循环热水供应系统主要有以下两种。

3.3.1　集中加热分区热水供应系统

集中加热分区热水供应系统的各区热水管网自成独立系统，其容积式水加热器集中设置在底层或地下室，水加热器的冷水供应来自各区给水水箱，加热后将热水分别送往各区使用，如图 3-18 所示。这样可使卫生器具的冷、热水水龙头出水均衡，此种系统管道多采用上行下给式布置。

集中加热分区热水供应系统由于各区加热设备均集中设置在一起，故建筑设计易于布置和安排，同时维护管理方便，热媒管道（即高压蒸汽管和凝结水管）最短。但这种方式使高层建筑上部各供水分区加热设备的（来自本区水源装置高位水箱）冷水供水管道长，因而造成这些区的用水点冷、热水压差较大，并且加热设备和循环水泵承压高。因此，集中加热分区热水供应系统适用于高度在 100m 以内的建筑。

3.3.2　分区加热热水供应系统

高层建筑各分区的加热设备各自分别设在本区（图 3-19）或邻区的范围内，加热后的水沿本区管网系统送至各用水点，此种热水供应系统称为分区加热热水供应系统。分区加热热水供应系统由于各区加热设备均设于本区或邻区内，因而用水点处冷、热水压差小，同时设备承压也小，对设计、制造、安装都比较有利，节省钢材，造价低；其缺点是热媒管道长，设备设置分散，维护管理不方便，占用面积较大。该系统适用于分区较多（三个分区以上）及建筑高度在100m以上的建筑，特别是超高层建筑尤宜适用。

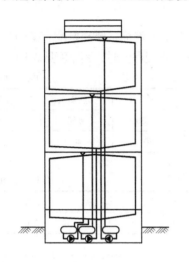

图 3-18　集中加热分区热水供应系统

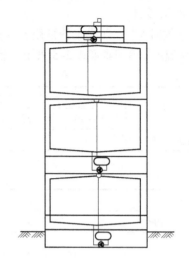

图 3-19　分区加热热水供应系统

高层建筑底层的洗衣房、厨房等大用水量设备，由于工作制度与客房有差异，因此应设单独的热水供应系统供水，以便维护管理。

高层建筑热水供应系统管网的水力计算方法、设备选择、管网布置与低层建筑的热水供应系统相同。

除此之外，对于一般单元式高层住宅、公寓及一些高层建筑物内部局部需用热水的场所，可使用局部热水供应系统，如小型煤气加热器、蒸汽加热器、电加热器、太阳能热水器等，供给单个厨房、卫生间等用热水。局部热水供应系统具有系统简单，维护管理方便、灵活，改建容易等特点。

课题4　热水供应系统的水力计算

热水管网水力计算的任务是根据热水用量与耗热量来确定热媒管网和热水管网上各种管道的管径、系统所需工作压力以及进行有关设备的选择等。

3.4.1　设计小时耗热量的计算

1）设有集中热水供应系统的居住小区的设计小时耗热量应按下列规定计算。

① 当居住小区内配套公共设施的最大用水时段与住宅的最大用水时段一致时，应按两者的设计小时耗热量叠加计算。

② 当居住小区内配套公共设施的最大用水时段与住宅的最大用水时段不一致时，应按住宅的设计小时耗热量加配套公共设施的平均小时耗热量叠加计算。

2）全日供应热水的宿舍（Ⅰ、Ⅱ类）、住宅、别墅、酒店式公寓、招待所、培训中心、旅馆、宾馆的客房（不含员工）、医院住院部、养老院、幼儿园、托儿所（有住宿）、办公楼等建筑的集中热水供应系统的设计小时耗热量应按式（3-1）计算。

$$Q_h = K_h \frac{mq_r c(t_r - t_1)\rho_r}{T} \qquad (3\text{-}1)$$

式中　Q_h ——设计小时耗热量（kJ）；

m ——用水计算单位数（人数或床位数）；

q_r ——热水用水定额 [L/（人·d）] 或 [L/（床·d）]，按表 3-4 确定；

K_h ——热水小时变化系数，按表 3-7 采用；

c ——水的比热容，$c = 4187\text{J/（kg·℃）}$；

t_r ——热水温度（℃），$t_r = 60℃$；

t_1 ——冷水计算温度（℃），按表 3-3 确定；

ρ_r ——热水密度（kg/L）；

T ——每日使用时间（h），按表 3-4 选用。

表 3-7　热水小时变化系数 K_h 值

类别	住宅	别墅	酒店式公寓	宿舍（Ⅰ、Ⅱ类）	招待所、培训中心、普通旅馆	宾馆	医院、疗养院	幼儿园、托儿所	养老院
热水用水定额 [L/人（床）·d]	60~100	70~110	60~110	70~100	25~50 40~60 50~80 60~100	120~160	60~100 70~130 110~200 100~160	20~40	50~70
使用人（床）数	100~6000	100~6000	150~1200	150~1200	150~1200	150~1200	50~1000	50~1000	50~1000
K_h	4.80~2.75	4.21~2.47	4.00~2.58	4.80~3.20	3.84~3.00	3.33~2.60	3.63~2.56	4.80~3.20	3.20~2.74

注：1. K_h 应根据用水定额高低、使用人（床）数多少取值。当热水用水定额高、使用人（床）数多时取低值，反之取高值，使用人（床）数小于等于下限值或大于等于上限值时，K_h 就取下限值及上限值，中间可用内插法求得。

　　2. 设有全日集中热水供应系统的办公楼、公共浴室等表中未列的其他类建筑的 K_h 值，可按表 1-14 中的小时变化系数取值。

3）定时供应热水的住宅、旅馆、医院及工业企业生活间、公共浴室、宿舍（Ⅲ、Ⅳ类）、剧院化妆间、体育馆（场）运动员休息室等建筑的集中热水供应系统的设计小时耗热量应按式（3-2）计算。

$$Q_h = \sum q_h (t_r - t_1) \rho_r N_o bc \qquad (3\text{-}2)$$

式中　q_h ——卫生器具的小时热水用水定额（L/h），按表 3-1 确定；

t_r ——热水温度（℃），按表 3-1 确定；

N_o ——同类型卫生器具数；

b ——卫生器具的同时使用百分数，公共浴室和工业企业生活间、学校、剧院及体育馆（场）等浴室内的淋浴器和洗脸盆均按 100% 计；住宅、旅馆、医院、疗养院病房，卫生间内浴盆或淋浴器可按 70%~100% 计，其他器具不计，但定时连续供水时间应不小于 2h；住宅一户有多个卫生间时，可按一个卫生间计算。

4）具有多个不同使用热水部门的单一建筑或具有多种使用功能的综合性建筑，当其热水由同一热水供应系统供应时，设计小时耗热量可按同一时间内出现用水高峰的主要用水部门的设计小时耗热量加其他用水部门的平均小时耗热量计算。

3.4.2 设计小时热水量和供热量的计算

1. 设计小时热水量

设计小时热水量可按下式计算。

$$q_{rh} = \frac{Q_h}{c(t_r - t_1)\rho_r} \tag{3-3}$$

式中　q_{rh}——设计小时热水量（L/h）。

2. 设计小时供热量

当无小时热水用量变化曲线时，锅炉、水加热设备的设计小时供热量可按下列原则确定。

1）容积式水加热器或贮热容积与其相当的水加热器、燃油（气）热水机组，按下式计算。

$$Q_g = Q_h - c\frac{\eta V_r}{T}(t_r - t_1)\rho_r \tag{3-4}$$

式中　Q_g——容积式水加热器（含导流型容积式水加热器）设计小时供热量（kJ/h）；

　　　Q_h——设计小时耗热量（kJ/h）；

　　　η——有效贮热容积系数，容积式水加热器 $\eta = 0.7 \sim 0.8$，导流型容积式水加热器 $\eta = 0.8 \sim 0.9$，第一循环系统为自然循环时，卧式贮热水罐 $\eta = 0.80 \sim 0.85$，立式贮热水罐 $\eta = 0.85 \sim 0.90$，第一循环系统为机械循环时，卧、立式贮热水罐 $\eta = 1.0$；

　　　V_r——总贮热容积（L）；

　　　T——设计小时耗热量持续时间（h），$T = 2 \sim 4h$；

　　　t_r——热水温度（℃），按设计水加热器出水温度或贮水温度计算。

注意：当 Q_g 计算值小于平均小时耗热量时，Q_g 应取平均小时耗热量。

2）半容积式水加热器或贮热容积与其相当的水加热器、燃油（气）热水机组的设计小时供热量应按设计小时耗热量计算。

3）半即热式、快速式水加热器及其他无贮热容积的水加热设备的设计小时供热量应按设计秒流量计算。

3.4.3 热媒耗量计算

1）以蒸汽为热媒的水加热设备，热媒耗量按下式计算。

$$G = 3.6k\frac{Q_h}{h'' - h'} \tag{3-5}$$

式中　G——热媒耗量（kg/h）；

　　　k——热媒管道热损失附加系数，$k = 1.05 \sim 1.10$；

　　　h''——饱和蒸汽的质量焓（kJ/kg），见表3-8；

　　　h'——凝结水的质量焓（kJ/kg），按式（3-6）计算。

$$h' = 4.187t_{mz} \tag{3-6}$$

式中 t_{mz}——热媒终温（℃），应由产品样本提供，参考值见表3-9和表3-10。

2）以热水为热媒的水加热设备，热媒耗量按下式计算。

$$G = \frac{kQ_h\rho_r}{1.163(t_{mc} - t_{mz})} \tag{3-7}$$

式中 t_{mc}——热媒的初温（℃），见表3-3；

t_{mz}——热媒的初温与终温（℃），参考值见表3-9和表3-10；

1.163——系数。

表3-8 饱和水蒸气的性质

绝对压力/MPa	饱和水蒸气温度 t_s/℃	质量焓/(kJ/kg)		水蒸气的汽化热/(kJ/kg)
		液体	蒸汽	
0.1	100	419	2679	2260
0.2	119.6	502	2707	2205
0.3	132.9	559	2726	2167
0.4	142.9	601	2738	2137
0.5	151.1	637	2749	2112
0.6	158.1	667	2757	2090
0.7	164.2	694	2767	2073
0.8	169.6	718	2713	2055

表3-9 导流型容积式水加热器主要热力性能参数

热 媒	传热系数 K/[W/(m²·℃)]		热媒终温 t_{mz}/℃	热媒阻力损失 Δh_1/MPa	被加热水水头损失 Δh_2/MPa	被加热水温升 Δt/℃
	钢盘管	铜盘管				
0.1~0.4MPa 的饱和蒸汽	791~1093	872~1204 2100~2550 2500~3400	40~70	0.1~0.2	≤0.005 ≤0.01 ≤0.01	≥40
70~150℃ 的高温水	616~945	680~1047 1150~1450 1800~2200	50~90	0.01~0.03 0.05~0.1 ≤0.1	≤0.005 ≤0.01 ≤0.01	≥35

注：1. 表中铜盘管的 K 值及 Δh_1、Δh_2 中的三行数字由上而下分别表示U形管、浮动盘管和铜波节管三种导流型容积式水加热器的相应值。

2. 热媒为蒸汽时，K 值与 t_{mz} 对应；热媒为高温水时，K 值与 Δh_1 对应。

表3-10 容积式水加热器主要热力性能参数

热 媒	传热系数 K/[W/(m²·℃)]		热媒终温 t_{mz}/℃	热媒阻力损失 Δh_1/MPa	被加热水水头损失 Δh_2/MPa	被加热水温升 Δt/℃	容器内冷水区容积 V_L（%）
	钢盘管	铜盘管					
0.1~0.4MPa 的饱和蒸汽	689~756	814~872	≤100	≤0.1	≤0.005	≥40	25
70~150℃的高温水	926~349	348~407	60~120	≤0.03	≤0.005	≥23	25

注：容积水加热器即传统的二行程光面U形管式容积式水加热器。

3.4.4 设备的选择计算

加热设备主要计算其传热面积和确定其容积，而贮存设备仅计算其贮存容积。

1. 以蒸汽或高温水为热媒的常用水加热设备

（1）容积式水加热器 容积式水加热器内设换热管束，既可加热冷水又可贮备热水，常用热媒为饱和蒸汽或高温水，分立式和卧式两种，具有较大的贮存和调节能力。被加热水流速低，压力损失小，出水压力平稳，水温较稳定，供水较安全。但该加热器传热系数小，热交换效率较低，体积庞大。图3-20为卧式容积式水加热器构造示意图。

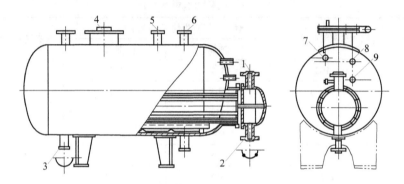

图3-20　卧式容积式水加热器构造示意图

1—蒸汽（热水）入口　2—冷凝水（回水）出口　3—进水管　4—人孔　5—安全阀接管
6—出水管　7—接温度计管箍　8—接压力计管箍　9—温度调节器接管

（2）快速式水加热器 在快速式水加热器中，热媒与冷水通过较高速度流动，属湍流加热，提高了热媒对管壁及管壁对被加热水的传热系数，传热效率较高。由于热媒不同，快速式水加热器分为汽－水、水－水两种类型，加热导管有单管式、多管式、波纹板式等多种形式。图3-21为多管式汽－水快速式水加热器构造示意图。

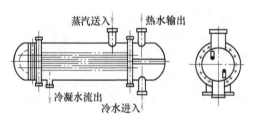

图3-21　多管式汽－水快速式水加热器构造示意图

（3）半即热式水加热器 半即热式水加热器是带有超前控制，具有少量贮水容积的快速式水加热器，图3-22为其构造示意图。

半即热式水加热器的工作原理为热媒由底部进入各并联盘管，冷凝水经立管从底部排出，冷水经底部孔板流入，并有少量冷水经分流管至感温管。冷水经转向器均匀进入并向上流过盘管得到加热，热水由上部出口流出，同时部分热水进入感温管。感温元件读出感温管内冷、热水的瞬间平均温度，向控制阀发送信号，按需要调节控制阀，以保持所需热水温

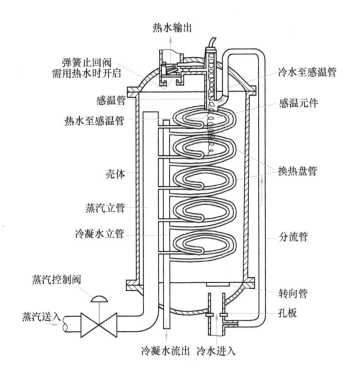

图 3-22　半即热式水加热器构造示意图

度。只要配水点有用水需要，感温元件就能在出口水温未下降的情况下，提前发出信号开启控制阀，即有预测性。加热时多排螺旋形薄壁铜质盘管自由收缩膨胀并产生颤动，造成局部湍流区，形成湍流加热，增大了传热系数，加快了换热速度，还可自动除垢。半即热式水加热器具有传热系数大、热效高、体积小、加热速度快，占地面积小的特点，适用于各种机械循环热水供应系统。

2. 加热设备的选型计算

（1）水加热器的加热面积　按式（3-8）计算。

$$F_{jr} = \frac{C_r Q_g}{\varepsilon K \Delta t_j} \tag{3-8}$$

式中　F_{jr}——水加热器的加热面积（m^2）；

　　　K——传热系数 $[W/(m^2 \cdot \text{℃})]$，按表 3-11 和表 3-12 查用；

　　　ε——由于水垢和热媒分布不均匀影响传热效率的系数，一般采用 $0.6 \sim 0.8$；

　　　C_r——热水供应系统的热损失系数，$C_r = 1.1 \sim 1.15$；

　　　Δt_j——热媒和被加热水的计算温差（℃）。

表 3-11　容积式水加热器中盘管的传热系数 K 值

热媒种类	传热系数 $K/[W/(m^2 \cdot \text{℃})]$		热媒种类	传热系数 $K/[W/(m^2 \cdot \text{℃})]$	
	铜盘管	钢盘管		铜盘管	钢盘管
蒸汽	3140	2721	$80 \sim 115$℃的高温水	1465	1256

表 3-12 快速热交换器的传热系数 K 值

被加热水流速 /(m/s)	传热系数 $K/[\mathrm{W/m^2 \cdot ℃}]$							
	热水流速/(m/s)（热媒为水）						蒸汽压力/Pa（热媒为蒸汽）	
	0.5	0.75	1.0	1.5	2.0	2.5	≤0.98×10⁵	>0.98×10⁵
0.5	3977	4605	5024	5443	5862	6071	9839/7746	9211/7327
0.75	4480	5233	5652	6280	6908	7118	12351/9630	11514/9002
1.00	4815	5652	6280	7118	7955	8374	14235/11095	13188/10467
1.50	5443	6489	7327	8374	9211	9839	16328/13398	15072/12560
2.00	5861	7118	7955	9211	10258	10886	—/15700	—/14863
2.50	6280	7536	10488	10258	11514	12560	—	—

注：热媒为蒸汽时，表中分子为两回程汽－水快速式水加热器将被加热水的水温升高 20~30℃ 的 K 值；分母为四回程将被加热水的水温升高 60~65℃ 时的 K 值。

容积式水加热器、导流型容积式水加热器、半容积式水加热器的热媒与被加热水的计算温差 Δt_j 采用算术平均温度差，按下式计算。

$$\Delta t_j = \frac{t_{mc} + t_{mz}}{2} - \frac{t_c + t_z}{2} \tag{3-9}$$

式中　Δt_j——计算温度差（℃）；

t_{mc}、t_{mz}——容积式水加热器的初温和终温（℃）；

t_c、t_z——被加热水的初温和终温（℃）。

半即热式水加热器、快速式水加热器热媒与被加热水的温差采用平均对数温度差，按式（3-10）计算。

$$\Delta t_j = \frac{\Delta t_{max} - \Delta t_{min}}{\ln \dfrac{\Delta t_{max}}{\Delta t_{min}}} \tag{3-10}$$

式中　Δt_{max}——热媒和被加热水在水加热器一端的最大温差（℃）；

Δt_{min}——热媒和被加热水在水加热器另一端的最小温差（℃）。

（2）热媒的计算温度

1）热媒为饱和蒸汽时的热媒初温、终温计算。

① 热媒的初温 t_{mc}：当热媒为压力大于 70kPa 的饱和蒸汽时，t_{mc} 按饱和蒸汽温度计算；压力小于或等于 70kPa 时，t_{mc} 按 100℃ 计算。

② 热媒的终温 t_{mz}：应由经热工性能测定的产品提供。容积式水加热器的 $t_{mz} = t_{mc}$；导流型容积式水加热器、半容积式水加热器、半即热式水加热器的 $t_{mz} = 50~90℃$。

2）热媒为热水时，热媒的初温应按热媒供水的最低温度计算；热媒的终温应由经热工性能测定的产品提供。当热媒初温 $t_{mc} = 70~100℃$ 时，其终温可取：容积式水加热器的 $t_{mz} = 60~85℃$；导流型容积式水加热器、半容积式水加热器、半即热式水加热器的 $t_{mz} = 50~80℃$。

3）热媒为热力管网的热水时，热媒的计算温度应按热力管网供回水的最低温度计算，但热媒的初温与被加热水的终温的温度差不得小于 10℃。

（3）水加热器贮水容积的确定　由于供热量和耗热量之间存在差异，需要一定的贮热容积加以调节，而在实际工程中，有些理论资料又难以收集，因此一般用经验法确定贮水器容积，按式（3-11）计算。

$$V = \frac{TQ_h}{60(t_r - t_1)c_B} \tag{3-11}$$

式中　V——贮水器容积（L）；

　　　T——贮热时间（min），见表3-13；

　　　Q_h——热水供应系统设计小时耗热量（W）；

　　　c_B——水的比热容$[kJ/(kg \cdot ℃)]$，一般取$c_B = 4.19kJ/(kg \cdot ℃)$。

表 3-13　水加热设施的贮热量

加热设施	以蒸汽和95℃以上的热水为热媒		以小于或等于95℃的热水为热媒	
	工业企业淋浴室	其他建筑物	工业企业淋浴室	其他建筑物
内置加热盘管的加热水箱	$\geq 30min \cdot Q_h$	$\geq 45min \cdot Q_h$	$\geq 60min \cdot Q_h$	$\geq 90min \cdot Q_h$
导流型容积式水加热器	$\geq 20min \cdot Q_h$	$\geq 30min \cdot Q_h$	$\geq 30min \cdot Q_h$	$\geq 40min \cdot Q_h$
半容积式水加热器	$\geq 15min \cdot Q_h$	$\geq 15min \cdot Q_h$	$\geq 15min \cdot Q_h$	$\geq 20min \cdot Q_h$

注：1. 燃油（气）热水机组所配贮热水罐，其贮热量宜根据热媒供应情况，按导流型容积式水加热器或半容积式水加热器确定。

　　2. 表中Q_h为设计小时耗热量（kJ/h）。

按式（3-11）确定容积式水加热器或水箱容积后，有导流装置时，计算容积应附加10%~15%；当冷水下进上出时，容积宜附加20%~25%。

对小型建筑热水系统，水加热器贮水容积可直接查产品样本，样本中查出的加热设备发热量值应大于小时供热量，而小时供热量要比设计小时耗热量大10%~20%，这主要是考虑了热水供应系统自身的热损失。

3.4.5　管网的水力计算

热水管网的水力计算包括第一循环管网（即热媒管网）和第二循环管网（即热水配水管网）的水力计算。

1. 热水配水管网水力计算

热水配水管网水力计算的目的是确定管径和水头损失，计算的方法与室内给水系统管网的计算方法基本相同。其区别主要是因为热水管网内水温高，管内易结垢，粗糙系数增大，因而水头损失的计算公式不同。热水管网的水力计算可查热水管水力计算表，见表3-14。

当$DN = 15 \sim 20mm$时，管内的允许流速为小于或等于0.8m/s；当$DN = 25 \sim 40mm$时，管内的允许流速为小于或等于1.0m/s；当$DN \geq 50mm$时，管内的允许流速为小于或等于1.2m/s，对噪声要求严格的建筑物可取下限。

1）全日热水供应系统的热水循环流量应按式（3-12）计算。

$$q_x = \frac{Q_s}{c\rho_r \Delta t} \tag{3-12}$$

式中　q_x——全日热水供应系统的热水循环水量（L/h）；

　　　Q_s——配水管道热损失（kJ/h），经计算确定，单体建筑可取$Q_s = (3\% \sim 5\%)Q_h$，小区可取$Q_s = (4\% \sim 6\%)Q_h$；

　　　Δt——配水管道的热水温度差（℃），按系统大小确定，单体建筑可取$\Delta t = 5 \sim 10℃$，小区可取$\Delta t = 6 \sim 12℃$。

表3-14 热水管水力计算表（$t=60℃$　$\delta=1.0mm$）

流量 /(L/h)	/(L/s)	DN15 R	v	DN20 R	v	DN25 R	v	DN32 R	v	DN40 R	v	DN50 R	v	DN70 R	v	DN80 R	v	DN100 R	v
360	0.10	169	0.75	22.4	0.35	5.18	0.2	1.18	0.12	0.484	0.084	0.129	0.051	0.032	0.03	0.011	0.02	0.003	0.012
540	0.15	381	1.13	50.4	0.53	11.7	0.31	2.65	0.17	1.09	0.125	0.29	0.076	0.072	0.045	0.025	0.031	0.006	0.018
720	0.20	678	1.51	89.7	0.7	20.7	0.41	4.72	0.23	1.94	0.17	0.515	0.1	0.127	0.06	0.045	0.041	0.011	0.024
1080	0.30	1526	2.26	202	1.06	46.6	0.61	10.6	0.35	4.26	0.25	1.16	0.15	0.287	0.09	0.101	0.061	0.025	0.036
1440	0.40	2713	3.01	359	1.41	82.9	0.81	18.9	0.47	7.74	0.33	2.06	0.2	0.51	0.12	0.179	0.082	0.045	0.048
1800	0.50	4239	3.77	560	1.76	129	1.02	29.5	0.53	12.1	0.42	3.22	0.25	0.796	0.15	0.28	0.1	0.058	0.06
2160	0.60	—	—	807	2.21	186	1.22	42.5	0.7	17.4	0.5	4.64	0.31	1.15	0.18	0.403	0.12	0.098	0.072
2520	0.70	—	—	1099	2.47	254	1.43	57.8	0.82	23.7	0.59	6.31	0.36	1.56	0.21	0.549	0.14	0.133	0.084
2880	0.80	—	—	1435	2.53	332	1.63	75.5	0.93	31	0.67	8.24	0.41	2.04	0.24	0.717	0.16	0.174	0.096
3600	1.0	—	—	2242	2.82	518	2.04	118	1.17	48.4	0.84	12.9	0.51	3.18	0.3	1.12	0.2	0.272	0.12
4320	1.2	—	—	—	—	746	2.44	170	1.4	69.7	1.00	18.5	0.61	4.59	0.36	1.61	0.24	0.393	0.14
5040	1.4	—	—	—	—	1016	2.85	231	1.64	94.9	1.17	25.2	0.71	6.24	0.42	2.19	0.29	0.534	0.17
5760	1.6	—	—	—	—	1326	3.26	302	1.87	124	1.34	32.9	0.81	8.15	0.48	2.87	0.33	0.698	0.19
6480	1.8	—	—	—	—	—	—	382	2.1	157	1.51	41.7	0.92	10.3	0.54	3.63	0.37	0.883	0.22
7200	2.0	—	—	—	—	—	—	472	2.34	194	1.67	51.5	1.02	12.7	0.6	4.48	0.41	1.09	0.24
7920	2.2	—	—	—	—	—	—	520	2.45	213	1.71	56.8	1.07	14	0.63	4.94	0.43	1.2	0.25
8280	2.4	—	—	—	—	—	—	680	2.81	279	2.01	74.2	1.22	18.3	0.72	6.45	0.49	1.57	0.29
9360	2.6	—	—	—	—	—	—	798	3.04	327	2.18	87	1.32	21.5	0.78	7.57	0.53	1.84	0.31
10080	2.8	—	—	—	—	—	—	925	3.27	379	2.34	101	1.43	25	0.84	8.78	0.57	2.14	0.34
10800	3.0	—	—	—	—	—	—	—	—	436	2.56	116	1.53	28.7	0.9	10.1	0.61	2.45	0.36
11520	3.2	—	—	—	—	—	—	—	—	496	2.68	132	1.63	32.6	0.96	11.5	0.65	2.79	0.38
12240	3.4	—	—	—	—	—	—	—	—	559	2.85	149	1.73	36.8	1.02	13	0.69	3.15	0.41
12960	3.6	—	—	—	—	—	—	—	—	627	3.01	167	1.83	41.3	1.08	14.5	0.73	3.53	0.43
13680	3.8	—	—	—	—	—	—	—	—	736	3.26	196	1.99	48.4	1.17	17	0.8	4.15	0.47
14400	4.0	—	—	—	—	—	—	—	—	774	3.35	206	2.04	50.9	1.2	17.9	0.82	4.36	0.48
15120	4.2	—	—	—	—	—	—	—	—	—	—	227	2.14	56.2	1.26	19.8	0.87	4.81	0.5
15840	4.4	—	—	—	—	—	—	—	—	—	—	250	2.24	61.7	1.33	21.7	0.9	5.28	0.53
16560	4.6	—	—	—	—	—	—	—	—	—	—	273	2.34	67.4	1.38	23.7	0.94	5.97	0.55
17280	4.8	—	—	—	—	—	—	—	—	—	—	297	2.44	73.4	1.44	25.8	0.98	6.28	0.58
18000	5.0	—	—	—	—	—	—	—	—	—	—	322	2.55	79.6	1.51	28	1.02	6.81	0.6
18720	5.2	—	—	—	—	—	—	—	—	—	—	348	2.65	86.1	1.57	30.3	1.06	7.37	0.62
19440	5.4	—	—	—	—	—	—	—	—	—	—	376	2.75	92.9	1.63	32.7	1.1	7.95	0.65
20160	5.6	—	—	—	—	—	—	—	—	—	—	404	2.85	99.9	1.69	35.1	1.14	8.55	0.67
20880	5.8	—	—	—	—	—	—	—	—	—	—	434	2.95	107	1.75	37.7	1.18	9.17	0.7
21600	6.0	—	—	—	—	—	—	—	—	—	—	464	3.06	115	1.81	40.3	1.22	9.81	0.72
22320	6.2	—	—	—	—	—	—	—	—	—	—	495	3.16	122	1.87	43	1.26	10.5	0.74
23040	6.4	—	—	—	—	—	—	—	—	—	—	528	3.26	130	1.93	45.9	1.3	11.2	0.77
24480	6.8	—	—	—	—	—	—	—	—	—	—	596	3.46	147	2.05	51.8	1.39	12.6	0.82

（续）

流量		DN15		DN20		DN25		DN32		DN40		DN50		DN70		DN80		DN100	
/(L/h)	/(L/s)	R	v	R	v	R	v	R	v	R	v	R	v	R	v	R	v	R	v
25200	7.0	—	—	—	—	—	—	—	—	—	—	632	3.56	156	2.11	54.9	1.43	13.4	0.84
25920	7.2													165	2.17	58.1	1.47	14.1	0.86
26640	7.4									—	—	—	—	174	2.23	61.3	1.51	14.9	0.89
27360	7.6													184	2.29	64.7	1.55	15.7	0.91
28080	7.8													194	2.35	68.1	1.59	16.6	0.94
28800	8.0													204	2.41	71.7	1.63	17.5	0.96
29520	8.2	—	—	—	—	—	—	—	—	—	—	—	—	214	2.47	75.3	1.67	18.3	0.98

注：R—单位管长水头损失（mmH_2O/m）；v—流速（m/s）。

定时热水供应系统的热水循环流量可按循环管网中的水每小时循环 2～4 次计算。

热水供应系统中，锅炉或水加热器的出水温度与配水点的最低水温的温度差，单体建筑不得大于 10℃，小区建筑不得大于 12℃。

2）机械循环的热水供应系统，其循环水泵的确定应遵守下列规定。

① 水泵的出水量应为循环流量。

② 水泵的扬程应按式（3-13）计算。

$$H_b = h_p + h_x \qquad (3\text{-}13)$$

式中　H_b——循环水泵的扬程（kPa）；

h_p——循环水量通过配水管网的水头损失（kPa）；

h_x——循环水量通过回水管网的水头损失（kPa）。

注意：当采用半即热式水加热器或快速水加热器时，水泵扬程尚应计算水加热器的水头损失。

③ 循环水泵应选用热水泵，水泵壳体承受的工作压力不得小于其所承受的静水压力加水泵扬程。

④ 循环水泵宜设备用泵，交替运行。

⑤ 全日热水供应系统的循环水泵应由泵前回水管的温度控制开停。

3）第一循环管的自然压力值，应按式（3-14）计算。

$$H_{xr} = 10\Delta h(\rho_1 - \rho_2) \qquad (3\text{-}14)$$

式中　H_{xr}——第一循环管的自然压力值（Pa）；

Δh——锅炉或水加热器的中心与贮水器中心的标高差（m）；

ρ_1——贮水器回水的密度（kg/m^3）；

ρ_2——锅炉或水加热器出水的密度（kg/m^3）。

2. 热媒管网的水力计算

（1）热媒为热水　根据已经算出的热媒耗量、热媒在供水管和回水管中的控制流速 v（$v \leqslant 1.2m/s$）、每 m 管长的沿程水头损失的控制范围 R（$R = 5 \sim 10 mmH_2O/m$），由热媒管道水力计算表查出供水管和回水管管径和单位管长的沿程压力损失，再计算总压力损失。

（2）热媒为高压蒸汽

1）蒸汽管和凝结水管的水力计算。根据不同加压方式计算出的热媒耗量、蒸汽管道的允许流速（见表3-15）和相应的比压降，查蒸汽管道管径计算表确定蒸汽管和凝结水管的管径和压力损失。

表3-15 高压蒸汽管道常用流速

管径/mm	15 ~ 20	25 ~ 32	40	50 ~ 80	100 ~ 150	≥200
流速/(m/s)	10 ~ 15	15 ~ 20	20 ~ 25	25 ~ 35	30 ~ 40	40 ~ 60

2）余压凝结水管的水力计算。凝结水利用通过疏水器后的余压输送到凝结水箱，先计算出余压凝结水管段的计算热量 Q_j，根据 Q_j 查余压凝结水管管径选择表确定其管径。Q_j 按式（3-15）计算。

$$Q_j = 1.25Q_h \tag{3-15}$$

式中 Q_j——余压凝结水管段的计算热量（W）；

Q_h——设计小时耗热量（W）。

当加热器至疏水器之间的管段中为汽水混合的两相流动时，其管径按通过的设计小时耗热量查表3-16确定。

表3-16 由加热器至疏水器间不同管径通过的设计小时耗热量

DN/mm	15	20	25	32	40	50	70	80	100	125	150
设计小时耗热量/W	33494	108857	167472	355300	460548	887602	2101774	3089232	4814820	7871184	17835768

课题5 太阳能热水器

随着世界性的能源短缺和环境污染日益严重，太阳能作为一种取之不尽、用之不竭且无污染的能源越来越受到人们的重视。利用太阳能作为热源制备生活热水，既节约能源又保护环境。太阳能热水器具有结构简单、维护方便、使用安全、费用低廉等诸多优点。

3.5.1 太阳能热水器的工作原理

太阳能热水器系统可分为非循环系统、自然循环系统、强制循环系统。一般家用热水器、集热面积小于$30m^2$的热水供应系统采用自然循环系统；集热面积大于或等于$30m^2$的热水供应系统采用强制循环系统或非循环系统（直流定温放水）。强制循环系统的循环水泵流量可取 $Q = 1 \sim 2L/(min \cdot m^2)$，扬程应足以克服管道的摩擦阻力，一般取 $H = 2 \sim 5m$。

集热器是太阳能热水器的核心部分，由真空集热管和反射板构成，目前采用双层高硼硅真空集热管为集热元件，优质进口镜面不锈钢板作为反射板，使太阳能的吸收率高达92%以上，同时具有一定的抗冰雹冲击的能力，使用寿命可达15年以上。

贮热水箱是太阳能热水器的重要组件，其构造同热水系统的热水箱。贮热水箱的容积按每平方米集热器采光面积配置，热水箱的容积量按下列规定计算：集中使用热水时为100L，非集中使用热水时为 65L，定时使用热水时为 50~65L。

1）设计自然循环系统时应注意如下事项。

① 贮热水箱底须高于集热器顶部 0.2~0.5m，且二者尽量靠近。

② 集热器与贮热水箱连接的上、下循环水平管段应有沿水流方向 $i \geqslant 0.01$ 的向上坡度，严禁反坡。

③ 多台集热器连接在一起时，循环管应对称布置，以防循环短路和滞流。

④ 上循环管在贮热水箱的入口位置应低于水箱水面。

⑤ 集热器应并联，不得串联。

⑥ 应尽量减少管长和弯头数量，采用大曲率光滑弯头和顺流三通，管路上不宜设阀门，以减少循环压力损失。

2）太阳能热水器的设计参数应满足以下要求。

① 当全年使用时，平均日产 40~65℃ 热水量 $Q_W = 40 \sim 60 L/[d \cdot m^2（采光面积）]$；集热器应尽量朝正南方位布置；与地面倾角 $\alpha = \varphi + (5° \sim 10°)$（$\varphi$ 为当地纬度）。

② 集热器管路系统要考虑溢流、排气和泄水，循环管路的最高处设自动排气阀，最低处设泄水阀。

③ 集热器与建筑物须有可靠连接，设在屋面上时应向结构专业技术人员提供其荷载要求。

3.5.2 太阳能热水器的构造

太阳能热水器主要由集热器、贮热水箱、支架、循环管、给水管、热水管、泄水管等组成，如图3-23所示。

太阳能热水器常布置在平屋顶上（图3-24）或顶层阁楼上，倾角合适时也可设在坡屋顶上。对于家庭用太阳能热水器，也可利用向阳晒台栏杆和墙面布置（图3-25）。

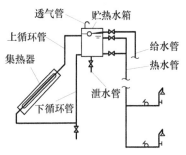

图 3-23 太阳能热水器的组成
（自然循环直接加热）

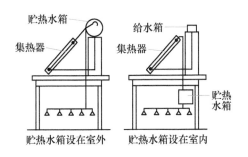

图 3-24 太阳能热水器布置在平屋顶上

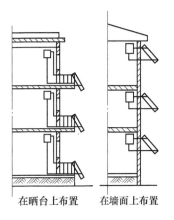

图 3-25 在晒台和墙面上布置

德 育 建 议

针对热能的利用，可以融入绿色能源与可持续发展理念，培养学生的节能意识。本单元涉及的很多概念、定律的发现，都源于生产和生活实际，教学过程中可以提醒学生在学习专业知识的同时，多联系实际的生活和生产过程，学会利用理论知识解释生活中的现象。由热水系统设计、控制问题，引出生态文明建设的重要性，强调工业废液及废热的处理，在工程设计中考虑环境、生态及安全等因素的影响。

复习思考题

1. 热水供应系统的水温和水量如何确定？
2. 热水供应系统有何特点？
3. 热水配水管网水力计算的方法与室内给水系统水力计算方法有何异同？
4. 热水管道热损失怎样计算？
5. 怎样计算各管段循环流量？
6. 如何确定凝结水管管径？
7. 如何确定循环水泵的扬程和流量？
8. 太阳能热水器的工作原理是什么？
9. 高层建筑热水供应系统有何特点？
10. 常用热水供应系统有哪几种？

单元4 建筑给水系统安装与验收

课题1 建筑给水工程施工图

建筑给水（排水）工程施工图分为建筑内部、建筑小区（庭院小区、厂区）两个部分，涉及的专业内容有室内给水系统、消防给水系统、热水供应系统和小区给水（排水）管网工程。

4.1.1 给水（排水）施工图的一般规定

给水（排水）施工图应符合《建筑给水排水制图标准》（GB/T 50106—2010）的规定。

1. 比例

给水（排水）施工图选用的比例，宜符合表4-1的规定。

2. 标高

1）给水（排水）施工图中标高以 m 为单位，一般注写到小数点后第2位。

表4-1 给水（排水）施工图选用的比例

名称	比例	备注
建筑给水排水平面图	1:200、1:150、1:100	宜与建筑专业一致
建筑给水排水轴测图	1:150、1:100、1:50	宜与相应图纸一致
详图	1:50、1:30、1:20、1:10 1:5、1:2、1:1、2:1	—
水处理构筑物、设备间、卫生间、泵房平、剖面图	1:100、1:50、1:40、1:30	—

2）沟渠、管道应标注起点、转角点、连接点、变坡点和交叉点的标高；沟渠宜标注沟内底标高；压力管道宜标注管中心标高；重力管道（排水管道）宜标管内底标高；必要时，室内架空敷设重力管道可标注管中心标高，但在图中应加以说明。

3）室内管道应标注相对标高，室外管道宜标注绝对标高；当无绝对标高资料时，可标相对标高，但应与各专业中的标高相一致。

4）管道标高在平面图、系统图中的标注如图4-1所示，在剖面图中的标注如图4-2所示。

3. 管径

1）管径尺寸以 mm 为单位。

2）管径表示方法：水煤气输送钢管（镀锌或非镀锌）、铸钢管管径以公称直径 *DN* 表示，如 *DN*15、*DN*50 等；无缝钢管、焊接钢管（直缝或螺旋缝）、钢管、不锈钢管等管材，管径以外径×壁厚表示，如 *D*108×4、*D*159×4.5 等；钢筋混凝土（或混凝土）管、陶土管、耐酸陶瓷管、缸瓦管等管材，管径以内径 *d* 表示，如 *d*230、*d*380 等；塑料管材的管径

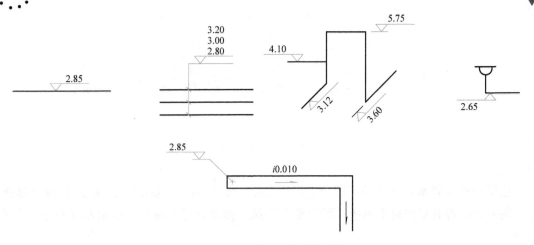

图4-1　平面图、系统图中管道标高标注方法

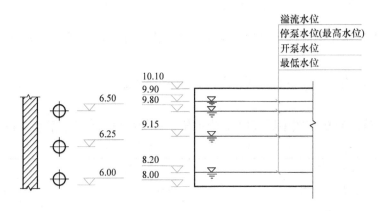

图4-2　剖面图中管道及水位标高标注方法

按产品标注的方法表示；铜管、薄壁不锈钢管等管材，管径宜以公称外径 D_w 表示；建筑给水排水塑料管材，管径宜以公称外径 d_n 表示；钢筋混凝土（或混凝土）管，管径宜以内径 d 表示；当设计中均采用公称直径 DN 表示管径时，应有公称直径 DN 与相应产品规格对照表。管径的标注方法如图4-3所示。

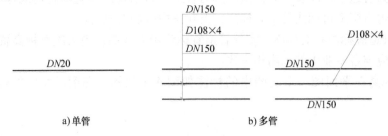

a)单管　　　　　　　　　　　　b)多管

图4-3　管径的标注方法

4. 编号

1）为便于使平面图与轴测图对照，管道应按系统加以标记和编号。给水系统以每一条引入管为一个系统；排水系统以每一条排出管或几条排出管汇集至室外检查井为一个系统。当建筑物的给水引入管或排水排出管的数量超过1根时，宜进行编号。

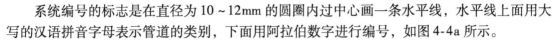

系统编号的标志是在直径为 10~12mm 的圆圈内过中心画一条水平线，水平线上面用大写的汉语拼音字母表示管道的类别，下面用阿拉伯数字进行编号，如图 4-4a 所示。

2）给水（排水）立管在平面图上一般用小圆圈表示，建筑物内穿越的立管，其数量超过 1 根时，宜进行编号。标注方法是"管道类别代号 – 编号"，如 3 号给水立管标记为 JL – 3，2 号排水立管标记为 PL – 2，如图 4-4b 所示。

3）给水（排水）附属构筑物（如阀门井、水表井、检查井、化粪池）多于 1 个时，应进行编号，方法为构筑物代号后加阿拉伯数字，即"构筑物代号 – 编号"。

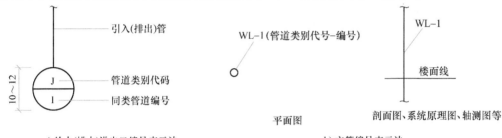

a) 给水(排水)进出口编号表示法　　　　　　　　　b) 立管编号表示法

图 4-4　管道编号表示法

5. 给水施工图常用图例

表 4-2 中列出了给水施工图的常用图例。

表 4-2　给水施工图常用图例

序号	名称	图例	备注
一、管道			
1	生活给水管	—— J ——	
2	热水给水管	—— RJ ——	
3	热水回水管	——RH ——	
4	中水给水管	—— ZJ ——	
5	循环冷却给水管	—— XJ ——	
6	循环冷却回水管	—— XH ——	
7	热媒给水管	——RM ——	
8	热媒回水管	——RMH ——	
9	蒸汽管	—— Z ——	
10	凝结水管	—— N ——	
11	膨胀管	—— PZ ——	
12	保温管	∿∿∿∿	也可用文字说明保温范围
13	多孔管		
14	地沟管		
15	防护套管		
16	管道立管	XL-1　　XL-1 平面　　系统	X 为管道类别，L 为立管，1 为编号

（续）

序号	名称	图例	备注
一、管道			
17	伴热管		
18	空调凝结水管	——KN——	
二、管道附件			
1	管道伸缩器		
2	方形伸缩器		
3	刚性防水套管		
4	柔性防水套管		
5	波纹管		
6	可曲挠橡胶接头	单球 双球	
7	管道固定支架		
8	挡墩		
9	减压孔板		
10	Y型除污器		
11	毛发聚集器	平面 系统	
12	倒流防止器		
13	吸气阀		
14	真空破坏器		
15	防虫网罩		
16	金属软管		
三、管道连接			
1	法兰连接		
2	承插连接		
3	活接头		
4	管堵		
5	法兰堵盖		
6	盲板		

（续）

序号	名称	图例	备注
三、管道连接			
7	弯折管	高　低　低　高	
8	管道丁字上接	高 低	
9	管道丁字下接	高 低	
10	管道交叉	低 高	在下方和后面的管道应断开
四、阀门			
1	闸阀		
2	角阀		
3	三通阀		
4	四通阀		
5	截止阀		
6	蝶阀		
7	电动阀		
8	液动阀		
9	气动阀		
10	电动蝶阀		
11	液动蝶阀		
12	气动蝶阀		
13	减压阀		左侧为高压端
14	旋塞阀	平面　系统	
15	底阀		
16	球阀		
17	隔膜阀		

（续）

序号	名称	图例	备注
四、阀门			
18	气开隔膜阀		
19	气闭隔膜阀		
20	电动隔膜阀		
21	温度调节阀		
22	压力调节阀		
23	电磁阀		
24	止回阀		
25	消声止回阀		
26	持压阀		
27	泄压阀		
28	弹簧安全阀		左侧为通用
29	平衡锤安全阀		
30	自动排气阀	平面　　系统	
31	浮球阀	平面　　　系统	
32	水力液位控制阀	平面　　　系统	
33	延时自闭冲洗阀		

（续）

序号	名称	图例	备注
四、阀门				
34	感应式冲洗阀		
35	吸水喇叭口	平面　　　系统	
36	疏水器		
五、给水配件				
1	水嘴	平面　　　系统	
2	皮带水嘴	平面　　　系统	
3	洒水（栓）水嘴		
4	化验水嘴		
5	肘式水嘴		
6	脚踏开关水嘴		
7	混合水水嘴		
8	旋转水水嘴		
9	浴盆带喷头混合水水嘴		
10	蹲便器脚踏开关		
六、消防设施				
1	消火栓给水管	——XH——	
2	自动喷水灭火给水管	——ZP——	
3	雨淋灭火给水管	——YL——	
4	水幕灭火给水管	——SM——	
5	水炮灭火给水管	——SP——	
6	室外消火栓		

（续）

序号	名称	图例	备注
六、消防设施			
7	室内消火栓（单口）	平面　　　系统	白色为开启面
8	室内消火栓（双口）	平面　　　系统	
9	水泵接合器		
10	自动喷洒头（开式）	平面　　　系统	
11	自动喷洒头（闭式）	平面　　　系统	下喷
12		平面　　　系统	上喷
13		平面　　　系统	上下喷
14	侧墙式自动喷洒头	平面　　　系统	
15	水喷雾喷头	平面　　系统	
16	直立型水幕喷头	平面　　系统	
17	下垂型水幕喷头	平面　　系统	
18	干式报警阀	平面　　系统	
19	湿式报警阀	平面　　系统	
20	预作用报警阀	平面　　系统	
21	雨淋阀	平面　　系统	

（续）

序号	名称	图例	备注
六、消防设施			
22	信号闸阀		
23	信号蝶阀		
24	消防炮	平面　　系统	
25	水流指示器		
26	水力警铃		
27	末端试水装置	平面　　系统	
28	手提式灭火器		
29	推车式灭火器		
七、管件			
1	偏心异径管		
2	同心异径管		
3	乙字管		
4	喇叭口		
5	转动接头		
6	S型存水弯		
7	P型存水弯		
8	90°弯头		
9	正三通		
10	TY三通		
11	斜三通		

（续）

序号	名称	图例	备注
七、管件			
12	正四通		
13	斜四通		
14	浴盆排水管		
八、仪表			
1	温度计		
2	压力表		
3	自动记录压力表		
4	压力控制器		
5	水表		
6	自动记录流量表		
7	转子流量计	平面　　系统	
8	真空表		

4.1.2　给水（排水）施工图的组成及内容

1. 管道施工图

管道施工图的一般组成及内容如下。

（1）首页　首页一般由图纸目录、设计与施工总说明两部分内容组成。

图纸目录是将全部施工图按其编号（设施-x）、图名顺序填入图纸目录表格，同时在表头上标明建设单位、工程项目、分部工程名称、设计日期等。其作用是核对图纸数量，便于识图时查找。

设计与施工总说明包括一般用文字（图文）表明的工程概况（建筑类型、建筑面积、介质的种类及设计参数、系统阻力等）；设计中用图形无法表示的一些设计要求（管道材料、防腐及涂色、保温材料及厚度、管道及设备的试压要求、管道的清洗要求、设备类型、材料厂家等的特殊要求）；施工中应遵循和采用的规范、标准图号；应特别注意的事宜等。

（2）平面图　平面图是在水平剖切后，自上而下垂直俯视的可见图形，又称俯视图。平面图是最基本的施工图样，其主要作用是确定设备及管道的平面位置，为设备、管道安装定位。平面图中的定位方法有以下几种。

1）坐标定位。这种方法多用于室外管网总平面图。在图形中，室外管网涉及范围内的庭院（厂区）平面以纵横坐标方格网绘制，均用 X、Y 轴坐标标注。识图及施工时，必须将坐标换算为施工尺寸数值。

2）建筑轴线定位。这种方法是用建筑的某一轴线表明管道和设备的安装平面位置。

3）尺寸定位。尺寸定位多用于设备安装的平面定位。

4）图形定位。对于施工规范、操作规程已明确的常规安装方法，多用图形定位，如成排安装的大便器、盥洗槽、水龙头等。

平面图没有高度的意义。管道和设备的安装高度问题必须借助其他类型的图样（如剖面图、系统图等）予以辅助确定。

（3）剖面图　给水（排水）工程施工图中，剖面图多用于室外管道工程。剖面图是在某一部位垂直剖切后，沿剖切视向的可见图形。其主要作用在于表明设备和管道的立面形状与安装高度，以及立面设备与设备、管道与设备、管道与管道之间的布置与连接关系。

（4）系统图（轴测图）　系统图用来反映管道及设备的空间位置关系，包括管道系统的平、立面布局及其与设备的具体连接关系，设备的类型、数量等，通过系统图可以了解工程的全貌。

系统图可用正等轴测投影法或斜轴测投影法绘制。

（5）节点图与大样图

1）节点图。节点图又称节点详图。当工程中的某一关键部位或连接构造较复杂，在小比例的平面图及系统图中无法清楚表达时，可单独编号绘出节点图，以便清楚地表达设计意图，正确指导施工。

2）大样图。对设计采用的某些非标准化的加工件（如管件、零部件、非标准设备等），应绘出加工件的大样图。大样图应用较大比例（如 1:5、1:10、1:1 等）绘制，以满足加工、装配、安装的实际要求。

节点图、大样图在给水（排水）工程中经常使用，成为平面图、剖面图、系统图等施工图样重要的辅助性图样。

（6）施工说明与设备材料明细表　施工说明与设备材料明细表是文图类型的图样，是施工图的重要组成部分，应反复阅读、对照，并严格执行。

（7）标准图　标准图又称通用图，是统一施工安装技术要求，具有一定法令性的图样，设计时不需要重复制图，只需要选出标准图号即可。施工中应严格按照指定图号的图样进行施工安装。

标准图可采用三视图或二视图（如卫生器具的安装等）、轴测投影图、剖面图等图形类型绘制，可按比例或不按比例绘制。

2. 室内给水施工图

室内给水施工图一般由设计施工说明、平面图、系统图、大样图与节点图等几部分组成。

（1）设计施工说明 设计施工说明主要阐述的内容有给水系统采用的管材及连接方法、消防设备的选型、阀门型号、系统防腐保温做法、系统试压的要求及未说明的各项施工要求。实际工程中应视具体情况，以能交待清楚设计意图为原则。

（2）平面图 平面图的主要内容有：建筑平面的形式；各用水设备的平面位置和类型；给水系统的入口位置、编号、地沟位置及尺寸；干管走向、立管及其编号；横支管走向、位置及管道安装方式（明装或暗装）等。

平面图一般有2~3张，分别是地下室或底层平面图、标准层平面图和顶层平面图。

（3）系统图 系统图的主要内容有：各系统、立管、用水设备的编号；管道的走向及其与设备的位置关系；管道及设备的标高；管道的管径、坡度；阀门种类及位置等。

系统图一般有1~2张，较大系统的系统图可能超过2张，较小系统可将所有内容绘制在同一张图样上。

（4）大样图与节点图 大样图与节点图可由设计人员在图纸上绘出，也可能引自有关安装图集。其内容应反映工程实际情况。

3. 室外（庭院小区、厂区）给水施工图

室外给水施工图一般由平面图、剖面图、大样图与节点图等组成。

（1）平面图 平面图的主要内容有：小区建筑总平面情况，包括建筑物、构筑物和道路的位置，室外地形标高，等高线的分布，建筑标高及建筑物底层室内地面标高等；市政给水干管的平面位置；小区给水管道的平面位置、走向、管径、标高、管线长度；小区给水管道附件（如室外消火栓、水表、阀门）及相关的井室构筑物的布置、编号等。

（2）剖面图 剖面图有纵剖面图（沿室外给水管道纵向剖开）和横剖面图（沿室外给水管道横向剖开）。剖面图中应反映出地面标高、管顶标高；给水管道若采用地沟敷设，则应反映沟顶与沟底标高、给水管与其他管道及地沟四周的距离；管径、管线长度、坡度；构筑物编号等。

（3）大样图与节点图 室外给水施工大样图和节点图主要反映各井室构筑物的构造、管道附件的做法、支管与干管的连接方法等。

4.1.3 给水施工图的识读

1. 室内给水施工图的识读

识读室内给水施工图时，首先对照图样目录核对整套图样是否完整、各张图样的图名是否与图样目录所列的图名相吻合，在确认无误后再正式识读。

识读时必须分清系统，各系统不能混读。将平面图与系统图对照起来看，以便相互补充和说明，建立全面、完整、细致的工程形象，以全面地掌握设计意图。对某些卫生器具或用水设备的安装尺寸、要求、接管方式等不了解时，还必须辅以相应的安装详图。

识读的方法是以系统为单位，给水应按水流方向先找系统的入口，按总管及入口装置、干管、支管到用水设备或卫生器具的进水接口的顺序识读。

【例 4-1】　图 4-5 ~ 图 4-8 为某三层办公楼给水排水施工图，识读其给水施工图部分。

设计施工说明

1）室外给水管接入部分，由建设单位（甲方）自行考虑接入。

2）系统给水管采用 UPVC 管，黏接连接，埋地部分采用给水铸铁管，承插连接；热水管采用热镀锌钢管，螺纹连接；消防给水管采用热镀锌钢管，$DN \leqslant 100mm$ 时为螺纹连接，$DN > 100mm$ 时为法兰连接。

3）室内消防系统采用 SG18/S50 型消防箱，内配 SN50 型消火栓、消防按钮各一个，25m 衬胶水龙带一条；消火栓中心距地面 1.10m。

4）管道穿楼板应设套管。卫生间套管顶应高出装饰地面 50mm，其他房间套管顶应高出装饰地面 20mm。

5）卫生器具的安装详见《卫生设备安装》（09S304）。

6）给水、消防及热水系统管道安装完毕后应做水压试验，试验压力为 0.6MPa。给水系统应做消毒冲洗，水质符合卫生标准；消防系统安装完毕后做试射试验；排水系统做通球和灌水试验。

7）热水采用蒸汽间接加热方式，在卧式贮水罐内加热。

8）管道均明装，埋地部分管道刷石油热沥青 2 道（塑料管道除外）。

9）其余未说明事宜按《建筑给水排水及采暖工程施工质量验收规范》（GB 50242—2002）执行。

图 4-5　某三层办公楼给水排水施工图设计施工说明

【解】　（1）室内给水平面图的识读　从图 4-6 中可以看出，卫生间在建筑的Ⓐ~Ⓑ轴线和⑧~⑨轴线处，位于建筑物的南面，其西侧为楼梯间，北侧为走廊，卫生间和楼梯间的进深均为 6m，开间均为 3.6m。

底层浴室内设有 4 组淋浴器，淋浴器沿轴线⑧布置，淋浴器的间距为 1000mm，在淋浴器北侧设有一个贮水罐，罐的中心线距轴线Ⓑ为 1200mm，在靠近轴线Ⓐ外墙处设有地漏和洗脸盆各一个，洗脸盆的中心距轴线⑨为 900mm。

二层和三层卫生间的布置相同，男厕所内沿轴线⑧设有污水池一个、高水箱蹲便器两套。污水池中心距轴线Ⓐ为 700mm，与大便器中心距为 900mm。沿轴线⑨墙面设有两个挂式小便器，小便器中心距轴线Ⓐ及小便器中心线之间的距离分别为 700mm 和 900mm。女厕所内设有高位水箱蹲式大便器和洗脸盆各一套。大便器中心距隔墙中心线为 600mm，与洗脸盆中心间距为 900mm。另外，男、女厕所各有地漏一个。

各层消火栓上下对应，均设于楼梯内，其编号为 H1、H2 和 H3。

给水系统入口自建筑物南面引入，分别供给生活给水及消防给水。

（2）室内给水系统图的识读　从图 4-7 中看出该给水系统为生活消防给水。干管位于建筑物 ±0.000 以下，属下行上给式系统。系统编号为 $\frac{J}{1}$，引入管管径为 $DN80$，埋深为 -0.8m。

引入管进入室内后分成两路，一路由南向北沿轴线接消防立管 XL-1，干管管径为 $DN80$，标高为 -0.45m；另一路由西向东沿轴线接给水立管 JL-1，干管管径为 $DN50$，标高为 -0.50m。

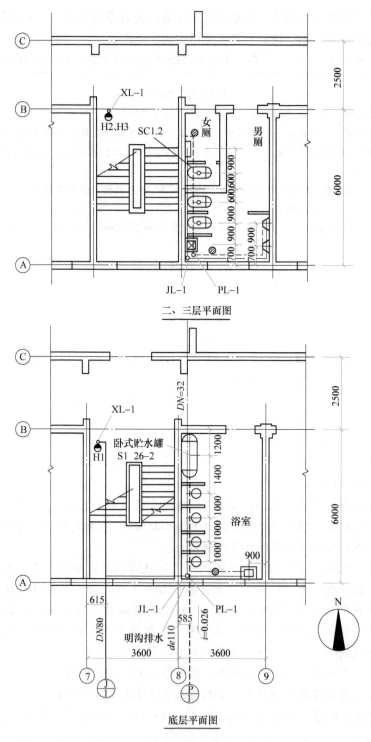

图4-6 某三层办公楼给水排水平面图

结合图4-6和图4-8可以看出，立管JL-1设在轴线Ⓐ与轴线⑧相交的墙角处，自底层 -0.50~7.90m。该立管在底层分为两路供水，一路由南向北沿轴线⑧墙面明装，管径为

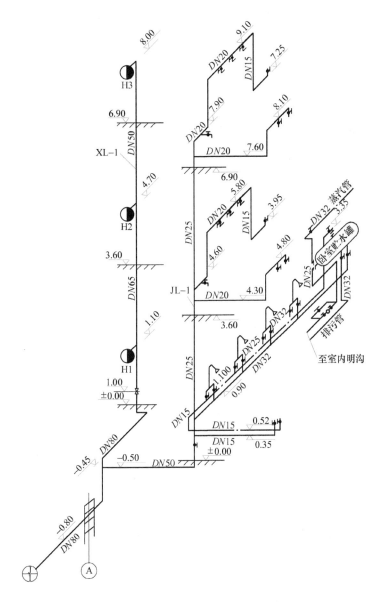

图 4-7 某三层办公楼给水及热水系统图

DN32，标高为 0.90m，经 4 组淋浴器后与贮水罐底部的进水管相接；另一路由西向东沿轴线Ⓐ墙面明装向洗脸盆供水，管径为 DN15，标高为 0.35m。JL－1 立管在二楼卫生间内也分两路供水，一路由西向东，管径为 DN20，标高为 4.30m，至轴线⑨上翻到标高 4.8m 转弯向北，为两个小便器供水；另一路由南向北沿墙面明装，标高为 4.60m，管径为 DN20，接水龙头为污水池供水，然后上翻至标高 5.8m，为蹲便器高水箱供水，再返下至标高 3.95m，管径变为 DN15，为洗脸盆供水。三楼给水管道的走向、管径、器具设置与二楼相同。

消防立管 XL－1 设于轴线Ⓑ与轴线⑦相交的墙角处，管径为 DN65。在标高 1.00m 处设闸阀一个，并在每层距地面 1.10m 处设置消火栓，其编号分别为 H1、H2、H3。

（3）室内热水平面图和系统图的识读 由图 4-6 和图 4-7 可以看出本工程的热水是在

贮水罐中间接加热的。贮水罐上有5路管线与之连接。罐端部的上口是 DN32 蒸汽管进口；下口是 DN25 凝水管出口；罐底是 DN32 冷水管进口及 DN32 排污管至室内地面排水明沟；罐顶部是 DN32 热水管出口。

热水管（用点画线表示）从罐顶接出，至标高 3.35m 转弯向南。加设截止阀后转弯向下，至标高 1.10m 再水平自北向南，沿墙布置，为4组淋浴器供应热水，并继续向前至轴线 Ⓐ 内墙面下拐至标高 0.52m，然后转弯向东为洗脸盆供应热水。热水管的管径从罐顶出来至前两组淋浴器为 DN32，后2组淋浴器热水干管管径为 DN25，至洗脸盆的一段管径为 DN15。

【例4-2】 识读某高层建筑给水排水施工图（图4-9～图4-12）给水施工图部分。

【解】 该大厦为超高层建筑（高度超过100m），地下有2层，地上有50层，建筑高度为163.1m。

给水系统采用竖向分区并联给水方式，各区供水方式结合大楼实际情况采用不同的形式，如图4-9所示，主要保证大楼供水安全、经济。

消防给水系统采用并联供水结合减压的给水方式，节约建筑面积，减少控制环节，提高给水安全性，并且消火栓均带自救式水喉。自动喷水灭火系统采用双立管环网供水，满足了安全性及消防部门的要求。为使各层喷水强度控制在规范规定范围内，上下不超过设计值的20%，采用竖向分区。裙房部分面积较大，水平方向采用环网布置，如图4-9和图4-10所示。

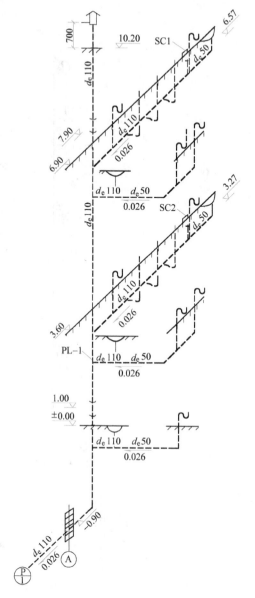

图4-8 某三层办公楼排水系统图

热水供应系统的分区与给水系统相同，热媒为蒸汽，换热器分设于地下1层及30层。

2. 室外给水施工图的识读

【例4-3】 识读某厂区室外给水排水施工图（图4-13）。

【解】 由给水排水管道总平面图中可以看出整个小区的建筑情况：有5个车间，1个锅炉房。地形由东南方向至西北方向逐渐变低。管线构筑物有水表井、检查井、排污降温池。

城市给水干管位于厂区的南侧，总给水管由城市给水干管接出，经水表井，沿给水管道（用实线绘制）分配至各车间及锅炉房，其各管段的管径已标在总平面图上。

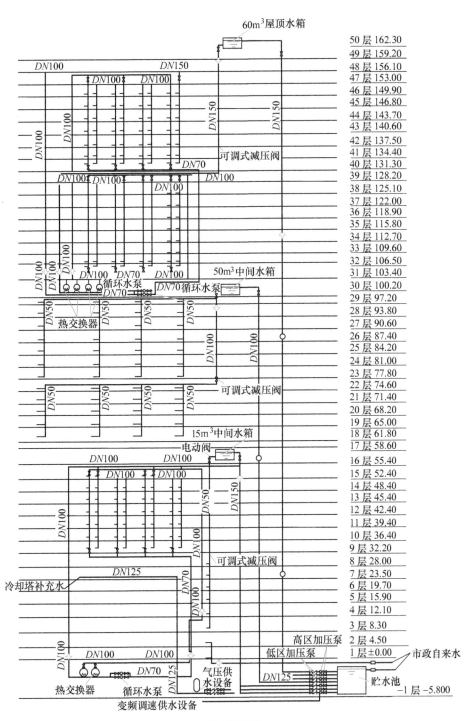

图4-9　某高层建筑给水系统图

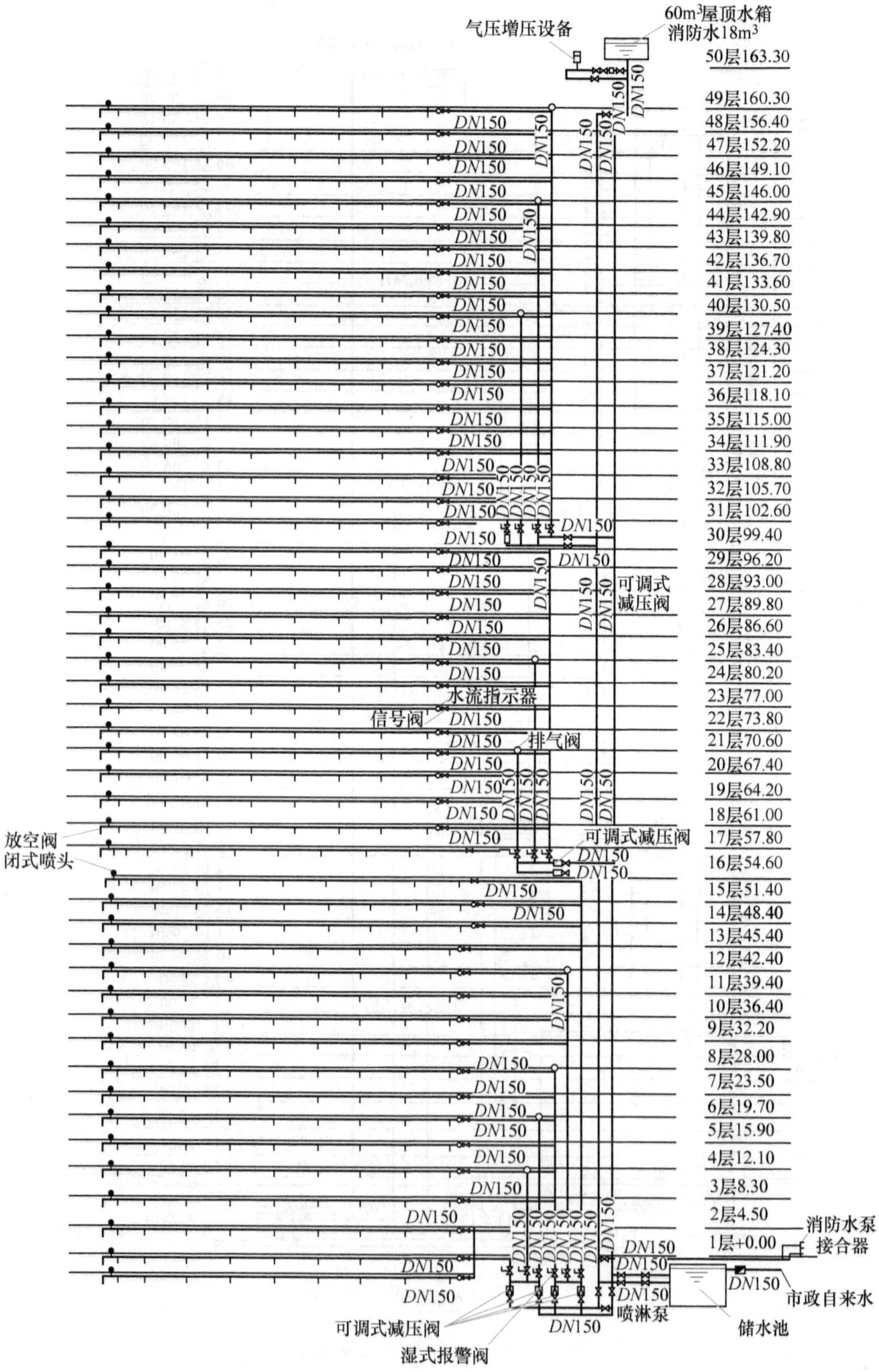

图 4-10　某高层建筑消防系统图

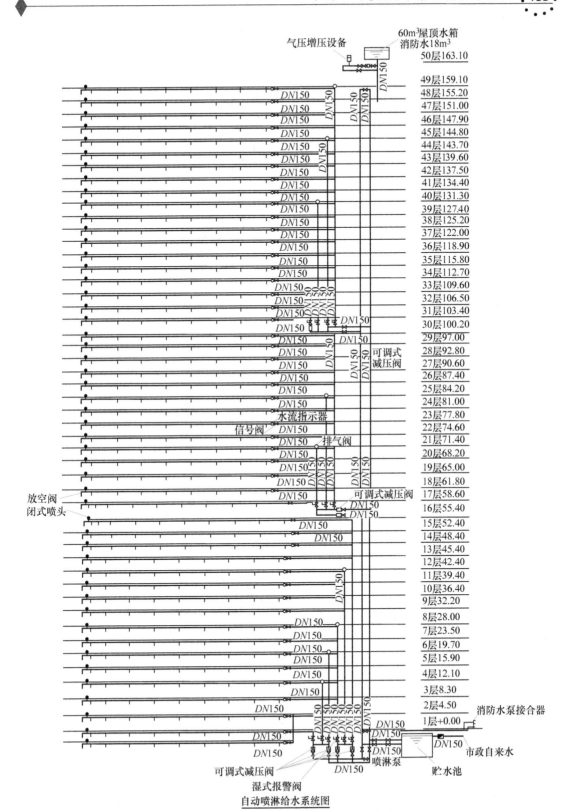

图 4-11　某高层建筑自动喷淋给水系统图

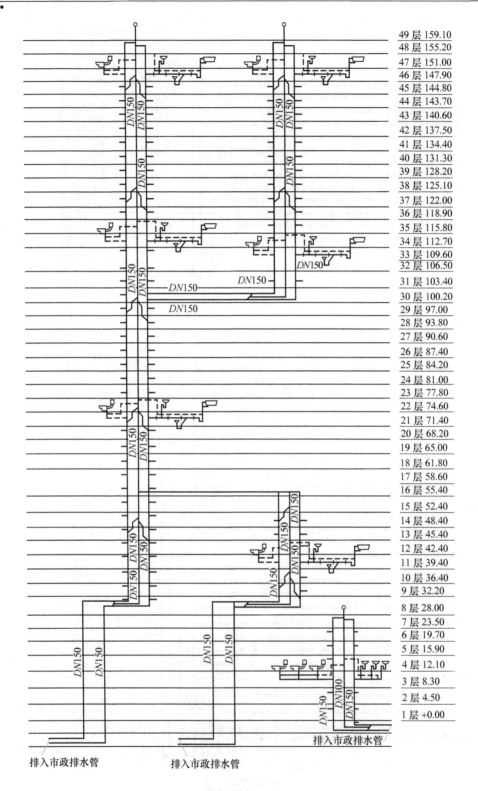

排水系统图

图 4-12 某高层建筑排水系统图

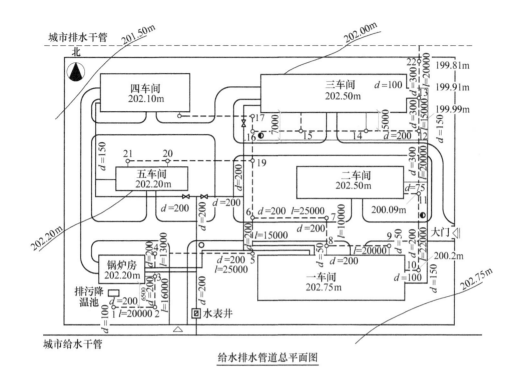

给水排水管道总平面图

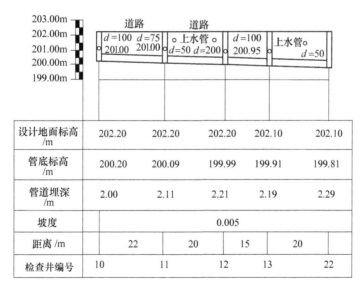

设计地面标高/m	202.20	202.20	202.20	202.10	202.10
管底标高/m	200.20	200.09	199.99	199.91	199.81
管道埋深/m	2.00	2.11	2.21	2.19	2.29
坡度			0.005		
距离/m		22	20	15	20
检查井编号	10	11	12	13	22

排水管道10～22号井管段纵剖面图

图4-13　某厂区室外给水排水施工图

由排水管道10～22号井管段纵剖面图中可以看出，该厂区给水排水管道均采用直埋敷设。地面标高、管底标高、坡度、距离、检查井编号均可由该图反映出来。

课题 2　管道的切断与连接

4.2.1　管道的切断

在管道安装和维修工程中，往往需要切断管道以得到合适的长度。常用的切断方法有：锯割、磨割、刀割、气割、錾割等。

1. 锯割

锯割是用钢锯将管道锯断，用于切断钢管、有色金属管及塑料管，有手工锯割和机械锯割两种方法。

手工锯割是用装有粗齿或细齿钢锯条的钢锯将管道锯断，该方法简便易行，可在任何施工地点进行，但劳动强度大，切割速度慢，适用于切断 $DN \leqslant 50mm$ 的管道。

机械锯割方法是将管道固定在锯床上，锯条对准切割线，切割即可。此方法速度快，切割质量好，适用于切断管径较大的管道。

给水工程中的塑料管、铝塑管也可使用专用剪刀切断，如图 4-14 所示；但应在安装前用整圆器插入管口，按顺时针方向转动，将管口整圆。

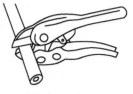

图 4-14　锯割

2. 磨割

磨割是用高速旋转的砂轮片将管道切断，又称无齿切割，用于切断各种金属管和塑料管。

管道施工中，常用的磨割设备有便携式金刚砂锯片机、G2230 卧式砂轮切割机及金刚砂轮片切割机等。

便携式金刚砂锯片机由工作台面、夹管器、金刚砂锯片及电动机等组成，如图 4-15 所示。切割前，先将画好切割线的管道装到台面上的夹管器 2 内，调整管道，使其切割线对准金刚砂锯片 3，然后放下摇臂 8，使金刚砂锯片与管壁相接触。当再一次确认锯片刃口与管道切割线对准无误后，轻轻地压下摇臂上的手柄 4，就可以进刀切割管道。切割时，压手柄不可用力过猛，否则会因割片进给过量而打碎锯片。当管道即将被切断时，应逐渐减少压力或不再施加压力，直至将管道切断为止。最后松开手柄关闭电源。

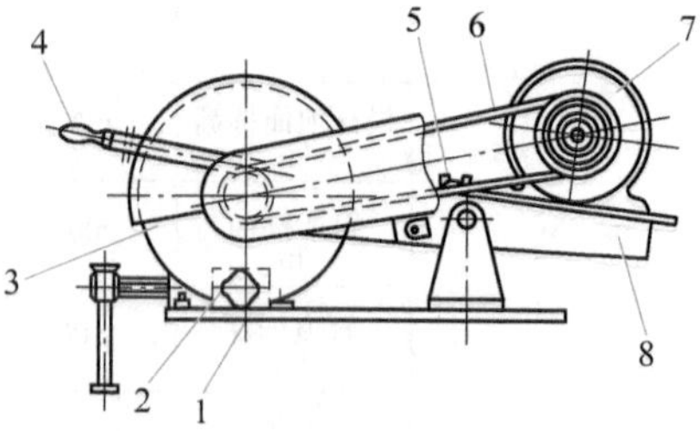

图 4-15　便携式金刚砂锯片机

1—工作台面　2—夹管器　3—金刚砂锯片
4—手柄　5—张紧装置　6—传动装置
7—电动机　8—摇臂

使用切割机时应注意：将所要切割的管材放在砂轮锯片卡上用夹管器钳紧，操作时用力均匀，不要过猛。切割时操作人员应按住按钮开关，在切割过程中不得松开按钮，以防事故发生。操作人员的身体错开砂轮片，防止火花飞溅伤人。砂轮片一定要正转，切勿反转，防止飞出伤人。断管后要将管口断面的管膜、毛刺清除干净。

3. 刀割

刀割是用管道割刀切断管道，其优点是操作简单、速度快、切口断面平整，但管道切口内径会因受刀刃挤压而变小，多用于切断 $DN \leqslant 80mm$ 的钢管。

切管时，先将管道固定在管压钳上，然后将管道套进割管器的两个压紧滚轮与切割滚刀之间。刀刃对准管道上的切断线，再沿顺时针方向拧紧手柄，使两个滚轮压紧管道。割管时，为减少刀刃磨损，可在切割部位及刀刃上涂抹机油，然后用力将丝杆压下，使割管器以管道为轴心向刀架开口方向回转。也可以往复转动 120°，边转动螺纹杆，边拧动手轮，使滚刀不断地切入管壁，直至切断管道为止。刀割管道操作如图 4-16 所示。

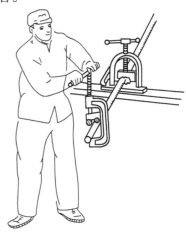

图 4-16　刀割管道

使用割管器时应注意：割管器规格应与管径大小一致；割管时刀片应垂直于管道轴线；每圈进刀量不宜过大，以免管口明显缩小或损坏刀片；操作时用力要均匀，不要左右摆动；切断后的管口若出现缩口，应铣去边缘部分，以保证管道的内径。

4. 气割

气割是利用氧气和乙炔混合燃烧的高温火焰将被切割的铁熔化，产生氧气金属熔渣，然后用高压氧气气流将熔渣吹离切口，将管道切断。气割一般适用于切割 $DN \geqslant 100mm$ 的普通钢管和低合金钢管，但不适用于不锈钢管、铜管和铝管。气割的切口应用砂轮机磨口，除去溶渣，以便于焊接。

气割结束后，应立即关闭切割氧气阀，再关闭乙炔阀和预热氧气阀。如停止工作时间较长，应旋松氧气减压调节杆，再关闭氧气阀和乙炔阀。

5. 錾割

錾割又称錾切，是用錾子及锤子将管道切断，主要用于铸铁管、陶土管及混凝土管的切断。

4.2.2　管道连接

管道连接是按照设计图样的要求，将管道连接成一个严密的整体以便使用。

不同材质、用途的管道，其连接方法也不同。管道的连接方法有螺纹连接、法兰连接、焊接连接、承插口连接、卡套式连接等。

镀锌钢管 $DN \leqslant 100mm$ 时应采用螺纹连接；$DN > 100mm$ 时应采用法兰或卡套式连接。镀锌钢管外露螺纹部分应做防腐处理，与法兰焊接处应二次镀锌。

给水铸铁管采用承插口连接时，其接口用水泥捻口或橡胶圈接口方式进行连接，给水铸铁管也可采用法兰连接。

铜管连接可采用专用接头或焊接，$d < 22mm$ 时宜采用承插或套管焊接；$d \geqslant 22mm$ 时宜采用对口焊接。

给水塑料管和复合管可以采用黏接连接、热熔连接、专用管件连接及法兰连接等形式。塑料管和复合管与金属管件、阀门等的连接应使用专用管件连接，不得在塑料管上套螺纹。

课题3　建筑内部给水系统管道的安装

4.3.1　室内给水管道安装的基本技术要求

1）建筑给水工程所使用的主要材料、成品、半成品、配件、器具和设备必须具有质量合格证明文件，其规格、型号及性能检测报告应符合国家技术标准或设计要求。

2）主要器具和设备必须有完整的安装使用说明书。

3）地下室或地下构筑物外墙有管道穿过时应采取防水措施。对有严格防水要求的建筑物，必须采用柔性防水套管。

4）明装管道成排安装时，直线部分应互相平行。曲线部分：当管道水平或垂直并行时，应与直线部分保持等距；管道水平上下并行时，弯管部分的曲率半径应一致。

5）管道支、吊、托架安装位置应正确，埋设应平整牢固，与管道接触要紧密。

钢管水平安装的支架间距不应大于表4-3的规定。

表4-3　钢管管道支架的最大间距

公称直径/mm		15	20	25	32	40	50	70	80	100	125	150	200	250	300
支架的最大间距/m	保温管	2	2.5	2.5	2.5	3	3	4	4	4.5	6	7	7	8	8.5
	不保温管	2.5	3	3.5	4	4.5	5	6	6	6.5	7	8	9.5	11	12

给水及热水供应系统的塑料管及复合管垂直或水平安装的支架间距应符合表4-4的规定。

铜管垂直或水平安装的支架间距应符合表4-5的规定。

表4-4　塑料管及复合管管道支架的最大间距

管径/mm			12	14	16	18	20	25	32	40	50	63	75	90	100
支架的最大间距/m	立管		0.5	0.6	0.7	0.8	0.9	1.0	1.1	1.3	1.6	1.8	2.0	2.2	2.4
	水平管	冷水管	0.4	0.4	0.5	0.5	0.6	0.7	0.8	0.9	1.0	1.1	1.2	1.35	1.55
		热水管	0.2	0.2	0.25	0.3	0.3	0.35	0.4	0.5	0.6	0.7	0.8		

表4-5　铜管管道支架的最大间距

公称直径/mm		15	20	25	32	40	50	65	80	100	125	150	200
支架的最大间距/m	垂直管	1.8	2.4	2.4	3.0	3.0	3.0	3.5	3.5	3.5	3.5	4.0	4.0
	水平管	1.2	1.8	1.8	2.4	2.4	2.4	3.0	3.0	3.0	3.0	3.5	3.5

6）给水及热水供应系统的金属管道立管管卡安装应符合规定。楼层高度小于或等于5m时，每层不得少于2个。管卡安装高度距地面应为1.5～1.8m，2个以上管卡应均匀安装，同一房间管卡应安装在同一高度上。

7）管道穿过墙壁和楼板时，应设置金属或塑料套管。安装在楼板内的套管，其顶部应高出装饰地面20mm。安装在卫生间及厨房内的套管，其顶部应高出装饰地面50mm，底部应与楼板底面相平。安装在墙壁内的套管，其两端应与饰面相平。穿过楼板的套管与管道之间的缝隙应用阻燃密实材料和防水油膏填实，端面光滑。穿墙套管与管道之间缝隙宜用阻燃密实材料填实，且端面应光滑。管道的接口不得设在套管内。

8）给水支管和装有 3 个或 3 个以上配水点的支管始端，均应安装可拆卸连接件。

9）冷热水管道上、下平行安装时，热水管应在冷水管上方；垂直平行安装时，热水管应在冷水管左侧。

4.3.2　给水管道的安装

建筑内部生活给水、消防给水及热水供应系统管道安装的一般程序是：安装准备、预制加工、引入管安装、水平干管安装、立管安装、横支管安装、支管安装、管道试压、管道清洗、管道防腐保温。

1. 安装准备

熟悉图样，依据施工方案确定的施工方法和技术交底的具体措施，做好准备工作。认真阅读相关专业设备图样，核对各管道的位置、坐标。检查标高是否有交叉，管道排列所用空间尺寸是否合理；如若存在问题应及时协调解决。若需变更设计，应及时办好变更并保存相关记录。

依据施工图进行备料，并在施工前按图样要求检查材料、设备的质量、规格、型号等是否符合设计要求。

了解引入管与室外给水管的接点位置，穿越建筑物的位置、标高及做法。管道穿越基础、墙体和楼板时，应及时配合土建施工做好孔洞预留及预埋件。

2. 预制加工

按施工图画出管道分路、管径、变径、预留口、阀门等位置的施工草图，在实际安装的位置做好标记，按标记分段量出实际安装的准确尺寸，标在施工草图上，然后按草图的尺寸预制加工，以确保质量，提高工效。

3. 引入管的安装

敷设引入管时，应尽量与建筑物外墙轴线相垂直，这样穿过基础或外墙的管段最短。如引入管需穿越建筑物基础时，应预留孔洞或预埋钢套管。预留孔洞的尺寸或钢套管的直径应比引入管直径大 100～200mm，引入管管顶距孔洞或套管顶应大于 100mm。预留孔与管道间的间隙应用黏土填实，两端用 1∶2 水泥砂浆封口，如图 4-17 所示。当引入管由基础下部进入室内或穿过建筑物地下室进入室内时，其敷设方法如图 4-18 和图 4-19 所示。

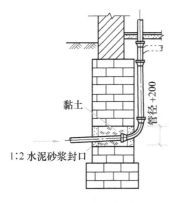

图 4-17　引入管穿越墙基础　　　　图 4-18　引入管由基础下部进入室内

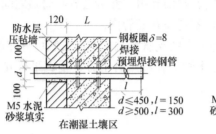 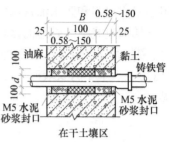

图4-19 引入管穿越地下室墙壁进入室内

敷设引入管时，其坡度应不小于0.003，坡向室外，并在最低点设泄水阀或管堵，以利于管道系统试压及冲洗时排水。采用直埋敷设时，埋深应符合设计要求；当设计无要求时，其埋深应大于当地冬季冻土深度，以防冻结。

4. 给水干管的安装

给水干管在安装前应先画出各立管的安装位置，作为干管预制加工、量尺下料的依据。干管的分支用T形三通管件连接。当分支干管上安装阀门时，先将阀杆卸下，再安装管道。干管的安装标高应符合设计要求，并按规定安装支架，以便固定管道。给水干管宜设0.002~0.005的坡度，坡向泄水装置。安装完毕后应及时清除接口麻丝头，将所有管口装好丝堵。

当给水干管布置在不采暖房间内并有可能冻结时，应对干管采取保温措施。

5. 给水立管的安装

给水立管的安装方式有明装和暗装两种。

立管安装前，应在各层楼板预留孔洞，自上而下吊线并弹画出立管安装的垂直中心线，作为安装的基准线。按楼层设计标高预制好立管单元管段。自各层地面向上量出横支管的安装高度，在立管垂直中心线上画出十字线。测量各横支管三通（顶层为弯头）的距离，得出各楼层预制管段长度，用比量法下料，编号存放，以备安装使用。每安装一层立管，应按要求设置管卡。校核预留横支管管口高度、方向，并用临时丝堵堵口。给水立管与排水立管、热水立管并行时，给水立管应设于排水立管外侧、热水立管右侧。为了在检修时不影响其他立管的正常供水，每根立管的始端应安装阀门，并在阀门的后面安装可拆卸件（活接头）。立管穿楼板时应设套管，并配合土建堵好预留孔洞，套管与立管之间的环形间隙也应封堵。

6. 横支管的安装

横支管的始端应安装阀门，阀门后还应安装可拆卸件。横支管应有0.002~0.005的坡度，坡向立管或配水点，支管应用托钩或管卡固定。

横支管可明装或暗装。明装时，可将预制好的支管从立管甩口依次逐段地进行安装。核定不同卫生器具的冷热水预留口高度、位置是否正确。找坡找正后栽埋支管管卡，上好临时丝堵。支管上如装有水表，应先装上连接管，试压后交工前拆下连接管，再装上水表。暗装时，横支管装于墙槽内，应把立管上的三通口向墙外拧偏一个适当角度。当横支管装好后，再推动横支管使立管三通转向原位，横支管即可进入管槽内，找平找正后用管卡固定。

给水支管的安装一般先做到卫生器具的进水阀处，待卫生器具安装后再进行后续管段的连接。

4.3.3 建筑给水硬聚乙烯管道的安装

1. 对材料的要求

1）生活饮用水塑料管道选用的管材和管件应具有卫生检验部门的检验报告或认证文件。

2）给水管道的使用温度不得大于45℃，给水压力不得大于0.6MPa，给水用塑料管材不得用于消防给水，采用塑料管的给水系统不得与消防给水系统连接。

3）管材和管件应有检验部门的质量合格证，并有明显的标志标明生产厂家的名称及材料规格。

4）胶黏剂必须标有生产厂家名称、厂址、出厂日期、有效使用期限、出厂合格证、使用说明书及安全注意事项。

5）胶黏剂必须符合有关技术标准，并具有卫生检验部门的检验报告或认证文件。

2. 管材质量要求与检验

1）管材与管件的颜色应一致，无色泽不均及分解变色现象。

2）管材的内外壁应光滑、平整，无气泡、裂口、裂纹、脱皮和严重的冷斑及明显的痕纹、凹陷。

3）管材轴向不得有异向弯曲，其直线偏差应小于1%；管材端口必须平整并垂直于管轴线。

4）管件应完整，无缺损、变形，合膜缝口应平整、无开裂。

5）管材在同一截面的壁厚偏差不得超过14%；管件的壁厚不得小于相应管材的壁厚。

6）塑料管材和管件的承、插黏结面，必须表面平整，尺寸准确，以保证接口的密封性能。

7）塑料管道与金属管配件连接的塑料转换接头所承受的强度试验压力不应低于管道的试验压力，其所能承受的水密性试验压力不应低于管道系统的工作压力，其螺纹应符合现行标准《可锻铸铁管路连接件》（GB/T 3287—2011）的规定；螺纹应整洁、光滑，断丝或缺丝数不得大于螺纹总扣数的10%，不得在塑料管上套螺纹。

8）胶黏剂不得有团块、不溶颗粒和其他影响胶黏剂黏接强度的杂质；自然状态下应呈自由流动状态。

9）胶黏剂中不得含有毒和利于微生物生长的物质，不得对饮用水的味、嗅及水质有任何影响。

10）给水管道的管材应符合现行国家标准《给水用硬聚氯乙烯（PVC－U）管材》（GB/T 10002.1—2006）的要求。用于室内的管道宜采用1.0MPa等级的管材。同一批管材和管件中应抽样进行规格尺寸及必要的外观性检查。

3. 贮存和运输

1）管材应按不同规格分别进行捆扎，每捆长度应一致，且重量不宜超过50kg，管件应按不同品种、规格分别装箱，不得散装。

2）搬运管材和管件时，应小心轻放，避免油污；严禁剧烈撞击，与尖锐物品碰撞，抛、摔、滚、拖。

3）管材与管件应存放在通风良好、温度不超过 40℃的库房或简易棚内。不得露天存放，距离热源不小于 1m。

4）管材应水平堆放在平整的支垫物上，支垫物宽度不应小于 75mm，间距不应大于 1m；管材外悬端部不应超过 0.5m，堆置高度不得超过 1.5m，应逐层码放，不得叠置过高。

5）胶黏剂和丙酮等不应存放于危险品仓库中。现场存放处应阴凉干燥，安全可靠，严禁明火。

4. 安装的一般规定

1）塑料管道的安装工程施工应具备的条件有：设计图样及其他技术文件齐全并经会审；按批准的施工方案或施工组织设计已进行技术交底；施工用材料、机具、设备等能保证正常施工；施工现场用水、用电等应能满足施工要求；施工场地平整，材料贮放场地等临时设施能满足施工要求。

2）安装人员必须熟悉硬聚氯乙烯管的一般性能，掌握基本的操作要点，严禁盲目施工。

3）施工现场与材料存放处温差较大时，应于安装前将管材与管件在现场放置一定时间，使其温度接近施工现场的环境温度。

4）安装前应对材料的外观和接头配合的公差进行仔细的检查，必须清除管材及管件内外的污垢和杂物。

5）安装过程中，应防止油漆、沥青等有机污染物与硬聚氯乙烯管材、管件接触。

6）安装间断或安装完毕的敞口处，应及时封堵。

7）管道穿墙壁、楼板及嵌墙暗装时，应配合土建预留孔槽。孔槽尺寸设计无规定时，应按下列规定执行。

① 预留孔洞尺寸宜比管外径 d_e 大 50~100mm。

② 嵌墙暗装时墙槽尺寸的宽度宜为 $d_e +60mm$，深度为 $d_e +30mm$。

③ 架空管顶上部的净空尺寸不宜小于 100mm。

8）管道穿过地下室或地下构筑物外墙时，应采取严格的防水措施。

9）塑料管道之间的连接宜采用胶黏剂黏接；塑料管与金属管配件、阀门等的连接应采用螺纹连接，如图 4-20 所示。

10）管道的黏接接头应牢固，连接部位应严密无孔隙。螺纹管件应清洁不乱丝，连接应紧固，连接完毕的接头应外露 2~3 扣螺纹。

11）注塑成型的螺纹塑料管件与金属管配件螺纹连接时，宜采用聚四氟乙烯生料带作为密封填料，不宜使用厚白漆或麻丝作为填料。

12）水平管道的纵横方向弯曲、立管垂直度、平行管道和成排阀门安装应符合施工规范规定。

13）水箱（池）进水管、出水管、排污管、自水箱（池）至阀门间的管段应采用金属管。与水泵相连的吸水管、出水管应采用金属管。

14）工业建筑和公共建筑中管道直线长度大于 20m 时，应采取热补偿措施，尽可能利用管道转弯、转向等进行自然补偿。

15）系统交工前应进行水压、通水试验和冲洗、清毒，并做好记录。

5. 塑料给水管道的安装

1）室内明装管道应在土建工程粉饰完毕后进行安装。

2）管道安装前，宜按要求先设置管卡。塑料给水管用管道支架如图 4-21 和图 4-22 所示。支架材料若采用金属，金属管卡与塑料管间应采用塑料带或橡胶板作为隔垫，不得使用硬物隔垫。

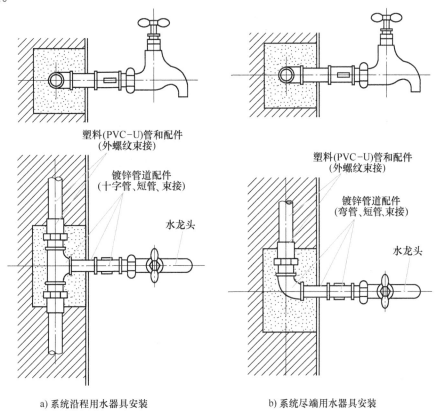

a) 系统沿程用水器具安装　　　　　b) 系统尽端用水器具安装

图 4-20　塑料管与金属管配件、阀门等的连接（暗装）

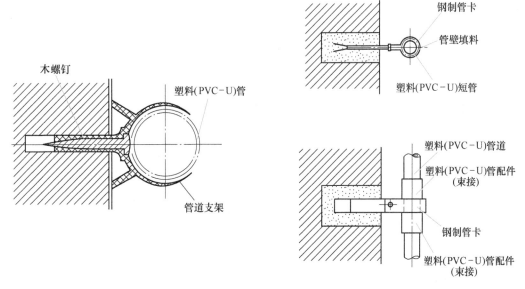

图 4-21　管道系统 PVC 支架　　　　　图 4-22　固定支架

3）在金属管配件与塑料管道连接时，管卡应设在金属管件一端，并尽量靠近金属管配件。

4）塑料管穿过楼板时，应设置套管，套管可用塑料管，也可用金属管（图4-23）。但穿屋面时必须采用金属套管，且高出屋面不小于100mm，并采取严格的防水措施，如图4-24所示。

5）管道敷设时严禁有轴向弯曲，管道穿墙或楼板时不得强制校正。

6）塑料管道与其他金属管道并行时，应留有一定的保护距离；当设计无规定时，净距不宜小于100mm，并行时，塑料管道宜在金属管内侧。

7）室内暗装的塑料管道墙槽必须采用1:2水泥砂浆填补。

8）在塑料管道的各配水点、受力点处，必须采取可靠的固定措施，如图4-25所示。

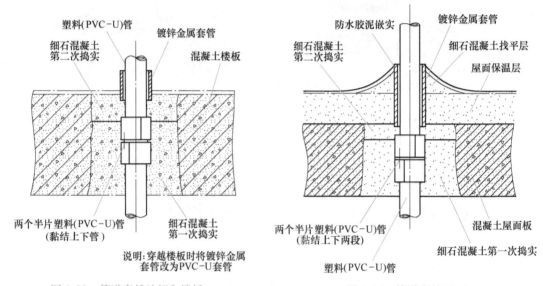

图4-23　管道穿越地坪和楼板　　　　　　图4-24　管道穿越屋面

6. 埋地塑料管道的安装

1）室内地坪±0.00以下管道的铺设宜分两段进行，即先进行地坪±0.00以下至基础墙外壁段的铺设，待土建施工结束后再进行户外连接管的铺设。

2）室内地坪以下管道铺设应在土建工程回填土夯实以后，重新开挖进行。严禁在回填之前或未经夯实的土层中铺设。

3）铺设管道的沟底应平整，不得有凸出的尖硬物体。土壤的颗粒粒径不宜大于12mm，必要时可铺100mm原砂垫层。

4）埋地管道回填时，管周回填土不得夹杂硬物直接与塑料管接触，应先用砂土或粒径不大于12mm的土壤回填至管顶上侧300mm处，经夯实后方可回填原土。室内埋地管道的埋深不宜小于300mm。

5）塑料管出地坪处应设置护管，其高度应高出地面100mm。

6）塑料管在穿基础墙时，应设置金属套管。套管与套墙孔洞上方的净空高度，在设计未注明时不应小于100mm。

7）塑料管穿越街坊道路时，覆土厚度应大于700mm，否则应采取严格的保护措施。

7. 安全生产

1）胶黏剂及清洁剂应妥善保管，不得随意放置。施工时应随用随开，不用时应立即盖

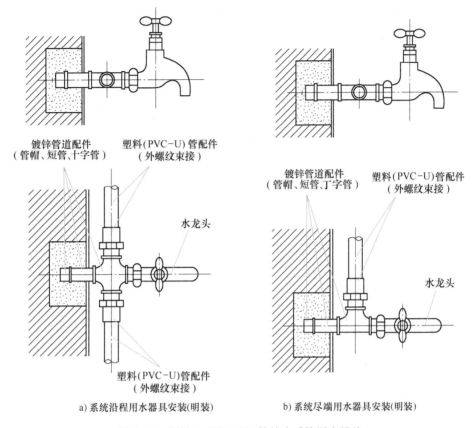

a) 系统沿程用水器具安装(明装)　　　b) 系统尽端用水器具安装(明装)

图 4-25　塑料（PVC - U）管给水系统固定措施

严，严禁非操作人员使用。

2）管道黏接操作场所，应禁止明火和吸烟；操作现场必须有良好的通风措施，集中操作处应设置通风排气装置。

3）管道黏接时，操作人员应站在上风侧，并应配套防护眼镜、手套和口罩，避免皮肤和眼睛与胶黏剂直接接触。

4）管道严禁攀踏、系安全绳、搭脚手架、用作支撑或借作他用。

4.3.4　建筑给水聚丙烯 PP - R 管道的安装

1. 对聚丙烯管材的要求

1）生活给水系统所选用的无规共聚聚丙烯管材，应有质量检验部门的产品合格证，并具有卫生、建材等部门的认证文件。

2）管材和管件上应标明规格、公称压力、生产厂家名称和商标，包装上应有批号、数量、生产日期和检验代号。

3）管道热熔连接时，应由生产厂家提供专用的热熔工具。热熔工具应安全可靠，便于操作，并附有产品合格证和使用说明书。

4）管道电熔连接时，应采用管道生产厂家生产的电熔管件，并由生产厂家提供专用配套的电熔连接工具。电熔工具应安全可靠，便于操作，并附有产品合格证和使用说明书。

5）管道用法兰连接时，应由管道生产厂家提供专用法兰连接件。

2. 材料的质量要求

1）管材和管件的内外壁应光滑平整，无气泡、裂口、裂纹、脱皮和明显的痕纹、凹陷，且色泽基本一致；冷水管、热水管必须有醒目的标志；管材的端面应垂直于管材的轴线；管件应完整，无缺损，无变形，合模缝口应平整、无开裂。

2）管材的公称外径、壁厚，管件的承插口尺寸、材料的物理力学性能符合规定。

3）与金属管道及用水器具连接的塑料管件，必须带有耐腐蚀金属螺纹嵌件，其螺纹、强度和水密性试验均应符合有关规定。

3. 管材的运输和贮存

1）搬运管材和管件时，应小心谨慎，轻拿轻放，严禁撞击，严禁与尖锐物品碰触和抛、摔、滚、拖。

2）搬运管材时应避免沾染油污。

3）管材和管件应放在通风良好的库房或简易棚内，不得露天存放，防止阳光直射。注意防火安全，距热源不得小于 1m。

4）管材应水平堆放在平整的场地上，避免管材弯曲。管材堆置高度不得超过 1.5m，管件应逐层堆码，不宜叠得过高。

4. 安装的一般规定

1）管道在安装前应具备下列条件。

① 施工图及其他技术文件齐全，且已进行图样技术交底，满足施工要求。

② 施工方案、施工技术、材料机具等能保证正常施工。

③ 施工人员应经过建筑给水聚丙烯管道安装的技术培训。

2）提供的管材和管件应符合设计规定，并附有产品说明书和质量合格证书。

3）不得使用有损坏迹象的材料。

4）管道系统安装过程中的开口处应及时封堵。

5）施工安装时应复核冷、热水管压力等级和使用场合。

6）施工过程所做标记应面向外侧，处于显眼位置。

7）管道嵌墙暗装时，宜配合土建预留凹槽。其尺寸无设计规定时为深度 $d_e + 20mm$，宽度 $d_e + (40 \sim 60)mm$。凹槽表面必须平整，不得有尖角等凸出物。管道试压合格后，墙槽用 M7.5 级水泥砂浆填补密实。

8）管道暗设在地坪面层内的位置应按设计图样规定；如施工现场有更改，应做好图示记录。

9）管道安装时不得有异向扭曲，穿墙或穿楼板时，不宜强制校正。PP - R 管道与其他金属管平等敷设时应有一定的距离，净距不宜小于 100mm，且宜位于金属管道的内侧。

10）管道穿过楼板时应设钢套管；穿过屋面时应采取防水措施，穿越前应设固定支架。

11）室内明装管道，宜在土建粉饰完毕后进行。安装前应正确预留孔洞或预埋套管。

12）热水管道穿墙时，应设钢套管；冷水管道穿墙时，应预留孔洞，洞口尺寸较管径大 50mm。

13）直埋在地坪面层以及墙体内的管道，应在隐蔽前试压，并做好隐蔽工程记录。

14）建筑物埋地引入管和室内埋地管安装要求与给水硬聚氯乙烯管施工要求相同。

5. 管道的连接

PP－R 管道的连接方式有热熔连接、电熔连接、螺纹连接和法兰连接。

（1）热熔连接　用卡尺与笔在管端测量并标绘热熔深度，热熔深度应符合表 4-6 的要求。管材与管件连接端面必须无损伤，清洁，干燥，无油污。熔接弯头或三通时，按设计要求，应注意其方向，在管件和管材的直线方向，用辅助标志标出其位置。热熔工具接通单相电源加热，升温时间为 6min，热熔温度自动控制在约 260℃。可连续施工，但到达工作温度指示后方能开始操作。做好熔焊深度及方向记号，在熔接器加热头上把整个熔焊深度加热，包括管道及接头。

表 4-6　热熔连接技术要求

公称直径/mm	热熔深度/mm	加热时间/s	加工时间/s	冷却时间/min
20	14	5	4	3
25	16	7	4	3
32	20	8	4	4
40	21	12	6	4
50	22.5	18	6	5
63	24	24	6	6
75	26	30	10	8
90	32	40	10	8
110	38.5	50	15	10

注：若环境温度小于 5℃，加热时间应延长 50%。

（2）电熔连接　电熔承插连接管材的连接端应切割垂直，并应用洁净棉纱擦净管材和管连接面的污物，标出插入深度，刮除其表皮，保持电熔管件与管材的熔合部位不潮湿。校直两对对应的连接件，使其处于同一轴线上。电熔连接机具与电熔管件的导线连接应正确。连接前应检查通电加热的电压是否符合要求，加热时间应符合电熔连接机具与电熔管件生产厂家的有关规定。在熔合及冷却过程中，不得移动、转动电熔管件和熔合的管道，不得对连接件施加任何压力。电熔连接的标准加热时间应由生产厂家提供，并随环境温度的不同而加以调整。电熔连接的加热时间与环境温度的关系应符合表 4-7 的规定。

表 4-7　电熔连接的加热时间与环境温度的关系

环境温度（T_e）/℃	修正值	加热时间/s	环境温度（T_e）/℃	修正值	加热时间/s
−10	$T_e + 12\% T_e$	112	30	$T_e − 4\% T_e$	96
0	$T_e + 8\% T_e$	108	40	$T_e − 8\% T_e$	92
10	$T_e + 4\% T_e$	104	50	$T_e − 12\% T_e$	88
20	标准加热时间 × T_e	100			

（3）螺纹连接　PP－R 管与金属管件、附件相连时，应采用带金属嵌件的聚丙烯管件作为连接件。

（4）法兰连接　将法兰盘套在管道上，PP－R 过渡接头与管道热熔连接，如图 4-26 所示。

PP－R 管道采用法兰连接时，应校直两对对应的连接件，使连接的两片法兰垂直于管道中心线，两法兰端面应平行。

法兰垫片应采用耐热无毒胶圈，拧紧法兰的螺栓规格应相同，安装方向应一致，把紧螺栓时应对称把紧。紧固好的螺栓应露出螺母之外，其长度不少于 2 个螺纹，但不得大于螺栓直径的 1/2。

PP‑R 管道上采用法兰连接的部位，应加设支吊架。

6. 支吊架安装

PP‑R 管道所用支吊架按材料分为塑料支吊架和金属支吊架。若采用金属支吊架，支吊架与管道之间应采用塑料带或橡胶等软物隔垫。在金属管配件与给水聚丙烯管道连接部位，支架应设在金属管配件一端。

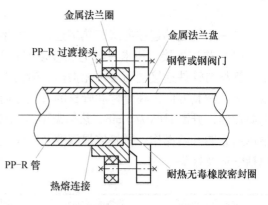

图 4-26 法兰连接示意图

明装的支吊架采用防膨胀的措施时，应按固定点要求施工。管道的各配水点、受力点以及穿墙支管节点处，应采取可靠的固定措施。

4.3.5 塑料复合管的安装

塑料复合管安装的一般要求与其他管道基本相同，其连接方法采用长套式连接。管件材料一般用黄铜制成。连接时先用专用剪刀将管道切断，然后用整圆器插入切断的管口按顺时针方向整圆，最后穿入螺母，再穿入 C 形铜环卡套，如图 4-27 所示，将管道插入连接件，再用螺母锁紧。接头与管道的配合如图 4-28 所示。

4.3.6 管道试压与清洗

1. 试压前应具备的条件

1）试压管段已安装完毕，对室内给水管道可安装至卫生器具的进水阀前。

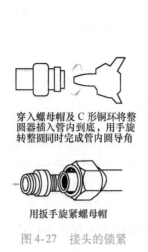

穿入螺母帽及 C 形铜环将整圆器插入管内到底，用手旋转整圆同时完成管内圆导角

用扳手旋紧螺母帽

图 4-27 接头的锁紧

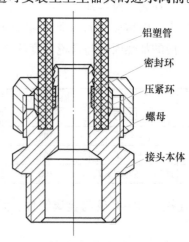

图 4-28 接头与管道的配合

2）支吊架已安装完毕。管道涂漆和保温前，经观感检验合格。

3）直埋管道、室内管道隐蔽前，应有临时加固措施。

4）试压装置完好，并已连接完毕。压力表应经检验校正，其精度等级不应低于 1.5 级。

表盘满刻度值约为试验压力的 1.5～2.0 倍。

2. 水压试验的步骤

1) 在试压管段系统的高处装设排气阀, 低处设灌水试压装置。

2) 向系统内注入洁净水。注水时应先打开管路各处的排气阀, 直至系统内的空气排尽。满水后关闭排气阀和进水阀, 当压力表指针向回移动时, 应检查系统有无渗漏; 如有, 应及时维修。

3) 打开进水阀, 起动注水泵缓慢加压到一定值, 暂停加压, 对系统进行检查, 无问题再继续加压, 直至达到试验压力值。

4) 将水压试验结果填入管道系统试压记录表中。

3. 管道清洗

水压试验合格后, 应分段对管道进行清洗。

给水管道一般用洁净水冲洗。在沿海城市可先用海水冲洗, 然后再用淡水冲洗。冲洗时以能达到的最大流量和压力进行, 并使水的流速不小于 1.5m/s。水冲洗应连续进行。当设计无规定时, 以出口的水色和透明度与入口处相一致为合格。冲洗合格后, 将水排尽。

生活给水管道在交付使用前必须消毒, 应用含有 20～30mg/L 游离氯的水充满系统浸泡 24h, 再用饮用水冲洗。经有关部门取样检验, 符合《生活饮用水卫生标准》(GB 5749—2006)方可使用。

4.3.7　给水管道安装质量及允许偏差

1. 主控项目

1) 室内给水管道的水压试验必须符合设计要求。当设计未注明时, 各种材质的给水管道系统试验压力均为工作压力的 1.5 倍, 但不得小于 0.6MPa。

检验方法: 金属及复合管给水管道系统在试验压力下观测 10min, 压力降不大于 0.02MPa, 然后降到工作压力进行检查, 应无渗漏; 塑料管给水系统应在试验压力下稳压 1h, 压力降不得超过 0.05MPa, 然后在工作压力 1.15 倍状态下稳压 2h, 压力降不得超过 0.03MPa, 同时检查各连接处, 要求不得渗漏。

2) 给水系统交付使用前必须进行通水试验并做好记录。

检验方法: 观察和开启阀门、水龙头等放水。

3) 生活给水系统管道在交付使用前必须冲洗和消毒, 并经有关部门取样检查, 符合《生活饮用水卫生标准》(GB 5749—2006)方可使用。

检验方法: 检查有关部门提供的检测报告。

4) 室内直埋给水管道(塑料管道和复合管道除外)应作防腐处理。埋地管道防腐层材质和结构应符合设计要求。

检验方法: 观察或局部解剖检查。

2. 一般项目

1) 给水引入管与排水排出管的水平净距不得小于 1m。室内给水与排水管道平行敷设时, 两管间的最小净距不得小于 0.5m; 交叉铺设时, 垂直净距不得小于 0.15m。给水管应铺在排水管上面; 若给水管必须铺在排水管的下面, 给水管应加套管, 其长度不得小于排水管管径的 3 倍。

检验方法：尺量检查。

2）管道及管件焊接的焊缝表面质量应符合下列要求。

① 焊缝外形尺寸应符合图样和工艺文件的规定，焊缝高度不得低于母材表面，焊缝与母材应圆滑过渡。

② 焊缝及热影响区表面应无裂纹、未熔合、未焊透、夹渣、弧坑和气孔等缺陷。

检验方法：观察检查。

3）给水水平管道应有 0.2% ~0.5% 的坡度坡向泄水装置。

检验方法：水平尺和尺量检查。

4）给水管道和阀门安装的允许偏差应符合表4-8的规定。

5）管道的支吊架安装应平整牢固，其间距应符合表4-3 ~ 表4-5的规定。

检验方法：观察、尺量及手扳检查。

6）水表应安装在便于检修，不受暴晒、污染和冻结的地方。安装螺翼式水表，表前与阀门应有不小于8倍接口直径的直线管段。表外壳距墙表面净距为10 ~30mm；水表进水口中心标高按设计要求，允许偏差为 ±10mm。

检验方法：观察和尺量检查。

表4-8 管道和阀门安装的允许偏差和检验方法

项次	项目			允许偏差/mm	检验方法
1	水平管道纵横方向弯曲	钢管	每米	1	用水平尺、直尺、拉线和尺量检查
			全长25m以上	≤25	
		塑料管、复合管	每米	1.5	
			全长25m以上	≤25	
		铸铁管	每米	2	
			全长25m以上	≤25	
2	立管垂直度	钢管	每米	3	吊线和尺量检查
			5m以上	≤8	
		塑料管、复合管	每米	2	
			5m以上	≤8	
		铸铁管	每米	3	
			5m以上	≤10	
3	成排管段和成排阀门	在同一平面上间距		3	尺量检查

课题 4 建筑内部消防给水系统的安装

4.4.1 消火栓给水管道系统的安装

消火栓给水管道系统安装的一般程序为：安装准备工作、干管安装、立管安装、消火栓箱及支管安装、管道试压、管道防腐、管道清洗。

1. 安装条件

1）建筑主体结构已验收，现场清理干净，已具备安装条件。

2）所用管材、阀门、消火栓等已按设计要求核对无误，并经抽检试压合格。

3）管道支架及预留孔洞的位置、尺寸正确。

2. 管材及连接

1）消防给水管道应采用镀锌钢管，螺纹连接。对管材要求不高的场所，也可用焊接钢管，其连接方式有螺纹连接、法兰连接、焊接连接等。

2）消防管道穿墙、穿楼板时，应预留孔洞，孔洞尺寸应比管外径大 50mm 左右，其位置应正确。管道安装后，应用水泥砂浆封闭孔洞。

3）当管道穿越非混凝土楼板、非砖砌体墙体时，应在管道穿越位置处套管。穿墙套管的长度不得小于墙体厚度，穿楼板套管应高出楼板面 50mm，管道接口不得位于套管内。套管与穿越管之间的环形间隙应用阻燃材料填实。

4）消防管道系统的阀门一般采用闸阀或蝶阀，安装时应使其手柄便于操作，不妨碍使用。

消火栓给水系统管道的安装方法与室内给水系统相同，不再详述。

3. 室内消火栓箱安装

室内消火栓箱的安装方式有暗装、明装、半暗装三种。

（1）暗装　暗装于混凝土墙、柱上的消火栓箱，应按图 4-29 所示的要求固定。

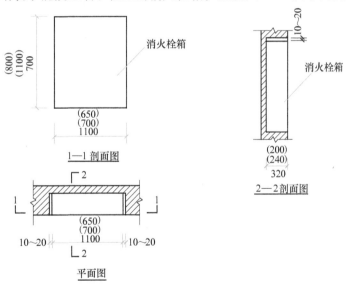

图 4-29　暗装于墙上的消火栓箱安装固定图

（2）明装　明装于砖墙上的消火栓箱应按图 4-30 所示要求安装固定。明装于混凝土墙、柱上的消火栓箱，应按图 4-31 所示的要求安装固定。

（3）半暗装　半暗装于砖墙上的消火栓箱，应按图 4-32 所示的要求安装固定。

安装消火栓箱时，必须取下箱内的水枪、消防水龙带等部件。不允许用钢钎撬、锤子敲的方法强行将箱体塞入预留孔洞内。消火栓箱如设置在有可能冻结的场所，应采取相应的防冻、防寒措施。

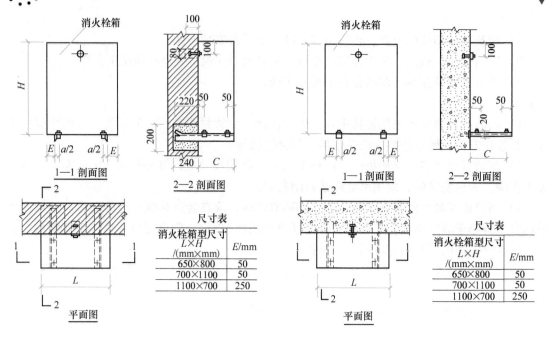

图 4-30　明装于砖墙上的消火栓箱安装固定图　　　图 4-31　明装于混凝土墙、柱上的消火栓箱
　　　　　　　　　　　　　　　　　　　　　　　　　　　　　　安装固定图

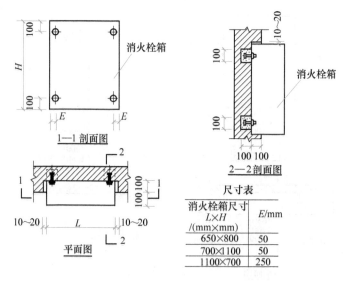

图 4-32　半暗装于砖墙上的消火栓箱安装固定图

4. 室内消火栓系统安装质量检验及允许偏差

（1）主控项目　室内消火栓系统安装完成后应在顶层（或水箱间内）和首层取两处消火栓做试射试验，达到设计要求为合格。

检验方法：实地试射检查。

（2）一般项目

1）安装消火栓水龙带。水龙带与水枪和快速接头绑扎好后，应根据箱内构造将水龙带挂放在箱内的挂钉、托盘或支架上。

检验方法：观察检查。

2）箱式消火栓的安装应符合下列规定：栓口应朝外，不应安装在门轴侧；栓口中心距地面为 1.1m，允许偏差为 ±20mm；阀门中心距箱侧面为 140mm，距箱后内表面为 100mm，允许偏差为 ±5mm；消火栓箱体安装的垂直度允许偏差为 30mm。

检验方法：观察和尺量检查。

4.4.2　自动喷水灭火系统的安装

自动喷水灭火系统的安装程序一般为：安装准备工作、干管安装、立管安装、水流指示器及报警阀安装、喷洒分层干管安装、管道试压、管道清洗、洒水喷头安装、通水调试。

1. 安装的一般规定

（1）安装应具备的条件

1）施工图及有关技术文件齐全。

2）设计部门已向施工单位进行技术交底。

3）系统管件、部件、阀门、管材及设备能保证正常施工且符合设计要求。

4）施工现场用电、水、气能满足施工要求。

5）预留安装孔洞，预埋的支吊架构件均已完好，并经检查符合设计要求。

6）施工安装机具、吊装设备、必要的脚手架或安装平台已备好。

（2）喷头、阀门及附件、管材、管件的检验

1）喷头的型号、规格应符合设计要求，商标、公称动作温度、制造厂家及生产日期等标志齐全。

2）喷头的外观无加工缺陷和机械损伤。喷头螺纹密封面应完整、光滑，无损伤、毛刺、缺丝和断丝等现象。

3）闭式喷头应从每批进货中抽查 1% 且不少于 5 只进行密封性能试验，试验压力为 3.0MPa，试验时间不得少于 3min，无渗漏、无损伤、无变形为合格；如有 1 只不合格，再抽取 2% 且不少于 10 只重做试验，如仍有 1 只不合格，则该批喷头不得使用。

4）阀门及附件的型号、规格应符合设计要求，各类阀门及附件应完好、无缺损，启闭应灵活、严密。

5）水力警铃的铃锤应转动灵活，无阻滞现象。报警阀应逐个进行密封性试验，试验压力为工作压力的 2 倍，试验时间为 5min，阀瓣处无渗漏为合格。

6）管材、管件种类、规格符合设计要求，并完好无损。

2. 系统管道安装

1）自动喷水灭火系统管材应采用镀锌钢管，$DN \leqslant 100mm$ 时应采用螺纹连接；$DN > 100mm$ 或管道与设备、法兰阀门连接时应采用法兰连接，管道与法兰的焊接处应做好防腐。

2）管道安装应符合设备要求，管道中心与梁、柱、顶棚的最小距离应符合表 4-9 的规定。

3）螺纹连接的管道变径时宜采用异径接头，在弯头处不得采用补芯。如必须采用补芯时，三通上只能用 1 个。

表4-9　管道中心与梁、柱、顶棚的最小距离

公称直径/mm	25	32	40	50	65	80	100	125	150	200
距离/mm	40	40	50	60	70	80	100	125	150	200

4）水平横管的支吊架安装应符合下列要求。

① 管道支吊架间距不大于表4-10的规定。

表4-10　管道支吊架间距

公称直径/mm	25	32	40	50	65	80	100	125	150	200	250	300
距离/mm	3.5	4.0	4.5	5.0	6.0	6.0	6.5	7.0	8.0	9.5	11.0	12.0

② 相邻两喷头之间的管段至少应设1个支（吊）架。当喷头间距小于1.8m时，可隔段设置，但支（吊）架的间距不应大于3.6m。

③ 沿屋面坡度布置配水支管，当坡度大于1:3时，应采取防滑措施，以防短立管与配水管受扭。

5）为防止喷水时管道沿管线方向晃动，应在下列部位设置防晃支架。

① 配水管一般在中点设1个（当管径$DN \leqslant 50$mm时可不设）。

② 配水干管及配水管、配水支管的长度超过15m时，每15m长度内最少设1个（$DN \leqslant$40mm的管段可不计算在内）。

③ 管径$DN \geqslant 50$mm的管道拐弯处（包括三通及四通的位置）应设1个。

④ 竖直安装的配水干管应在其始端、终端设防晃支架或用管卡固定。其安装位置距地面1.5~1.8m。配水干管穿越多层建筑，应隔层设1个防晃支架。

防晃支架的制作可参考图4-33，用于防晃制作支架的型钢最大长度见表4-11。

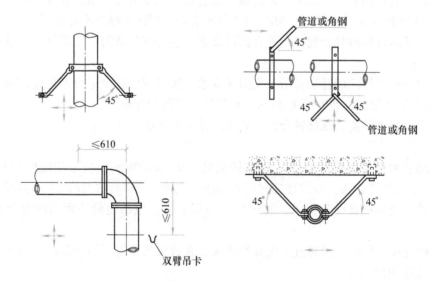

图4-33　防晃支架制作

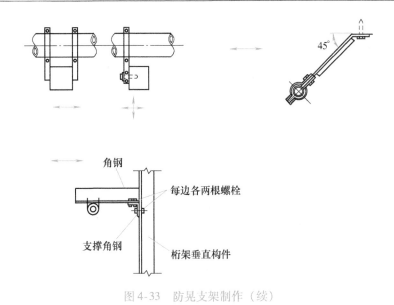

图 4-33　防晃支架制作（续）

防晃支架的强度应能承受管道、配件及管内水的重量和 50% 的水平方向的推动力而不致损伤或产生永久变形。管道穿梁时，若用铁圈将管道紧固于混凝土结构上，则可将之作为一个防晃支架。

6）管道穿过沉降缝或伸缩缝时，应设置柔性短管，管道穿墙或楼板时应加套管。套管长度应等于墙厚或高出地面 50mm，焊接环缝不得置于套管内。套管与管道之间的环形间隙应填充阻燃材料。

7）水平敷设的管道应有 0.002 ~ 0.005 的坡度，坡向泄水点。

3. 喷头安装

1）喷头安装应在系统管网试压、清洗合格后进行。

2）安装喷头用的弯头、三通等宜采用专用管件。

表 4-11　用于防晃支架型钢的最大长度

型号规格		最大长度/mm
角钢	45 × 45 × 6	1470
	50 × 50 × 6	1980
	63 × 63 × 6	2130
	63 × 63 × 8	2490
	75 × 50 × 10	2690
	80 × 80 × 7	3000
圆钢	Φ20	940
	Φ22	1090
扁钢	40 × 7	360
	50 × 7	360
	50 × 10	530
钢管	DN25	2130
	DN32	2740
	DN40	3150
	DN50	3990

3）安装喷头时不得对喷头拆装、改动，并严禁给喷头附加任何装饰性涂层。

4）安装喷头时应使用专用扳手，喷头的框架、溅水盘变形或释放原件损伤时应更换喷头，且与原喷头的规格、型号相同。

5）当喷头的公称直径小于 10mm 时，应在配水干管或配水管上安装过滤器。

6）安装在易受机械损伤处的喷头，应加设喷头防护罩。

4. 报警阀组安装

报警阀应安装在明显且便于操作的地方，距地面高度宜为1.2m。两侧距墙不应小于0.5m，正面距墙应不小于1.2m。安装报警阀的室内地面应有排水设施。

压力表应安装在报警阀上便于观测的位置。排水管和试验阀应安装在便于操作的位置。水源控制阀应便于操作，且应有明显的启闭标志和可靠的锁定设施。

（1）干式报警阀组的安装要求　干式报警阀组安装以后，应对报警阀室注入高度为50～100mm的清水，以保证其密封性。充气连接管应在干式报警阀充注水位以上部位接入系统，且接管直径不小于15mm。单向阀、截止阀应安装在充气连接管上。安全排气阀应安装在气源与干式报警阀之间，且应靠近报警阀；加速排气装置安装应靠近报警阀，且防止水进入；低压预报警装置应安装在干式报警阀组上配水干管一侧；干式报警阀充水一侧和充气一侧应安装压力表。

（2）湿式报警阀组的安装要求　湿式报警阀组应确保报警阀前后的管道中能够顺利充满水；压力波动时，水力警铃不发生误报警；报警水流通路上的过滤器应安装在延迟器前便于排渣操作的位置。湿式报警装置的安装如图4-34所示。

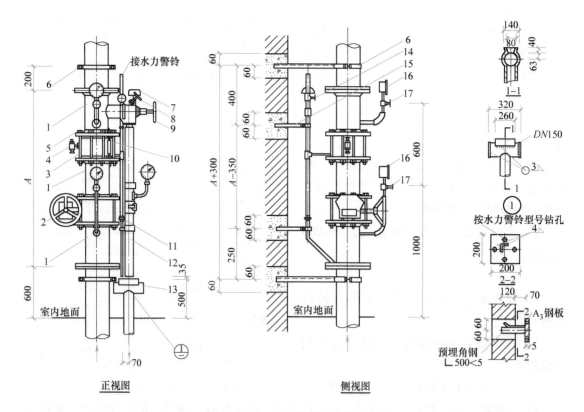

正视图　　　　侧视图

图4-34　湿式报警装置安装

1—装配管　2—信号阀　3—湿式阀　4—排水阀　5—螺栓　6、15—固定支架　7—压力开关　8—试验阀　9—泄放试验阀　10—起顶螺栓　11—排水小孔接管　12—试验排水短管　13—排水漏斗　14—截止阀　16—压力表　17—表前阀

5. 其他组件安装

1) 水力警铃应安装在公共通道或值班室附近安装检修方便的外墙上，警铃上应安装测试用阀门和公称直径为 20mm 的过滤器。警铃和报警阀的连接应采用镀锌钢管。管径为 15mm 时，其长度不应大于 6m；管径为 20mm 时，其长度不应大于 20m。水力警铃安装应确保启动压力不小于 0.05MPa。

2) 水流指示器应在管道试压合格后再安装。水流指示器竖直安装于水平管道上侧，其动作方向和水流方向一致，不得装反；安装后水流指示器的叶片、膜片动作应灵活，不得与管壁发生碰撞。

水流指示器的安装如图 4-35 所示。接线柱的电源电压为直流（DC）24V、3A，交流（AC）220V、5A。

3) 信号阀应靠近水流指示器安装，与水流指示器间距不小于 300mm。

4) 排气阀的规格、安装部位应符合设计图样要求，安装方向正确。阀内清洁、无堵塞，不渗漏。系统中的主要控制阀必须安装启闭标志。

5) 排气阀应在系统管网试压、冲洗合格后安装于配水干管顶部和配水管的末端，且确保不渗漏。

6) 减压孔板应安装在公称直径不小于 50mm 的水平管段上，减压孔板

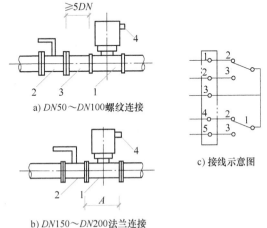

a) DN50～DN100螺纹连接

b) DN150～DN200法兰连接

c) 接线示意图

图 4-35　水流指示器的安装

1—水流指示器　2—蝶阀　3—短管　4—接线柱

安装在管道内水流转弯处下游一侧的直管上，与弯管的距离不小于设置段公称直径的 2 倍。

7) 压力开关宜竖直安装在通往水力警铃的管道上，在安装中不应拆动。

8) 末端试水装置安装在分区管网末端或系统管网末端。

课题 5　建筑内部热水供应系统的安装

4.5.1　建筑内部热水供应系统安装的一般规定

本规定适用于工作压力不大于 1.0MPa、热水温度不超过 75℃的建筑内部热水供应系统的安装。

1) 热水供应系统的管道应采用塑料管、复合管、镀锌钢管和铜管及其相应管配件。

2) 热水管道的坡度应符合设计要求，设计未注明时一般为 0.3%，不小于 0.2%。

3) 热水管道穿墙或楼板时应设套管和固定支架。

4) 采用铜管时其接口一般采用承插焊接。管道调直时应使用木制榔头轻轻敲击，不能使用铁锤敲打。

4.5.2 室内热水管道及辅助设备安装质量及允许偏差

1. 管道及配件安装

（1）主控项目

1）室内热水供应系统安装完毕后、管道保温之前应进行水压试验。试验压力应符合设计要求。当设计未注明时，热水供应系统水压试验压力为系统顶点的工作压力加 0.1MPa，同时在系统顶点的试验压力不得小于 0.3MPa。

检验方法：钢管或复合管道系统在试验压力下 10min 内压力降不大于 0.02MPa，然后降至工作压力检查，压力不降且管道不渗不漏；塑料管道系统在试验压力下稳压 1h，压力降不得超过 0.05MPa，然后在工作压力 1.15 倍状态下稳压 2h，压力降不得超过 0.03MPa，连接处不得渗漏。

2）热水供应管道应尽量利用自然弯补偿热伸缩，直线段过长则应设置补偿器。补偿器形式、规格、位置应符合设计要求，并按有关规定进行预拉伸。

检验方法：对照设计图样检查。

3）热水供应系统竣工后必须进行冲洗。

检验方法：现场观察检查。

（2）一般项目

1）管道安装坡度应符合设计规定。

检验方法：水平尺、拉线尺量检查。

2）温度控制器及阀门应安装在便于观察和维护的位置。

检验方法：观察检查。

3）热水供应管道和阀门安装的允许偏差应符合表 4-8 的规定。

4）热水供应系统管道应保温（浴室内明装管道除外），保温材料、厚度、保护壳等应符合设计规定。保温层厚度和平整度的允许偏差应符合表 4-12 的规定。

表 4-12 管道及设备保温的允许偏差和检验方法

项次	项 目		允许偏差/mm	检验方法
1	厚度 δ		$+0.1\delta$ -0.05δ	用钢针刺入检查
2	表面平整度	卷材	5	用 2m 靠尺和楔形塞尺检查
		涂抹	10	

注：δ 为保温层厚度。

2. 辅助设备安装

（1）主控项目

1）热交换器应以工作压力的 1.5 倍做水压试验。蒸汽部分压力应不低于蒸汽供汽压力加 0.3MPa；热水部分压力应不低于 0.4MPa。

检验方法：试验压力下 10min 内压力不降，不渗不漏。

2）水泵就位前的基础混凝土强度、坐标、标高、尺寸和螺栓孔位置必须符合设计要求。

检验方法：对照图样用仪器和尺量检查。

3）水泵试运转的轴承温升必须符合设备说明书的规定。

检验方法：温度计实测检查。

4）敞口水箱的满水试验和密闭水箱（罐）的水压试验必须符合设计与规范的规定。

检验方法：满水试验静置 24h，观察，应不渗不漏；水压试验在试验压力下 10min 压力不降，不渗不漏。

（2）一般项目　热水供应辅助设备安装的允许偏差应符合表 4-13 规定。

表 4-13　热水供应辅助设备安装的允许偏差和检验方法

项次	项　目			允许偏差/mm	检验方法
1	静置设备	坐标		15	用经纬仪或拉线、尺量检查
		标高		±5	用水准仪、拉线和尺量检查
		垂直度（每米）		5	吊线和尺量检查
2	离心式水泵	立式泵体垂直度（每米）		0.1	水平尺和塞尺检查
		卧式泵体水平度（每米）		0.1	水平尺和塞尺检查
		联轴器同心度	轴向倾斜（每米）	0.8	在联轴器互相垂直的四个位置上用水准仪、百分表或测微螺钉和塞尺检查
			径向位移	0.1	

课题 6　建筑小区给水管道的安装

建筑小区给水系统是指民用建筑群（住宅小区）及厂区的室外给水管网系统。其敷设方式有架空敷设和地下敷设两种。地下敷设除个别情况外，大部分采用直埋敷设。其管道安装程序一般为：测量放线、开挖沟槽、沟基处理、下管、管道安装、试压、回填。

4.6.1　室外给水管道施工的基本要求

1. 管材

室外给水系统常用管材及连接方法见表 4-14。

表 4-14　室外给水系统常用管材及连接方法

管材	用途	连接方法
给水铸铁管（$DN \geq 75mm$）	生活、消防、生产给水	承插连接或法兰连接
镀锌钢管	生活给水管	$DN \leq 100mm$ 时螺纹连接，$DN > 100mm$ 时法兰或卡套式连接
塑料管、复合管	生活给水管	橡胶圈接口连接、黏接连接、热熔连接、专用管件连接或法兰连接

2. 基础要求

1）当土壤承载力较高或地下水位较低时，可直接埋在管沟内的原土层上。

2）岩石或半岩石地基，需在管沟内铺垫厚度为 100mm 以上的中砂或粗砂，再在上面铺设管道。

3）土壤松软的地基，应有强度等级不小于 C10 的混凝土基础。

4）当给水管道从流砂或沼泽地带通过时，管道的混凝土基础下还应设桩排架。

3. 埋设间距

室外给水管道与其他管道和构筑物的最小埋设间距应符合规范要求。给水管与排水管交叉时，给水管应设在排水管上方。如因条件限制，给水管必须安装在排水管下方时，在交叉处应设保护套管。

4. 埋设深度

室外给水管道的埋设深度应考虑冰冻深度、地面荷载、管材强度、管道交叉、阀门高度等因素。

5. 附属构筑物

室外给水管网的附属构筑物有阀门井、室外消火栓井、管道支墩等，这些构筑物的形状、构造尺寸可参考有关标准图集。

4.6.2 室外给水管道的埋地敷设

1. 管沟测量放线

在管道改变方向的地方设坐标桩，在管道变坡点设置水平桩，在坐标桩和水平桩处水平设龙门板。根据管沟的中心与宽度，在龙门板上钉三个钉子，标出管沟中心与沟边的位置，如图 4-36 所示；然后用线绳分别系在两块龙门板的钉子上，用白灰沿着线绳放出开挖线；在龙门板上标出开挖深度，便于挖沟时复查。

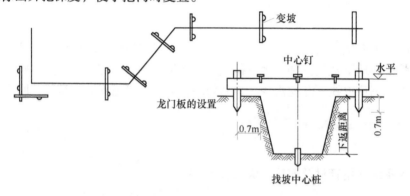

图 4-36　龙门板的设置

2. 开挖沟槽和工作坑

沟槽开挖的宽度和深度根据管材的直径、土壤的性质及埋深由设计确定。

沟槽开挖有人工开挖和机械开挖两种方式。机械开挖时，不能超挖，为了确保槽底土层结构不被扰动或破坏，应在基底标高以上留出 300mm 左右土层不挖，待铺管前人工清挖。

为防止塌方，沟槽开挖后应留有一定的边坡，如图 4-37 所示。边坡的大小与土质和沟深有关，其

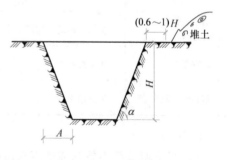

图 4-37　管沟的边坡

尺寸可参考表4-15。为了便于下管，挖出的土应堆放在沟的一侧，且土堆底边与沟边应保持（0.6~1）H 的距离，但不得小于0.8m。堆土高度不得超过1.5m。

表4-15　深度5m以内的沟槽边坡尺寸与土质关系表（不加支撑）

土壤名称	边坡坡度 H:A		
	人工开挖，并将土抛于沟边上	机械开挖	
		在沟底挖土	在沟边挖土
砂土	1:1.0	1:0.75	1:1.0
亚砂土	1:0.67	1:0.50	1:0.75
亚黏土	1:0.50	1:0.33	1:0.75
黏土	1:0.33	1:0.25	1:0.67
含砾石、卵石	1:0.67	1:0.50	1:0.75
泥炭岩白土	1:0.33	1:0.25	1:0.67
干黄土	1:0.25	1:0.10	1:0.33

3. 沟底处理

沟槽开挖好后，需对沟底进行处理。沟底应为坚实的自然土层；如为松土应夯实。有砾石应挖出200mm厚度的砾石层，并用好土回填夯实或用粗砂铺平。

4. 下管

下管前应检查管道有无缺陷，如砂眼、破裂等；检查下管用的绳子等工具是否牢靠；清理管道内部的杂物，并用喷灯烧掉铸铁管承口内和插口外的保护层，然后将检查并疏通好的管道沿管沟按设计要求排开，使铸铁管的承口方向迎着水流方向，插口顺着水流方向。

下管的方法有人工下管和机械下管两种方法。管径较小时，采用人力配合小型机具进行下管；管径较大时，采用机械吊装下管。

（1）人工下管　人工下管常用的方法是压绳下管法和三脚架下管法。

在人工压绳下管时，人员分成两组，用两根坚固、无断股的绳子套住管道。分别将绳子一端固定在地桩上，拉住另一端，用撬扛将管道移至沟边，并控制绳索使管道沿沟壁慢慢滑入沟底，如图4-38a 所示。此方法适用于管径为400~800mm 的管道下管。

用三脚架下管时，应先搭好三脚架，再将管道滚至三脚架下横跨沟槽的跳板上，然后吊起管道，撤掉跳板，即可将管道下落到沟槽内，如图4-38b 所示。此方法适用于管径在900mm 以内，长度在3m 以下的管道下管。

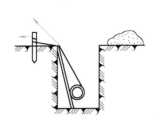 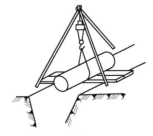

a) 人工压绳下管法　　　　　b) 三角架下管法

图4-38　人工下管操作示意图

（2）机械下管　机械下管采用汽车式起重机、履带式起重机、下管机或其他起重机械进行下管。起重机沿沟槽开行时距沟边至少应有1m的间距。

5. 稳管和接口

（1）稳管　稳管是将管道按设计高程与平面位置稳定在地基或基础上。稳管时将承插管的插口撞入承口内，四周的对口间隙应均匀一致。金属管稳定时，两管端面应留有10mm缝隙。

（2）接口

1）承插铸铁管接口。承插铸铁管有承插式刚性接口和承插式柔性接口两种形式（图4-39）。刚性接口的填料为油麻-石棉水泥、石棉绳-石棉水泥、油麻-膨胀水泥、油麻-铅，通常采用的是油麻-石棉水泥的承插接口方式。

油麻-石棉水泥接口的材料质量配合比为石棉：水泥 = 3：7。石棉应采用4级或5级石棉绒，水泥采用等级不低于42.5的硅酸盐水泥。石棉和水泥拌匀后，再加入总质量10% ~ 12%的水，揉成潮湿状态，能以手捏成团而不松散，扔在地上即散为合适。

直线管道安装时，应将全部或大部分插口装入承插口内并拉直。插口的端部与承插口的底表面要有3 ~ 5mm的间隙。为确保间隙大小均匀，可将8号钢丝拍成3mm厚，撅成8字钩，用它伸进承插口环状间隙检查是否合格。

捻（打）油麻时，要将油麻拧成直径为1.5倍承插口环缝宽度的油麻绳，要拧紧，由接口下方用麻钎子向上方依次捣入环缝间隙端部，再用手锤和麻钎子由下而上均匀地捻至承口底部，且应捻实，捻实后的麻深度为承口深度的1/3。

捻口时把和好的石棉水泥放入灰盘内摆在承口下部，用左手往承口内填灰，右手握捻凿往承口内塞。待塞至承口时，根据管径不同用1kg或2kg手锤捻实，再分层填灰，再捻实，捻满灰口。石棉水泥低于承口端面不超过2mm，灰口要打实、打平。

柔性接口的形式有楔形胶圈接口、唇形胶圈接口和圆形胶圈接口等。给水铸铁管安装应优先选用胶圈接口。胶圈接口只能用于埋地的地下敷设，不能用于地沟或设备层及管井内。

安装时按承口深度在插口上相应位置用油漆准确地画出承口深度标记，如图4-40所示。给水铸铁管道胶圈接口安装程序、方法及要求见表4-16，胶圈连接安装方法见表4-17和表4-18。

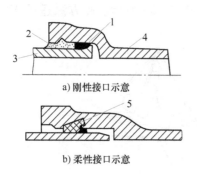

a) 刚性接口示意

b) 柔性接口示意

图4-39　承插铸铁管接口形式示意图

1—油麻　2—填料　3—插口　4—承口　5—楔形胶圈

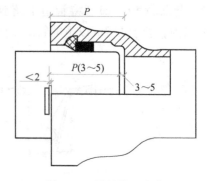

图4-40　柔性接口安装

表 4-16　给水铸铁管道胶圈接口安装程序、方法及要求

1. 刷掉承口内污垢	2. 涂润滑剂	3. 手拿胶圈

4. 胶圈放入承口胶圈槽内	5. 在胶圈内表面涂润滑剂	6. 刷掉插口上的污垢

7. 插口端部涂润滑剂准备装入承口内	8. 用探针检查胶圈位置
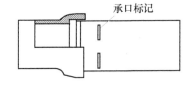	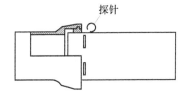

9. 检验。管线直度允许偏差：$DN \leqslant 400$mm，$\alpha \leqslant 4°$；$DN > 400$mm，$\alpha \leqslant 3°$

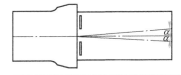

表 4-17　给水铸铁管道胶圈连接安装方法

1. $DN100$ 管道可用撬杠安装	2. $DN150 \sim DN200$ 管道使用专用工具安装
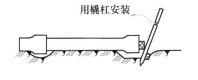	

3. $DN200 \sim DN400$ 管道用手扳葫芦安装，$DN > 400$mm 管道用倒链安装

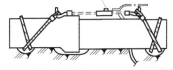

表4-18 管件安装方法

1. DN150、DN200，使用专用工具安装	2. DN>200，使用接手拉葫芦或倒链安装
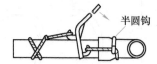	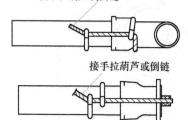

2）钢管接口。镀锌钢管全部采用镀锌钢管的管配件进行连接。焊接钢管可先在沟内进行分段焊接，每段长度一般在25～35m范围内，这样可以减少沟内接口的焊接数量。

3）接口注意事项。放至沟底的铸铁管要及时进行对口连接和覆土。在对口时，可利用撬杠或倒缝将管道插口推入承口内，管道保持在一条直线上，接口间隙均匀；如果管道上设有阀门，在接口时应先将阀门与配合的两侧短管安装好。当两个插口相接时，采用双承短管连接；若管道接口形式为法兰连接时，其法兰盘应安装在检查井内，不得埋设在土壤内，若必须埋在土壤内，则应进行防腐处理。

6. 试压

室外给水管道安装完毕后应进行水压试验，其目的是检查管道系统的耐压强度和严密性。

（1）操作方法

1）准备好试压机具，并对试验系统进行检查。消火栓、溢流阀等一律不得安装；试压管段两端及所有支管甩头均不得用闸阀代替堵板；试压管段两端均用堵板堵死，管道试压用钢堵板的厚度见表4-19。

表4-19 室外给水管道试压用钢堵板厚度

管径 DN/mm	堵板厚度/mm	备 注
≤125	6	—
150～300	8	—
350～450	11～14	—
500～700	15～21	加焊槽钢或角钢

2）按图4-41所示连接好堵板、加压泵、压力表、进水阀、放气阀等试压装置，并接通水源，挖好排水沟槽。

3）自下游管段向系统内灌水，打开设在上游管顶及管段中凸起点的放气阀，将管道内的气体排除，待放气阀连续出水时即可关闭。

4）用试压泵向系统加压。每次升压0.2MPa，同时观察接口的渗漏情况。升到试验压力后停泵对系统进行检查，如不渗漏即为合格。

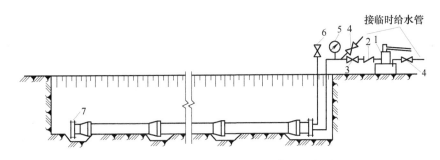

图 4-41　室外给水管道水压试验装置示意图

1—加压泵　2—单向阀　3—阀门　4—进水阀　5—压力表　6—放气阀　7—堵板

（2）操作要领及注意事项

1）试压前对管身应先回填一部分土，当管道接口处有回填土时，应把土取出。沿线管件的支墩应加固牢靠，以免试压时支墩移动。

2）向管道内灌水时，水流的速度不可太快。系统灌满后，为使管道内壁及接口填料充分吸水，宜在不大于工作压力条件下有一定的泡管时间。

3）对管径大于或等于 600mm 的管道进行水压试验时，试验管段端部的第一个接口应采用柔性接口或特制的柔性接口堵板。

4）当试压管道管径小于 300mm 时，采用手摇泵加压；管径大于或等于 300mm 时，采用电泵加压。加压时应分级升压，每升一级后检查后背、支墩、管身及接口，当无异常现象时方可继续升压。

5）在水压试验过程中，后背支撑、管道两端严禁站人，严禁对管身接口进行敲打或修补缺陷。

7. 回填土

管道敷设并调直后，应在除接口部分外的管道中部先进行覆土，待管道水压试验、接口防腐、绝热等工序完成后再进行沟槽回填。若有积水，应排尽后方可进行回填。

回填土的工作包括回土、摊平、夯实等工序。回填土中不允许含砖头、石块和冻结的大土块。管道两侧及管顶以上 0.5m 的部分，应从管道两侧人工填土，分层夯实。当覆土达 1.5m 以上时，可用机械碾压。用机械回填时，机械不得在管道上方行走。

8. 室外生活给水管道的冲洗与消毒

新铺生活给水管道竣工后，均应进行冲洗消毒，清除管道内的焊渣、污物等杂质，使给水水质符合生活给水水质要求。

冲洗后，拆除管道中已安装的水表，以短管代替，同时在管道末端设置几个放水点排除冲洗水。冲洗工作一般在夜间进行，冲洗水的流速应大于或等于 0.7m/s。

管道消毒一般采用漂白粉。将配好的消毒液随水流一起加入管中，浸泡 24h 后放水，并用清水冲洗干净，直至排出的水中无氯液，且管内的含氯量和细菌量经检测后满足水质标准的要求。

新安装的给水管道在冲洗消毒时，每 100m 管道中漂白粉及水的用量可参见表 4-20。

表 4-20 每 100m 管道漂白粉用量及用水量

管径/mm	用水量/m³	漂白粉用量/kg	管径/mm	用水量/m³	漂白粉用量/kg
15~50	0.8~5	0.09	300	42	0.93
75	6	0.11	350	56	0.97
100	8	0.14	400	75	1.30
150	14	0.14	450	93	1.61
200	22	0.38	500	116	2.02
250	32	0.55	600	168	2.90

9. 管沟及井室的质量控制及允许偏差

（1）主控项目

1）管沟的基层处理和井室的地基必须符合设计要求。

检验方法：现场观察检查。

2）各类井室的井盖应符合设计要求，应有明显的文字标识，各种井盖不得混用。

检验方法：现场观察检查。

3）设在通车路面下或小区道路下的各种井室，必须使用重型井圈和井盖，井盖上表面应与路面相平，允许偏差为 ±5mm。绿化带上和不通车的地方可采用轻型井圈和井盖，井盖的上表面应高出地坪 50mm，并在井口周围以 2% 的坡度向外做水泥砂浆护坡。

检验方法：观察和尺量检查。

4）重型铸铁或混凝土井圈，不得直接放在井室的砖墙上，砖墙上应做不少于 80mm 厚的细石混凝土垫层。

检验方法：观察和尺量检查。

（2）一般项目

1）管沟的坐标、位置、沟底标高应符合设计要求。

检验方法：观察、尺量检查。

2）管沟的沟底层应为原土层或夯实的回填土，沟底应平整，坡度应顺畅，不得有尖硬的物体、块石等。

检验方法：观察检查。

3）如沟基为岩石、不易清除的块石或砾石层时，沟底应向下挖 100~200mm。填铺细砂或粒径不大于 5mm 的细土，夯实到沟底标高后，方可进行管道敷设。

检验方法：观察和尺量检查。

4）管沟回填土，管顶上部 200mm 以内应用砂子或无块石及冻土块的土，并不得用机械回填；管顶上部 500mm 以内不得回填直径大于 100mm 的块石和冻土块；500mm 以上部分回填土中的块石或冻土块不得集中。上部用机械回填土时，机械不得在管沟上行走。

检验方法：观察和尺量检查。

5）井室的砌筑应按设计或给定的标准图施工。井室的底标高在地下水位以上时，基层应为素土夯实；在地下水位以下时，基层应用 100mm 厚的混凝土铺筑底板。砌筑应采用水泥砂浆，井室内表面抹灰后应严密、不透水。

检验方法：观察和尺量检查。

6）管道穿过井壁处，应用水泥砂浆分二次填塞严密，抹平，不得有渗漏。

检验方法：观察检查。

4.6.3　室外给水管道安装质量及允许偏差

1. 一般规定

1）输送生活给水的管道应采用塑料管、复合管、镀锌钢管或给水铸铁管。塑料管、复合管或给水铸铁管的管材、配件应是同一厂家的配套产品。

2）架空或在地沟内敷设的室外给水管道，其安装按室内管道的安装要求执行。塑料管道不得露天架空铺设；必须露天架空铺设时应有保温和防晒等措施。

2. 给水管道安装质量及允许偏差

(1) 主控项目

1）给水管道埋地敷设时，应铺设在当地的冰冻线以下；如必须在冰冻线以上铺设时，应有可靠的保温防潮措施。在无冰冻地区埋地敷设时，管顶的覆土埋深不得小于500mm，穿越道路部位的埋深不得小于700mm。

检验方法：现场观察检查。

2）给水管道不得直接穿越污水井、化粪池、公共厕所等污染源。

检验方法：观察检查。

3）管道接口法兰、卡口、卡箍等应安装在检查井或地沟内，不应埋在土壤中。

检验方法：观察检查。

4）给水系统各种井室内的管道安装，如设计无要求，井壁距法兰或承口的距离：管径小于或等于450mm时，不得小于250mm；管径大于450mm时，不得小于350mm。

检验方法：尺量检查。

5）管网必须进行水压试验，试验压力为工作压力的1.5倍，且不得小于0.6MPa。

检验方法：管材为钢管、铸铁管时，试验压力下10min内压力降不应大于0.05MPa；然后降至工作压力进行检查，压力应保持不变，不渗不漏。管材为塑料管时，在试验压力下，稳压1h压力降不大于0.05MPa；然后降至工作压力进行检查，压力应保持不变，不渗不漏。

6）镀锌钢管、钢管的埋地防腐必须符合设计要求；当设计无规定时，可按表4-21的规定执行。卷材与管材间应粘贴牢固，无空鼓、滑移、接口不严等。

表 4-21　管道防腐层种类

防腐层层次（从金属表面起）	正常防腐层	加强防腐层	特加强防腐层
1	冷底子油	冷底子油	冷底子油
2	沥青涂层	沥青涂层	沥青涂层
3	外包保护层	加强包扎层（封闭层）	加强保护层（封闭层）
4		沥青涂层	沥青涂层
5		外保护层	加强包扎层（封闭层）
6			沥青涂层
7			外包保护层
防腐层厚度不小于/mm	3	6	9

检验方法：观察和切开防腐层检查。

7）给水管道在竣工后，必须对管道进行冲洗，饮用水管道还要在冲洗后进行消毒，满足饮用水卫生要求。

检验方法：观察冲洗水的浊度，查看有关部门提供的检验报告。

（2）一般项目

1）管道的坐标、标高、坡度应符合设计要求，管道安装的允许偏差应符合表4-22的规定。

表4-22 室外给水管道安装的允许偏差和检验方法

项次	项目			允许偏差/mm	检验方法
1	坐标	铸铁管	埋地	100	拉线和尺量检查
			敷设在沟槽内	50	
		钢管、塑料管、复合管	埋地	100	
			敷设在沟槽内或架空	40	
2	标高	铸铁管	埋地	±50	拉线和尺量检查
			敷设在地沟内	±30	
		钢管、塑料管、复合管	埋地	±50	
			敷设在地沟内或架空	±30	
3	水平管纵横向弯曲	铸铁管	直段（25m以上）起点至终点	40	拉线和尺量检查
		钢管、塑料管、复合管	直段（25m以上）起点至终点	30	

2）管道和金属支架的涂漆应附着良好，无脱皮、起泡、流淌和漏涂等缺陷。

检验方法：现场观察检查。

3）管道连接应符合工艺要求，阀门、水表等安装位置应正确。塑料给水管道上的水表、阀门等设施的重量或启闭装置的扭矩不得作用于管道上，当管径大于或等于50mm时必须设独立的支承装置。

检验方法：现场观察检查。

4）给水管道与污水管道在不同标高平行敷设，其垂直间距在500mm以内时，给水管管径小于或等于200mm的，管壁水平间距不得小于1.5m；管径大于200mm的，管壁水平间距不得小于3m。

检验方法：观察和尺量检查。

5）铸铁管承插捻口连接的对口间隙应不小于3mm，且不得大于表4-23的规定。

表4-23 铸铁管承插捻口的对口最大间隙

管径/mm	沿直线敷设/mm	沿曲线敷设/mm
75	4	5
100~250	5	7~13
300~500	6	14~22

检验方法：尺量检查。

6）铸铁管沿直线敷设，承插捻口连接的环形间隙应符合表4-24的规定；沿曲线敷设，每个接口允许有2°的转角。

检验方法：尺量检查。

表4-24　承插捻口连接的环形间隙

管径/mm	标准环形间隙/mm	允许偏差/mm
75~200	10	+3 -2
250~450	11	+4 -2
500	12	+4 -2

7）捻口用的油麻填料必须清洁，填塞后应捻实。其深度应占整个环形间隙深度的1/3。

检验方法：观察和尺量检查。

8）捻口用水泥强度应不低于32.5MPa，接口水泥应密实饱满，其接口水泥面凹入承口边缘的深度不得大于2mm。

检验方法：观察和尺量检查。

9）采用水泥捻口的给水铸铁管，在安装地点有侵蚀性的地下水时，应在接口处涂抹沥青防腐层。

检验方法：观察检查。

10）采用橡胶圈接口的埋地给水管道，在土壤或地下水对橡胶圈有腐蚀的地段，在回填土前应用沥青胶泥、沥青麻丝或沥青锯末等材料封闭橡胶圈接口。橡胶圈接口的管道，每个接口的最大偏转角度不得超过表4-25的规定。

检验方法：观察和尺量检查。

表4-25　橡胶圈接口最大允许偏转角度

公称直径/mm	100	125	150	200	250	300	350	400
允许偏转角度	5°	5°	5°	5°	4°	4°	4°	3°

4.6.4　室外消火栓及消防水泵接合器的安装

1. 室外消火栓的安装

室外消火栓分地上安装和地下安装两种方式。

（1）室外消火栓的安装要求

1）消火栓的安装位置、形式必须符合设计要求。

2）消火栓沿道路布设在便于消防车通行和操作的地方。气温较高的地区采用地上式消火栓，北方寒冷地区采用地下式消火栓。

3）消火栓间距不应超过120m。消火栓到灭火地点的距离不应大于150m，距离车道不应大于2m，距建筑物外墙不宜小于5m。

4）消火栓的接口管径不小于100mm，消火栓进口管下面应夯实，并铺素混凝土或三合土。

5）地上式消火栓应有一个直径为150mm或100mm和两个直径为65mm的栓口。

6）室外地下式消火栓应有直径为100mm和65mm的栓口各一个，并有明显的标志。

（2）室外地上式消火栓的安装

1）室外地上式消火栓的基础需夯实，底座稳垫在混凝土上，阀门井的砌筑应符合设计要求。

2）消火栓顶部距地面的高度为640mm，立管应垂直，控制阀门井距消火栓的距离不应超过2.5m，弯管底部应设支座或支墩。

3）地上式消火栓在放水口处应做粒径为20～30mm的卵石渗水层，铺设半径为0.5m，铺设厚度自地平面下100mm到槽底。

室外地上式消火栓的安装如图4-42所示。安装时应首先砌筑消火栓阀门井和支墩，后将阀门装入阀门井的支墩上，并接好短管和弯头，最后将消火栓安装在弯头上并固定。室外地上式消火栓安装好后，应做深红色标记。

（3）室外地下式消火栓的安装

1）室外地下式消火栓在安装时应砌筑阀门井，阀门井基础需夯实，底座或支墩稳垫在混凝土上，支墩高出井底300mm。井的直径不应小于1000mm，井内设爬梯。

2）管件内外壁均涂两道沥青冷底子油，外壁涂刷两道热沥青。

室外地下式消火栓的安装如图4-43所示。安装前检查消火栓的外观质量和规格型号是否符合设计要求。在砌筑阀门井并做好支座或支墩后，将消火栓与主管进行连接。在安装好后盖好井盖，并对室外地下式消火栓做深红色标记。

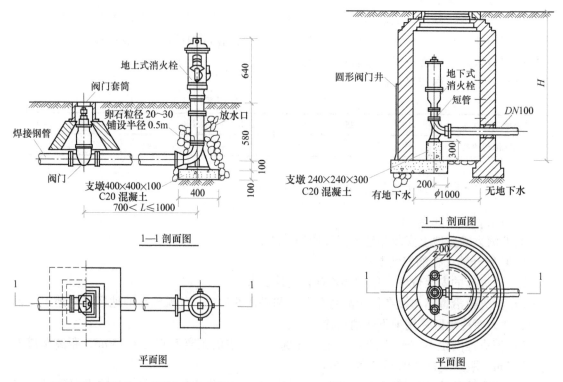

图4-42 室外地上式消火栓的安装　　　　图4-43 室外地下式消火栓的安装

2. 消防水泵接合器的安装

消防水泵接合器有墙壁式、地上式和地下式三种。消防水泵接合器的安装要求如下。

1）接合器的安装位置、形式必须符合设计要求。

2）距接合器 15~40m 内，应设室外消火栓或消防水池。

3）装于建筑物外墙上的墙壁式消防水泵接合器，应与建筑物的门、窗、孔洞保持一定距离，一般不宜小于 1m。

4）地上式和地下式（装于井内）消防水泵接合器均应有明显标志。

5）消防水泵接合器与室内管网连接时，必须设有阀门、单向阀、溢流阀和放水阀门。

消防水泵接合器的安装如图 4-44 所示。

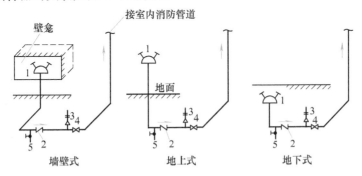

图 4-44　消防水泵接合器安装示意图

1—消防水泵接合器　2—单向阀　3—溢流阀　4—闸阀　5—放水阀

3. 消防水泵接合器及室外消火栓安装质量及允许偏差

（1）主控项目

1）系统必须进行水压试验，试验压力为工作压力的 1.5 倍，且不得小于 0.6MPa。

检验方法：试验压力下，10min 内压力降不大于 0.05MPa，然后降至工作压力进行检查，压力保持不变，系统不渗不漏。

2）消防管道在竣工前，必须对管道进行冲洗。

检验方法：观察冲洗出水的浊度。

3）消防水泵接合器和消火栓的位置标志应明显，栓口的位置应方便操作。消防水泵接合器和室外消火栓采用墙壁式时，如设计未要求，进、出水栓口的中心安装高度距地面应为 1.10m，其上方应设有防坠落物打击的措施。

检验方法：观察和尺量检查。

（2）一般项目

1）室外消火栓和消防水泵接合器的各项安装尺寸应符合设计要求，栓口安装高度允许偏差为 ±20mm。

检验方法：尺量检查。

2）地下式消防水泵接合器顶部进水口或地下式消火栓的顶部出水口与消防井盖底面的距离不得大于 400mm，井内应有足够的操作空间，并设爬梯。寒冷地区井内应做防冻保护。

检验方法：观察和尺量检查。

3）消防水泵接合器的安全阀及单向阀安装位置和方向应正确，阀门启闭应灵活。

检验方法：现场观察和手扳检查。

课题7 离心式水泵的安装

水泵按其安装形式可分为带底座水泵和不带底座水泵。工程中多使用带底座的水泵。现以IS型水泵安装为例，说明其安装要求与安装方法。IS型水泵安装如图4-45所示。

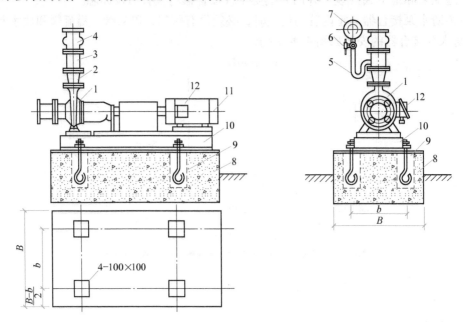

图4-45 IS型水泵（不减振）安装

1—水泵　2—变径管　3—短管　4—可曲挠接头　5—表弯管　6—表旋塞　7—压力表　8—混凝土基础
9—地脚螺栓　10—底座　11—电动机　12—接线盒

水泵的安装程序为：安装前的准备、放线定位、基础预制、水泵及附件安装、水泵的试运转。

4.7.1 安装前的准备

1）检查水泵基础的尺寸、位置、标高是否符合设计要求，预留地脚螺栓孔位置是否准确，深度是否满足要求。

2）检查核实水泵的零件和部件有无缺件、损坏和锈蚀等情况，转动部件应灵活，转动时无异常声响，管口保护物和堵盖应完好。

3）核对泵的主要安装尺寸是否与设计相符。

4）核对水泵型号、性能参数是否符合设计要求。

4.7.2 水泵安装

1. 水泵的吊装就位

将水泵连同底座吊起，除去底座底面油污、泥土等脏物，穿入地脚螺栓并把螺母拧满扣，对准预留孔将泵放在基础上，在底座与基础之间放上垫铁。吊装时绳索要系在泵及电动机的吊环上，且绳索应垂直于吊环，如图 4-46 所示。

2. 位置调整

调整底座位置，使底座上的中心点与基础中心线重合。

3. 水平调整

将水平尺放在水泵底座加工面上检查是否水平，不平时用垫铁垫平。在垫平的同时应使底座标高满足安装要求。垫铁的形状如图 4-47 所示，其规格见表 4-26。

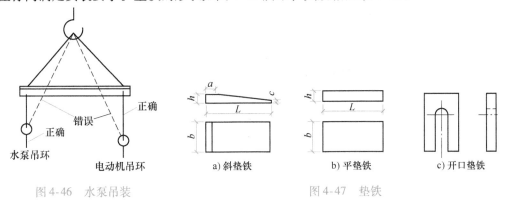

图 4-46　水泵吊装　　　　　a) 斜垫铁　　　b) 平垫铁　　　c) 开口垫铁

图 4-47　垫铁

表 4-26　斜垫铁和平垫铁的规格　　　　　　　　　　（单位：mm）

项次	斜　垫　铁						平　垫　铁			
	代号	L	b	c	a	材料	代号	L	b	材料
1	斜1	100	50	3	4	普通碳素钢	平1	90	60	铸铁或普通碳素钢
2	斜2	120	60	4	6		平2	110	70	
3	斜3	140	70	4	8		平3	125	85	

注：1. 厚度 h 可按实际需要和材料决定，斜垫铁斜度宜为 1/10～1/20；铸铁平垫铁的厚度最小为 20mm。
　　2. 斜垫铁应与同号平垫铁配合使用。

4. 同心度调整

同心度的调整方法是在电动机吊环中心和泵壳中心两点间拉线、测量，使测线完全落于泵轴的中心位置。调整的方法是松动水泵或电动机与底座的紧固螺栓，微动调整。

水泵和电动机同心度的检测，对安装精度要求高的大型机组，可用百分表检测；安装精度要求一般的可用钢角尺检测其径向间隙，如图 4-48 所示，也可用塞尺检测其轴向间隙，如图 4-49 所示。测量径向间隙时，把直角尺放在联轴器上，沿轮缘周围移动。若两个联轴器的表面均与直角尺相靠紧，则表示联轴器同心。图 4-48 中误差 $aa' \leqslant 3/100$，且最大不超过 0.08mm。用塞尺测量轴向间隙时，把塞尺在联轴器间的上下左右对称四点测量，若四处间隙相等，则表示两轴同心，图 4-49 中误差 $bb' \leqslant 5/100$，且不超过 4mm。当两个联轴器的径向和轴向均符合要求后，应将联轴器的螺栓拧紧。

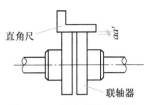
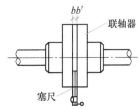

图 4-48　径向间隙的测定　　　　图 4-49　轴向间隙的测定

5. 二次浇灌混凝土

二次浇灌混凝土应保证使地脚螺栓与基础结为一体，待混凝土达到规定强度的75%后，对底座的水平度和水泵与电动机的同心度再进行一次复测并拧紧地脚螺栓。地脚螺栓的安装要求如下。

1）地脚螺栓的垂直度不应超过1/100，螺栓离孔壁的距离应大于15mm。

2）地脚螺栓底端不应碰孔底。

3）地脚螺栓上的油污应清除干净，其螺纹部分应涂油脂。

4）螺母和垫圈、垫圈与设备底座间的接触应良好。

5）螺母拧紧后，螺栓露出螺母的长度应大于2倍的螺距，但不得超过螺栓直径的1/2。

6）将底座与基础之间的缝隙填满砂浆，并和基础面一道压实抹光。

6. 水泵的减振

水泵机组运行时会产生振动和噪声，为了减少噪声，可在机组底座上安装不同形式的减振装置，如图4-50所示。

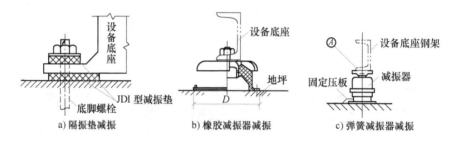

图4-50　机组的减振

4.7.3　水泵配管安装

1. 水泵配管的一般规定

1）所有与泵连接的管路应具有独立、牢固的支承。

2）吸水管与压水管管路直径不应小于水泵的进出口直径。当采用变径管时，变径管的长度应大于大小变径差的5～7倍。

3）吸水管路宜短而直，其管内不应有窝存气体的地方，如图4-51所示。当水泵的安装高度高于吸液面时，吸水管路的任何部分都不应高于水泵的入口；水平直管应有坡度。

4）每台水泵的出口应安装控制阀、单向阀和压力表并加防水锤；水泵入口应安装控制阀（或底阀）和压力表。

2. 配管要求

1）水泵吸水口前的直管段长度不应小于吸水口直径 D 的3倍，如图4-52所示。

2）当泵的安装位置高于吸水液面，泵的吸水口管径小于350mm时，应设置底阀；吸水口管径大于或等于350mm时，应设真空引水装置。

3）吸水管在吸水池的尺寸如图4-53所示。吸水管口浸水面下的深度 a 不应小于泵入口直径 D 的1.5～2倍，且不应小于500mm；吸水管口距池底的距离 b 不应小于泵入口直径 $0.8D$，且不应小于100mm；吸水管口中心距池壁的距离 c 不应小于泵入口直径 D 的1.25～1.5倍；相邻两泵吸水口中心距离 d 不应小于泵入口直径 D 的2.5～3倍。

4）当吸水管路装过滤器时，过滤网的总过滤面面积不应小于吸水管口面积的2～3倍。

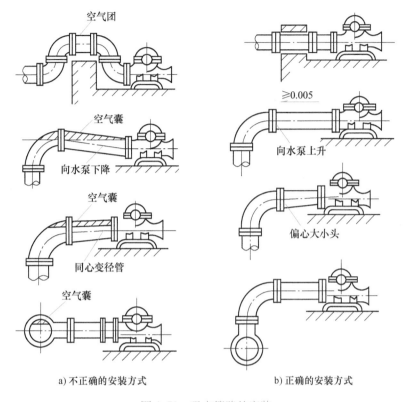

a) 不正确的安装方式　　　　　　　b) 正确的安装方式

图 4-51　吸水管路的安装

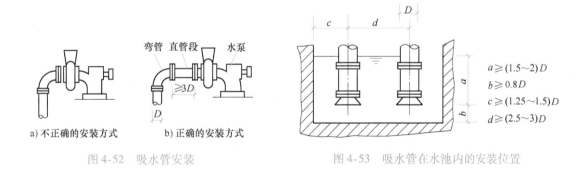

a) 不正确的安装方式　　b) 正确的安装方式

图 4-52　吸水管安装　　　　　　　　　　图 4-53　吸水管在水池内的安装位置

5）为防止管路滤网堵塞，可在吸水池入口或吸水管周围加设拦污网或拦污栅。

4.7.4　水泵的试运转

1. 试运转前的检查

1）电动机的转向与水泵的转向应相符。

2）各固定连接部位应无松动。

3）各润滑部位加注润滑剂的规格和数量应符合设备技术文件的规定；有预润滑要求的部位应按规定进行预润滑。

4）各指示仪表、安全保护装置及电控装置均应灵敏、准确、可靠。

5）盘车应灵活，无异常现象。

2. 水泵的起动

1）离心式水泵应打开吸水管路上的阀门，关闭压水管路上的阀门。

2）吸水管路应充满水，并排尽空气，不得在无水的情况下起动。

3）泵起动后应快速通过喘振区。

4）转速正常后打开压水管路上的阀门，开启不宜超过3min。将泵调节至设计工况，注意不能在性能曲线驼峰处运转，应在性能曲线较平缓段运转。

3. 水泵试运转要求

1）各固定连接部件不得有松动。

2）转子及各运动部件运转正常，不得有异常声响和摩擦现象。

3）附属系统的运转应正常，管道连接应牢固无渗漏。

4）滑动轴承的温度不应大于70℃；滚动轴承的温度不应大于80℃。

5）泵的安全保护和电控装置及各部分仪表应灵敏、正确、可靠。

6）机械密封的水泵泄漏量不应大于5mL/h，填料密封的水泵泄漏量不大于表4-27的规定。

表4-27 填料密封的水泵泄漏量

设计流量/（m³/h）	≤50	>50~100	>100~300	>300~1000	>1000
泄漏量/（mL/min）	15	20	30	40	60

7）泵在额定工况点连续试运转的时间不应少于2h；高速泵及特殊要求的泵试运转时间应符合设备技术文件中的规定。

8）离心泵的停车也应在出口阀全闭的状态下进行。

4.7.5 水泵安装质量控制及允许偏差

1. 主控项目

1）水泵就位前的基础混凝土强度、坐标、标高、尺寸和螺栓孔位置必须符合设计规定。

检验方法：对照图样用仪器和尺量检查。

2）水泵试运转的轴温升必须符合设备说明书的规定。

检验方法：温度计实测检查。

2. 一般项目

水泵安装的允许偏差和检验方法见表4-28。

表4-28 水泵安装的允许偏差和检验方法

项目		允许偏差	检验方法
离心式水泵	立式泵体垂直度	0.1mm/m	水平尺和塞尺检查
	卧式泵体水平度	0.1mm/m	水平尺和塞尺检查
	联轴器同心度 轴向倾斜	0.8mm/m	在联轴器互相垂直的四个位置上用水准仪、百分表或测微螺钉和塞尺检查
	联轴器同心度 径向位移	0.1mm	

课题 8　阀门、水箱的安装

4.8.1　阀门安装

1. 阀门安装前的检查

（1）外观检查

1）阀门外观应无破裂、砂眼、损坏等缺陷。

2）阀杆与阀芯的连接应灵活可靠，阀芯与阀座的结合应良好无缺陷。

3）阀杆无弯曲、锈蚀，阀杆与填料压盖配合良好。

4）阀体与管道的连接处螺纹或法兰无缺陷。

（2）阀门的强度和严密性试验　阀门在安装前应做强度和严密性试验。阀门的强度试验是指阀门在开启状态下试验，检查阀门外表面的渗漏情况；阀门的严密性试验是指阀门在关闭状态下试验，检查阀门密封面是否渗漏。

1）试验应在每批（同牌号、同型号、同规格）数量中抽查 10%，且不少于 1 个。对于安装在主干管上起切断作用的闭路阀门，应逐个做强度和严密性试验。

2）阀门的强度和严密性试验，应符合下列规定：阀门的强度试验压力为公称压力的 1.5 倍；严密性试验压力为公称压力的 1.1 倍。试验压力在试验持续时间内应保持不变，且壳体填料及阀瓣封面无渗漏。阀门的试压试验持续时间应不少于表 4-29 规定。

表 4-29　阀门试压试验持续时间

公称直径/mm	最短试验持续时间/s		
	严密性试验		强度试验
	金属密封	非金属密封	
≤50	15	15	15
65～200	30	15	60
250～450	60	30	180

2. 阀门安装的一般规定

1）阀门与管道或设备的连接方式有螺纹连接和法兰连接两种。安装螺纹阀门时，为便于拆卸，一般 1 个阀门应配活接头 1 只，活接设置的位置应考虑便于检修，一般应装于阀门出口端。安装法兰阀门时，两法兰应相互平行且同心，不得使用双垫片。

2）较大管径的阀门吊装时，其吊装钢丝绳应系在阀体上，不得吊装在手轮、阀杆或法兰螺孔上。

3）所有的阀门应安装于易于操作、检修处，严禁直埋地下。

4）同一房间内同一设备、同一用途的阀门应排列对称，整齐美观，阀门安装高度应便于操作。

5）水平管道上阀门、阀杆、手轮不可朝下安装，宜垂直向上或上倾一定的角度。

6）安装有方向要求的疏水阀、减压阀、单向阀、截止阀时，注意其安装方向应与介质的流动方向一致，切勿反接。

7）换热器、水泵等设备安装体积和重量较大的阀门时，应单设阀门支架；操作频繁、安装高度超过1.8m的阀门，应设固定的操作平台。

8）安装于地下管道上的阀门应设在阀门井内或检查井内。

阀门安装的允许偏差见表4-8。

4.8.2 水箱安装

1. 安装前的准备工作

1）自制水箱的型号、规格应符合设计或标准图的规定，且经满水试验不渗漏。

2）购买的成品水箱，其型号、规格应符合设计要求，有出厂合格证和产品质量证明，并应对其进行外观检查和验收。

3）安装在混凝土基础上的水箱，应对基础施工进行验收，合格并达到强度规定后方可进行安装。

4）水箱安装尺寸应符合设计规定，安装应平整牢固。

5）对钢板焊制的水箱应按设计规定进行内外表面的防腐；有保温要求时，其保温材料的种类、厚度应符合设计规定。

2. 水箱安装

水箱安装位置应正确且稳固平整，所用支架、枕木应符合设计要求。水箱配管如图4-54和图4-55所示。

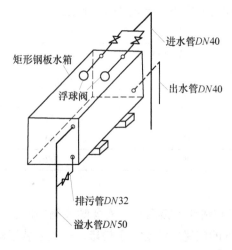

图4-54 水箱管道安装示意图

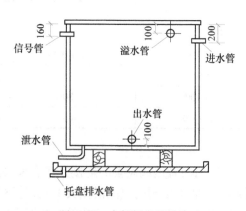

图4-55 水箱托盘及排水

（1）进水管 来自室内供水干管或水泵供水管，接管位置应在水箱一侧距箱顶200mm处并与水箱内的浮球阀接通。进水管上应安装阀门以控制和调节进水量。

（2）出水管 由水箱侧距箱底100mm处接出，与室内给水干管连接。出水管上应安装阀门。当进水管和出水管连在一起共用一根管道时，出水管的水平管段上应安装单向阀。

（3）溢水管 从水箱最高水位以下100mm处接出，其管径比进水管直径大1~2号。溢水管上不得安装阀门，并应将管道引至排水池（槽）处，但不得与排水管直接连接。

（4）排污管 从箱底接出，一般直径为40~50mm，应安装阀门，可与溢水管相接。

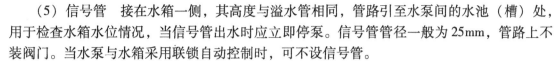

（5）信号管 接在水箱一侧，其高度与溢水管相同，管路引至水泵间的水池（槽）处，用于检查水箱水位情况，当信号管出水时应立即停泵。信号管管径一般为25mm，管路上不装阀门。当水泵与水箱采用联锁自动控制时，可不设信号管。

给水箱配管时，所有连接管道均应以法兰或活接头与水箱连接，便于拆卸。水箱的制作安装应符合国家标准。

3. 水箱安装质量控制及允许偏差

（1）主控项目 敞口水箱的满水试验和密闭水箱的水压试验必须符合设计与施工规范的规定。

检验方法：满水试验静置24h观察，不渗不漏；水压试验在试验压力下10min压力不降，不渗不漏。

（2）一般项目

1）室内给水设备安装的允许偏差和检验方法见表4-30。

2）管道及设备保温层的厚度和平整度的允许偏差应符合表4-12的规定。

表4-30 室内给水设备安装的允许偏差和检验方法

项目		允许偏差/mm	检验方法
静置设备	坐标	15	用经纬仪或拉线、尺量检查
	标高	±5	用水准仪、拉线和尺量检查
	垂直度（每米）	5	吊线和尺量检查

课题9 管道支架的安装

支架是管道系统的重要组成部分。其作用是支承管道，并限制管道位移和变形，承受从管道传来的内压力、荷载及温度变形的弹性力，并将这些力传递到支承结构或地基上。支架的安装是管道安装的重要环节。

4.9.1 支架的类型及结构

管道支架按材料不同分为钢结构、钢筋混凝土结构和砖土结构；按其对管道的制约作用不同，分为固定支架和活动支架；按构造不同分为托架和吊架。

1. 固定支架

在固定支架上，管道被牢牢地固定住，不能有任何位移。固定支架承受管道及其附件、管内流体、保温材料等的重量（静荷载）以及管道因温度压力的影响而产生的轴向伸缩推力和变形压力（动荷载）。因此，固定支架必须有足够的强度。

常用固定支架有卡环式（U形管卡）和挡板式两种，如图4-56和图4-57所示。卡环式固定支架用于较小管径（$DN \leqslant 100mm$）的管道；挡板式固定支架用于较大管径（$DN > 100mm$）的管道，有单面挡板、双面挡板两种形式。

2. 活动支架

活动支架有滑动支架、导向支架、滚动支架和吊架四种。

（1）滑动支架 管道可以在支承面上自由滑动，有低滑动支架（用于非保温管道）和

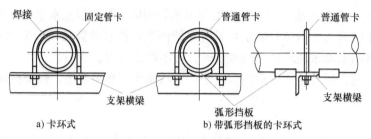

a) 卡环式

b) 带弧形挡板的卡环式

图 4-56　卡环式固定支架

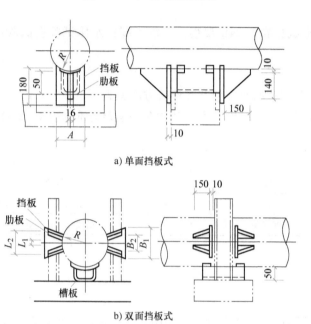

a) 单面挡板式

b) 双面挡板式

图 4-57　挡板式固定支架

高滑动支架（用于保温管道）两种，如图 4-58 ~ 图 4-60 所示。

（2）导向支架　导向支架的作用是限制管道径向位移，使管道在支架上滑动时不至于偏移管道轴心线，如图 4-61 所示。

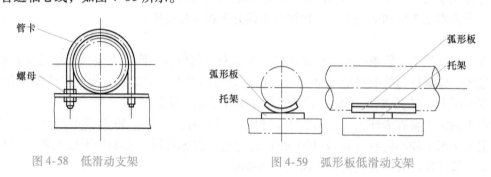

图 4-58　低滑动支架

图 4-59　弧形板低滑动支架

（3）滚动支架　滚动支架是装有滚筒或球盘使管道在位移时产生滚动摩擦的支架，有滚柱支架和滚珠支架两种，如图 4-62 所示。

（4）吊架　吊挂管道的结构称为吊架，如图4-63所示。

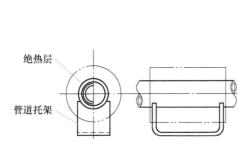

图 4-60　高滑动支架

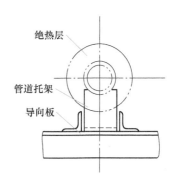

图 4-61　导向支架

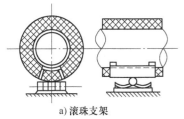

a) 滚珠支架　　b) 滚柱支架

图 4-62　滚动支架

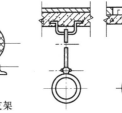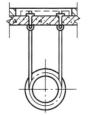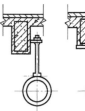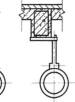

图 4-63　吊架

4.9.2　支架的安装

1. 支架的安装要求

1）支架位置正确，埋设平整牢固。

2）固定支架与管道接触应紧密，固定牢靠。

3）滑动支架应灵活，滑托与滑槽两侧间应留有 3~4mm 的间隙，纵向移动量符合设计要求。

4）无热伸长管道的吊架、吊杆应垂直安装。

5）有热伸长管道的吊架、吊杆应向热膨胀的反方向偏移。

6）固定在建筑结构上的管道支吊架不能影响结构的安全。

2. 支架的安装方法

支架的安装方法如下。

1）埋入式安装，如图4-64所示。

2）焊接式安装，如图4-65所示。

3）用膨胀螺栓安装，如图4-66所示。

4）抱箍式安装，如图4-67所示。

5）用射钉安装，如图4-68所示。

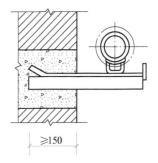

图 4-64　埋入墙内的支架安装

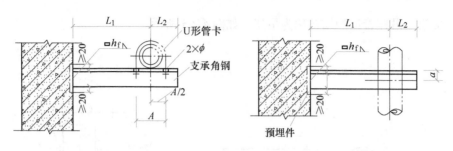

图 4-65 焊接式支架安装

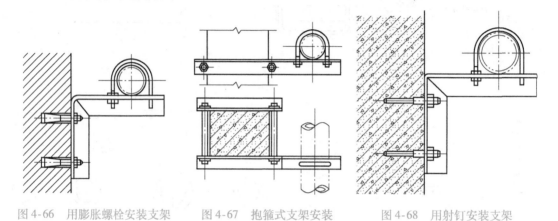

图 4-66 用膨胀螺栓安装支架　　图 4-67 抱箍式支架安装　　图 4-68 用射钉安装支架

课题 10　管道及设备的防腐与保温

4.10.1　管道与设备的防腐

在金属管道与设备表面涂刷防腐材料，主要是为防止或减缓金属管材、设备的腐蚀，延长系统的使用寿命。有时为起警告、提示作用，也可在管道、设备的外表面上涂刷不同色彩的防腐涂料。

1. 防腐作业的准备工作

1）防腐作业一般应在系统试压合格后进行。

2）防腐作业现场应有足够的场地，作业环境应无风沙、降雨，气温不宜低于 5℃、高于 40℃，相对湿度不宜大于 85%。

3）涂装现场应有防风、防火、防冻、防雨措施。

4）防止中毒事故发生，根据涂料的性能，按安全技术操作规程进行施工。

5）备齐防腐操作所需机具，如钢丝刷、除锈机、砂轮机、空压机、喷枪、毛刷等。

2. 防腐施工

（1）管道与设备表面清理和除锈　管道与设备表面的清理和除锈是防腐施工中的重要环节，除垢、除锈质量的高低，直接影响涂膜的寿命。

若管道与设备表面锈蚀，应采用手工、机械或化学方法除去其表面的氧化皮和污垢，直至露出金属本色，再用毛刷或棉丝擦净。

（2）涂刷防腐层

1）手工涂刷。先将防腐漆搅拌均匀，一般应添加 10% ~20%（质量分数）稀释剂。开始先试刷，检验其颜色、稠度，合格后再开始涂刷。涂刷的程序是自上而下、自左至右纵横涂刷。涂刷时应注意表面不得有流淌、堆积或漏刷等现象。

2）机械涂刷。稀释剂的添加量应略多于手工涂刷。喷涂时，漆流要与被涂面垂直，喷枪的移动要均匀平稳。

（3）涂料防腐的一般要求

1）明装管道与设备刷 1 道防锈漆、2 道面漆；保温及防结露管道与设备刷两道防锈漆，不刷面漆。

2）暗装管道不刷面漆，只刷 2 道防锈漆。

3）涂刷 2 道防锈漆时，应在第 1 道防锈漆干透后再刷第 2 道。

4）镀锌钢管直埋敷设时，其防腐应根据设计要求决定；如设计无规定，可按表 4-23 的规定选择防腐层。卷材与管材间应贴牢固，无空鼓、滑移、接口不严等缺陷。

4.10.2 管道与设备的保温

为减少输热管道（设备）及其附件向周围环境传热或环境向输冷管道（设备）传热，防止低温管道和设备外表面结露，应在管道（设备）外表面包覆保温材料，减少热（冷）量损失，保证用水温度，提高用热（冷）的效能。

除室内热水供应管道外，室内给水管道一般只有防结露的要求。

保温材料的种类很多，目前工程中常用的有岩棉、矿渣棉、玻璃棉、珍珠岩、硅藻土以及聚氨酯泡沫塑料、聚苯乙烯泡沫塑料、橡塑材料等。保温材料的种类及保温厚度应由设计确定，使用时应根据厂家产品说明书要求操作。

1. 管道与设备保温的一般规定

1）保温施工应在除锈、防腐和系统试压合格后进行，并保持管道与设备外表面的清洁干燥。

2）保温结构层应符合设计要求。一般保温结构由绝热层、防潮层和保护层组成。

3）保温层的环缝和纵缝接头不得有空隙，其捆扎铁丝或箍带间距为 150 ~200mm，并扎牢。防潮层、保护层搭接宽度为 30 ~50mm。

4）防潮层应严密，厚度均匀，无气孔、鼓泡和开裂等缺陷。

5）石棉水泥保护层应有镀锌铁丝网，抹面分两次进行，要求平整、圆滑、无明显裂缝。

6）缠绕式保护层应裹紧，不得有皱褶、松脱和鼓包，重叠部分为带宽的 1/2，起点和终点应扎牢并密封。

7）阀件或法兰处的保温应便于拆装，法兰一侧应留有螺栓的空隙。法兰两侧空隙可用散状保温材料填满，用管壳或毡类材料绑扎好，再做保护层。

2. 管道与设备保温施工的方法

（1）保温层的施工

1）预制法。将保温材料（如泡沫混凝土、硅藻土、矿渣棉、岩棉、玻璃棉、石棉蛭石、可发性聚苯乙烯塑料等）预制成扇形块状或管壳状，然后将其包裹在管道上或设备上形成保温层。注意用扇形块状保温材料围抱管道圆周时，块数取偶数或取小块，以便使横向接缝错开。

在预制块装配前，先用石棉硅藻土或碳酸镁石棉粉胶泥涂一层底层，厚度为5mm。如用矿渣棉或玻璃棉管壳保温，可不抹胶泥。

铺装保温层时，接缝应相互错开，接缝处用石棉硅藻土胶泥填实。用 $\phi1mm \sim \phi2mm$ 的镀锌铁丝捆扎，间距不大于300mm，每块预制品至少绑扎2处，每处不少于2圈，禁止以螺旋式缠绕。

预制品保温结构如图4-69所示。

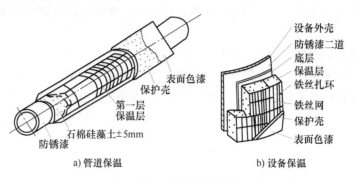

a) 管道保温　　　　　　　　b) 设备保温

图4-69　预制品保温结构

2）涂抹法。用石棉硅藻土或碳酸镁石棉粉加辅料石棉纤维涂抹在管道、设备、阀门上形成保温层。其施工方法为：先将保温材料按比例称量，然后均匀混合，加水调成胶泥状，准备使用。当管径不大于40mm时，保温层厚度可一次抹好；管径大于40mm时，可分层涂抹，每层涂抹厚度10～15mm。涂抹时必须等前层干燥后再涂抹下一层，直到满足保温层厚度为止。立管保温时，自上往下涂抹保温。为防止保温层下坠，可分段在管道上焊接支承环，然后再涂抹保温材料。支承环可由2～4块扁钢组成。

涂抹式保温结构如图4-70所示。

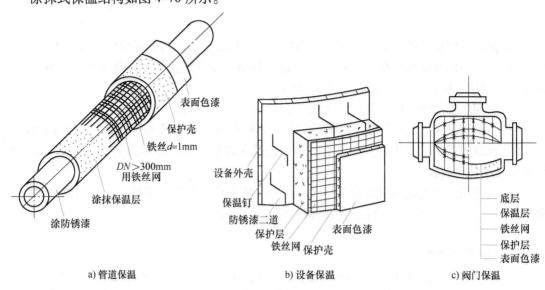

a) 管道保温　　　　　　　　b) 设备保温　　　　　　　　c) 阀门保温

图4-70　涂抹式保温结构

3）填充法。将玻璃棉、矿渣棉和泡沫混凝土等填充在管壁周围和设备外包的特制套子或铁丝网内，形成保温层。其施工方法为：施工时，先焊上支承环，然后套上铁丝网或特制套子，用铁丝与支承环扎牢，用保温材料填充管道周围和设备外壳。这种方式在施工时，保温材料有较多粉末飞扬，影响施工环境卫生。

填充式保温结构如图 4-71 所示。

4）缠包法。将沥青矿渣棉毡、岩棉保温毡和玻璃棉毡等制成片状或带状缠包在管道、设备等外面形成保温层。其施工方法为：先按管径大小，将棉毡剪裁成适当宽度的条块，再将其缠包在已做好防腐层的管道上。包缠时应将棉毡压紧，边缠、边压、边抽紧。如果一层棉毡的厚度达不到保温层厚度，可用多层分别缠包。要注意两层接缝应错开，每层纵横向接缝处用同样的保温材料填充，纵向接缝应在管顶上部。

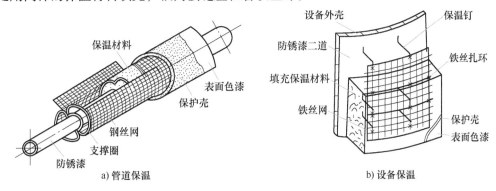

图 4-71   填充式保温结构

缠包式保温结构如图 4-72 所示。

（2）防潮层的施工   保冷管道及室外保温管道露天敷设时，均需增设防潮层。目前常用的防潮材料为石油沥青油毡和沥青胶或防水冷胶玻璃布及沥青玛瑞脂玻璃布等。

1）沥青胶或防水冷胶玻璃布及沥青玛瑞脂玻璃布防潮层施工方法是：先在

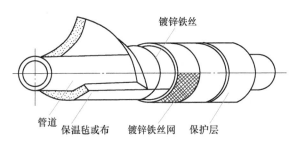

图 4-72   缠包式保温结构

保温层上涂抹沥青或防水冷胶料或沥青玛瑞脂，厚度均为 3mm；再将厚度为 0.1～0.2mm 的中碱粗格平纹玻璃布贴在沥青层上，其纵向、环向缝搭接不应小于 50mm，搭接处必须粘贴密封；然后用 16～18 号镀锌钢丝捆扎玻璃布，每 300mm 捆扎一道；待干燥后在玻璃布表面上再涂抹厚度为 3mm 的沥青胶或防水冷胶料；最后将玻璃布密封。

2）石油沥青油毡防潮层的施工方法是：先在保温层上涂沥青玛瑞脂，厚度为 3mm；再将石油沥青毡贴在沥青玛瑞脂上，油毡搭接宽度为 50mm；然后用 17～18 号镀锌钢丝或铁箍捆扎油毡，每 300mm 捆扎一道；在油毡上涂厚度 3mm 的沥青玛瑞脂，并将油毡封闭。

（3）保护层的施工   无论是保温结构还是保冷结构，均应设置保护层。其施工方法因保护层的材料不同而不同。

1）包扎式复合保护层。其施工方法是将 350 号石油沥青油毡包在保温层（或防潮层）

外，用18号镀锌钢丝捆扎，两道钢丝间距为250～300mm（适用于 $DN \leqslant 100$ mm 管道）；也可用宽度15mm、厚0.4mm的钢带扎紧，钢带间距300mm（适用于 $DN = 450 \sim 1000$ mm 管道）。将中碱玻璃布以螺旋状紧绕在油毡层外，布带两端每隔3～5m处，用18号镀锌钢丝或宽度为15mm、厚度为0.4mm的钢带捆扎。最后在油毡玻璃布保护层外面刷涂料或沥青冷底子油。室外架空管道油毡玻璃布保护层外面，应刷油性调合漆两道。

2）玻璃布保护层。玻璃布保护层的施工方法是先在保温层外贴一层石油沥青油毡，然后包一层六角镀锌钢丝网。钢丝网接头处搭接宽度不应大于75mm，并用16号镀锌钢丝绑扎平整。在玻璃布上涂抹湿沥青橡胶粉玛琋脂2～3mm厚，再用厚度为0.1mm玻璃布贴在玛琋脂上，玻璃布纵向和横向搭接宽度应不小于50mm。最后在玻璃布外面刷调合漆两道。

3）金属薄板保护层。使用厚度为0.5～0.8mm的镀锌薄钢板或铝合金薄板作为保护层。安装前先在金属薄板两边压出两道半圆凸缘；对设备保温时，为加强金属薄板的强度，可在每张金属薄板的对角线上压两道交叉折线。

施工时，将金属薄板按管道保温层（或防潮层）外径加工成形，再套在保温层上，使纵向、横向搭接宽度均为30～40mm，纵向接缝朝视向背面。接缝一般用螺栓固定，可先用手提电钻打孔，孔径为螺栓直径的0.8倍，再穿入螺栓固定，螺栓间距为200mm左右。禁止用手工冲孔。对有防潮层的保温管不能用自攻螺栓固定，而应用镀锌铁皮扎紧防护层接缝。

总之，保护层施工不得损伤保温层或防潮层。用涂抹法施工的保护层应平整光滑，无明显裂缝。用包扎法施工的保护层应搭接均匀、松紧适度。用金属薄板作室外管道保护层时，连接缝应顺水流方向，以防渗漏。

4.10.3 管道及设备防腐保温施工的质量控制及允许偏差

1）防锈漆的厚度应均匀，不得有脱皮、起泡、流淌和漏涂等缺陷。

检验方法：保温前观察检查。

2）镀锌钢管、钢管的埋地防腐必须符合设计要求；如设计无规定时，可按表4-21的规定执行。卷材与管材间应粘贴牢固，无空鼓、滑移、接口不严等。

检验方法：观察和切开防腐层检查。

3）管道保温层的厚度和平整度的允许偏差应符合表4-12的规定。

课题11　建筑给水工程质量验收

建筑给水（排水）工程质量验收，是检验给水（排水）质量必不可少的程序，是保证给水（排水）工程质量的一项重要措施，必须严格执行。

建筑给水（排水）工程的验收应依据《建筑工程施工质量验收统一标准》（GB 50300—2013）和《建筑给水排水及采暖工程施工质量验收规范》（GB 50242—2002）进行。

4.11.1 术语

1. 建筑工程质量

建筑工程质量是指反映建筑工程满足相关标准规定或合同约定的要求，包括其安全、使用功能及其在耐久性能、环境保护等方面所有明显和隐含能力的特性总和。

2. 验收

验收是指建筑工程在施工单位自行质量检查评定的基础上，参与建筑活动的有关单位共同对检验批、分项、分部、单位工程的质量进行抽样复验，根据有关标准以书面形式对工程质量达到合格与否作出确认。

3. 进场验收

进场验收是对进入施工现场的材料、构配件、设备等按相关标准规定要求进行检验，确认产品是否合格。

4. 检验批

检验批是按统一的生产条件或按规定的方式汇总起来供检验用的，由一定数量样本组成的检验体。

5. 检验

检验是对检验项目中的性能进行量测、检查、试验等，并将结果与标准规定要求进行比较，以确定每项性能是否合格所进行的活动。

6. 主控项目

主控项目是指建筑工程中的对安全、卫生、环境保护和公众利益起决定性作用的检验项目。

7. 一般项目

一般项目是指除主控项目以外的检验项目。

8. 抽样检验

抽样检验是按照规定的抽样方案，随机地从进场的材料、构配件、设备或建筑工程检验项目中按检验批抽取一定数量的样本所进行的检验。

9. 观感质量

观感质量是指通过观察和必要的量测所反映的工程外在质量。

4.11.2　建筑给水（排水）工程质量验收要求

1）给水（排水）工程质量应符合《建筑工程施工质量验收统一标准》（GB 50300—2013）和《建筑给水排水及采暖工程施工质量验收规范》（GB 50242—2002）的规定。

2）给水（排水）工程施工应符合工程勘察、设计文件的要求。

3）参与工程施工质量验收的各方人员应具备规定的资格。

4）工程质量的验收均应在施工单位自行检查评定的基础上进行。

5）隐蔽工程在隐蔽前应由施工单位通知有关单位进行验收，并形成验收文件。

6）有关材料应按规定进行见证取样检测。

7）检验批的质量应按主控项目和一般项目验收。

8）对涉及安全和使用的重要部分进行抽查。

9）承担生活给水水质检验的单位应具有相应资质。

10）工程的观感质量应由验收人员通过现场检查，并应共同确认。

4.11.3　给水工程检测和检验的主要内容

1）给水管道系统和设备及阀门水压试验。

2）给水管道通水试验及冲洗、消毒检测。

3）消火栓系统测试。

4）溢流阀及报警联动系统动作测试。

4.11.4 给水（排水）工程质量验收文件和记录中的主要内容

1）开工报告。

2）图样会审记录、设计变更及洽商记录。

3）施工组织设计或施工方案。

4）主要材料、成品、半成品、配件、器具和设备出厂合格证及进场验收单。

5）隐蔽工程验收及中间试验记录。

6）设备试运转记录。

7）安全、卫生和使用功能检验和检测记录。

8）检验批、分项、子分部、分部工程质量验收记录。

9）竣工图。

4.11.5 建筑给水工程分部、子分部、分项工程及检验批的划分

建筑工程质量验收应划分为单位（子单位）工程、分部（子分部）工程、分项工程和检验批。建筑给水工程分部、子分部、分项工程的划分见表4-31。

表 4-31 建筑给水工程分部、子分部、分项工程划分表

序号	分部工程	子分部工程	分项工程
1	建筑给水工程	室内给水系统	给水管道及配件安装、室内消火栓系统安装、给水设备安装、管道防腐、绝热
2		室内热水供应系统	管道及配件安装、辅助设备安装、防腐、绝热
3		室外给水管网	给水管道安装、消防水泵接合器及室外消火栓安装、管沟及井室
4		建筑中水系统及游泳池系统	建筑中水系统管道及辅助设备安装、游泳池系统安装

分项工程可由一个或若干检验批组成，建筑给水系统检验批可按系统数量、建筑单元、楼层或施工段划分。

4.11.6 建筑给水（排水）工程质量验收程序和组织

建筑给水（排水）工程的验收按检验批、分项工程、分部（或子分部）工程进行，最后对单位（或子单位）工程进行验收。给水（排水）工程验收分中间验收和竣工验收。

中间验收一般是对隐蔽工程进行验收，凡是在竣工验收前被隐蔽的工程项目都必须进行中间验收。前道工序验收合格后，才能进行下一道工序的施工。

竣工验收是全面检验给水（排水）工程质量的验收。

检验批、分项工程、分部（或子分部）工程质量均应在施工单位自检合格的基础上进行。由监理工程师（建设单位项目技术负责人）组织施工单位项目专业质量（技术）负责人等进行验收。

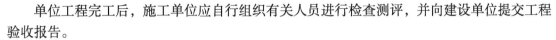

单位工程完工后，施工单位应自行组织有关人员进行检查测评，并向建设单位提交工程验收报告。

建设单位收到验收报告后，应由建设单位（项目）负责人组织施工（含分包单位）、设计、监理等单位（项目）负责人进行单位（子单位）工程验收。

当参加验收各方对工程质量验收意见不一致时，可请当地建设行政主管部门或工程质量监督机构协调处理。

单位工程质量验收合格后，建设单位应按规定时间将工程竣工验收报告和有关文件报建设行政管理部门备案。

4.11.7　建筑给水工程质量验收

1. 检验批的质量验收

1）检验批的质量验收合格应符合下列要求。

① 主控项目和一般项目的质量经抽样检验合格。

② 具有完整的施工操作依据和质量检查记录。

2）给水系统检验批质量验收记录有以下几个。

① 室内给水系统给水管道及配件安装工程检验批质量验收记录。

② 室内给水系统消火栓系统安装工程检验批质量验收记录。

③ 室内给水系统给水设备安装工程检验批质量验收记录。

④ 室内热水供应系统管道及配件安装工程检验批质量验收记录。

⑤ 室内热水供应系统辅助设备安装工程检验批质量验收记录。

⑥ 室外给水管网给水管道安装工程检验批质量验收记录。

⑦ 室外给水管网消防水泵接合器及消火栓安装工程检验批质量验收记录。

⑧ 室外给水管网给水管道管沟及井室工程检验批质量验收记录。

⑨ 建筑中水系统管道及辅助设备安装工程检验批质量验收记录。

⑩ 检验批质量验收表。

2. 分项工程质量验收

分项工程质量验收是在检验批验收的基础上进行的，是一个统计过程。分项工程验收时应注意：核对检验批的部位、区段是否全部覆盖分项工程的范围，有没有漏检的部位；检验批验收记录的内容是否正确、齐全。分项工程质量验收合格应符合下列规定。

1）分项工程所含的检验批均应符合合格质量的规定。

2）分项工程所含的检验批的质量验收记录完整。

3. 子分部工程质量验收

子分部工程质量验收合格应符合下列规定。

（1）子分部工程所含分项工程的质量均应验收合格　实际验收中，这项内容主要是统计工作，应注意检查给水子分部工程中每个分项工程验收是否正确；有没有分项工程没有归纳进来或是没有进行验收；分项工程的资料是否完整，内容是否有缺漏项；分项验收人员的签字是否齐全及符合规定。

（2）质量控制资料应完整　给水工程质量控制资料有以下几种。

1）图纸会审、设计变更、洽商记录。

2）材料、配件出厂合格证书，汇总表及进场检（试）验报告。

3）管道、设备、阀门强度及严密性试验记录。

4）设备隐蔽工程验收记录。

5）系统清洗试验记录。

6）设备专业施工日志。

一个子分部工程是否具有数量和内容完整的质量控制资料是能否通过验收的关键。

（3）设备安装分部工程安全及功能的检验结果应符合有关规定　给水工程安全及功能检验资料有以下两种。

1）给水管道通水试验记录。

2）消防管道压力试验记录。

建筑给水系统安全及功能验收内容，包括安全及功能两个方面的资料，验收时应注意：检查对规范中规定的内容是否都进行了验收；核查资料的检测程序、验收人员的签字是否规范等。

（4）观感质量验收应符合要求　给水系统观感验收主要项目有以下几个。

1）管道接口、坡度、支架。

2）管道阀门、套管。

3）管道和设备的防腐、保温等。

子分部工程的观感质量检查，是经过现场工程的检查由检查人员共同确定评价的，有好、一般、差三个等级。对一些无法定量的项目，如支架安装的平整度、阀门启闭灵活度、管道接口外露麻丝、油漆厚度的均匀性和光滑程度等，可采用定性确定方法，由检测人员掌握。

各分部（子分部）工程质量合格验收结束后，应对单位（子单位）工程进行质量验收。单位（子单位）工程质量验收，是工程交付使用前的最后一道程序，要严格把好质量关。

德 育 建 议

通过分析以次充好、偷工减料等不良行为引发的工程质量问题和生命财产安全问题，引导学生诚实守信、认真负责、严把质量关，在日后工作中遵守建筑行业职业道德规范，保证建筑安装行业质量标准。

复习思考题

1. 建筑内部给水工程施工图由哪几部分组成？各包含哪些内容？
2. 怎样识读给水工程施工图？
3. 建筑内部给水（排水）工程施工图常用比例是多少？
4. 建筑给水（排水）系统管道怎样编号？
5. 常用管道切割方法有哪几种？适用于切断何种管材？

6. 建筑内部给水系统安装的一般程序有哪些?

7. 建筑内部给水采用不同管材时,对其支架有何要求?

8. 如何对管材和管件的质量进行检验?

9. 管道穿墙、楼板、伸缩缝、建筑基础时,应怎样处理?

10. 塑料管道有哪几种连接方法?

11. 硬聚氯乙烯管黏接的程序、方法是怎样的?

12. 采用硬塑料管输送给水时,水箱配管有何要求?

13. 室内给水系统的试验压力怎样确定?怎样检验?

14. 室内给水管道安装主控项目有哪些?

15. 报警阀组安装应符合哪些要求?

16. 热水供应系统安装的一般要求有哪些?

17. 敞口水箱与密闭水箱如何做满水试验和水压试验?

18. 室外给水管采用直埋敷设时,如何下管?

19. 简述水泵安装程序。

20. 水泵试运转有哪些要求?

21. 为什么要对给水管道和设备进行防腐保温?

22. 常见的保温结构是怎样的?

23. 建筑给水(排水)工程质量验收的程序是什么?怎样组织验收?

模块二　建筑排水系统

单元5　建筑内部排水系统

课题1　排水系统常用管材、管件及卫生器具

5.1.1　排水系统常用管材及选用

建筑内部排水系统常用管材主要有建筑排水塑料管、排水铸铁管。

1. 排水铸铁管

排水铸铁管的抗拉强度不小于140MPa，其水压试验压力为1.47MPa，因此管壁较薄，重量较轻，出厂时内外表面均不作防腐处理，其外表面的防腐需在施工现场进行。按管承口部位的形状不同，排水铸铁管分为A型和B型。其规格用公称直径表示，规格尺寸见表5-1和表5-2。

表5-1　排水用灰铸铁管规格尺寸　　　　　　　　　　（单位：mm）

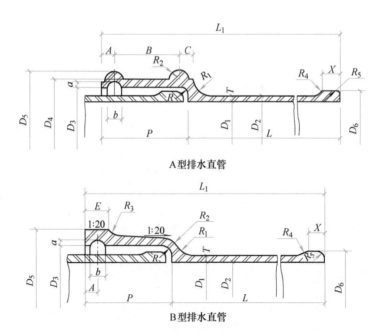

A型排水直管

B型排水直管

（续）

A型排水管承、插口尺寸

公称口径	管厚 T	内径 D₁	外径 D₂	承口尺寸												插口尺寸			
				D_3	D_4	D_5	A	B	C	P	R	R_1	R_2	a	b	D_6	X	R_4	R_5
50	4.5	50	59	73	84	98	10	48	10	65	6	15	8	4	10	66	10	15	5
75	5	75	85	100	111	126	10	53	10	70	6	15	8	4	10	92	10	15	5
100	5	100	110	127	139	154	11	57	11	75	7	16	85	4	12	117	15	15	5
150	5.5	150	161	181	193	210	12	66	12	85	7	18	9.5	4	12	168	15	15	5
200	6	200	212	232	246	264	12	76	13	95	7	18	10	4	12	219	15	15	5

B型排水管承、插口尺寸

公称口径	管厚 T	内径 D₁	外径 D₂	承口尺寸											插口尺寸			
				D_3	D_5	E	P	R	R_1	R_2	R_3	A	a	b	D_6	X	R_4	R_5
50	4.5	50	59	73	98	18	65	6	15	12.5	25	10	4	10	66	10	15	5
75	5	75	85	100	126	18	70	6	15	12.5	25	10	4	10	92	10	15	5
100	5	100	110	127	154	20	75	7	16	14	25	11	4	12	117	15	15	5
150	5.5	150	161	181	210	20	85	7	18	14.5	25	12	4	12	168	15	15	5
200	6	200	212	232	264	25	95	7	18	15	25	12	4	12	219	15	15	5

表5-2 排水直管的壁厚及质量

公称口径 /mm	外径 D_2 /mm	壁厚 T/ mm	承口凸部质量 /kg		插口凸部质量 /kg	直部 1m 质量 /kg	有效长度 L/mm								总长度 L_1/mm	
							500		1000		1500		2000		1830	
			A型	B型			总质量/kg									
							A型	B型	A型	B型	A型	B型	A型	B型	A型	B型
50	59	4.5	1.13	1.18	0.05	5.55	3.96	4.01	6.37	6.78	9.51	9.56	12.28	12.33	10.98	11.03
75	85	5	1.62	1.70	0.07	9.05	6.22	6.30	10.74	10.82	15.27	15.35	19.79	19.87	17.62	17.70
100	110	5	2.33	2.45	0.14	11.88	8.41	8.53	14.53	14.47	20.29	20.41	26.23	26.35	23.32	23.44
150	161	5.5	3.99	4.19	0.20	19.35	13.87	14.07	23.54	23.74	33.22	33.42	42.89	43.09	37.96	38.16
200	212	6	6.10	6.40	0.26	27.96	20.34	20.64	34.32	34.62	48.30	48.60	62.28	62.58	54.87	55.17

2. 建筑排水用塑料管

建筑排水用塑料管是以聚氯乙烯树脂为主要原料，加入必需的助剂，经挤压成型的有机高分子材料。用塑料制成的管道具有优良的化学稳定性，耐腐蚀和物理机构性能好，不燃烧，无不良气味，质轻而坚，密度小，表面光滑，容易加工安装，在工程中被广泛应用。建筑排水用塑料管适用于输送生活污水和生产污水。其规格用 d_e（公称外径）×e（壁厚）表示，见表5-3。

表5-3 建筑排水用塑料管规格 （单位：mm）

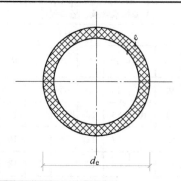

公称外径 d_e	平均外径极限偏差	壁厚 e		长度 L	
		基本尺寸	极限偏差	基本尺寸	极限偏差
40	+0.30，0	2.0	+0.40，0	4000 或 6000	±10
50	+0.30，0	2.0	+0.40，0		
75	+0.30，0	2.3	+0.40，0		
90	+0.30，0	3.2	+0.60，0		
110	+0.40，0	3.2	+0.60，0		
125	+0.40，0	3.2	+0.60，0		
160	+0.50，0	4.0	+0.60，0		

3. 排水管材的选用

建筑内部排水管道应采用建筑排水塑料管及管件或柔性接口机制排水铸铁管及相应管件。

当连续排水温度大于40℃时，应采用金属排水管或耐热塑料排水管；压力排水管道可采用耐压塑料管、金属管或钢塑复合管。

重力流排水系统多层建筑宜采用建筑排水塑料管，高层建筑宜采用耐腐蚀的金属管、承压塑料管。

满管压力流排水系统宜采用内壁较光滑的带内衬的承压排水铸铁管、承压塑料管和钢塑复合管等。

小区室外排水管道，应优先采用埋地排水塑料管。

小区雨水排水系统可选用埋地塑料管、混凝土或钢筋混凝土管、铸铁管等。

5.1.2 排水系统常用管件、附件及选用

1. 铸铁管件

常用排水铸铁管件如图5-1所示。

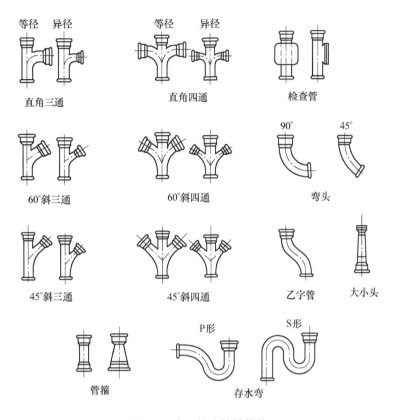

图 5-1 常用排水铸铁管件

2. 硬聚氯乙烯管件

排水用硬聚氯乙烯管件如图 5-2 所示。

3. 存水弯

存水弯的作用是在其内形成一定高度（通常为 50~100mm）的水封，阻止排水系统中的有害气体或虫类进入室内，保证室内的环境卫生。凡构造内无存水弯的卫生器具与生活污水管道或其他可能产生有害气体的排水管道连接时，均必须在排水口以下设存水弯。存水弯的类型主要有 S 形和 P 形两种。

S 形存水弯常用在排水支管与排水横管垂直连接部位。P 形存水弯常用在排水支管与排水横管和排水立管不在同一平面位置而需连接的部位。需要把存水弯设在地面以上时，为满足美观要求，存水弯还可设计成瓶式、存水盒等不同形式。

5.1.3 卫生器具及选用

卫生器具是用来满足日常生活中各种卫生要求，收集和排放生活及生产中产生的污水、废水的设备，是建筑给水排水系统的重要组成部分。

卫生器具一般采用不透水、无气孔、表面光滑、耐腐蚀、耐磨损、耐冷热、容易清洗、有一定机械强度的材料制造，如陶瓷、搪瓷生铁、不锈钢、塑料、复合材料等。卫生器具正向着冲洗功能强、节水、消声、设备配套、便于控制、使用方便、造型新颖、色调协调等方向发展。

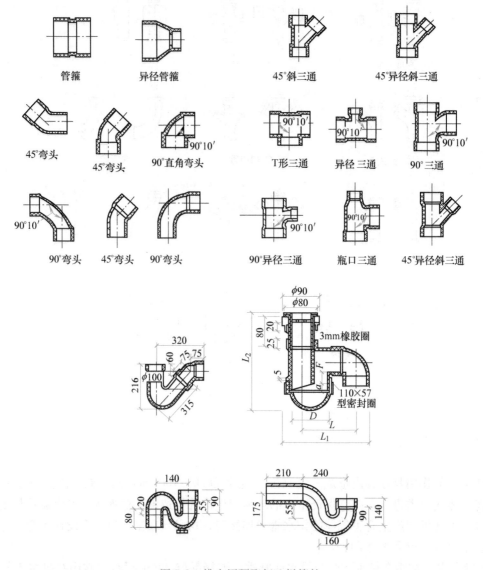

图5-2 排水用硬聚氯乙烯管件

卫生器具按使用功能分为便溺用卫生器具、盥洗淋浴用卫生器具、洗涤用卫生器具、专用卫生器具四大类。

1. 便溺用卫生器具

便溺用卫生器具的作用是收集、排除粪便污水。其种类有大便器、大便槽、小便器（斗）、小便槽。

（1）大便器 大便器按使用方法分为蹲式和坐式两种。

蹲式大便器比较卫生，多装设于公共卫生间、医院、家庭等一般建筑物内，分为高水箱冲洗、低水箱冲洗、自闭式冲洗阀冲洗三种。

坐式大便器多装设于住宅、宾馆等建筑物内，分为低水箱冲洗式和虹吸式两种。坐式大

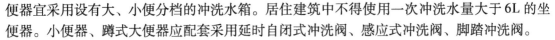

便器宜采用设有大、小便分档的冲洗水箱。居住建筑中不得使用一次冲洗水量大于 6L 的坐便器。小便器、蹲式大便器应配套采用延时自闭式冲洗阀、感应式冲洗阀、脚踏冲洗阀。

（2）大便槽　大便槽因卫生条件差，冲洗耗水多，目前多用于一般的公共厕所内。

（3）小便器（斗）　小便器（斗）多装设于公共建筑的男厕所内，有挂式和立式两种。冲洗方式多为水压冲洗。

（4）小便槽　由于小便槽在同样的设置面积下比小便器可容纳的使用人数多，并且建造简单经济，因此，在工业建筑、公共建筑和集体宿舍的男厕所中采用较多。

2. 盥洗淋浴用卫生器具

盥洗淋浴用卫生器具有洗脸盆、盥洗槽、淋浴器、浴盆、妇女卫生盆。

（1）洗脸盆　洗脸盆按安装方式分为墙架式、立柱式和台式三种。立柱式洗脸盆美观大方，一般多用于高级宾馆或别墅的卫生间内。台式洗脸盆的造型很多，有椭圆形、圆形、长圆形、方形、三角形、六角形等。由于其体形大、台面平整、整体性好、豪华美观，因此多用于高级宾馆。

（2）盥洗槽　盥洗槽装设于工厂、学校、车间、火车站等建筑内，有条形和圆形两种，槽内设排水栓。盥洗槽多为现场建造，价格低，可供多人同时使用。

（3）淋浴器　淋浴器具有占地面积小、设备费用低、耗水量少、清洁卫生的优点，多用于集体宿舍、体育场馆、公共浴室内。

（4）浴盆　浴盆的种类及样式很多，多为长方形和方形，一般用于住宅、宾馆、医院等卫生间及公共浴室内。

（5）妇女卫生盆　妇女卫生盆是专供妇女洗涤下身的设备，一般用于妇产医院、工厂女卫生间内。

公共场所的卫生间洗手盆应采用感应式或延时自闭式水嘴。洗脸盆等卫生器具应采用陶瓷片等密封性能良好、耐用的水嘴。水嘴、淋浴喷头内部宜设置限流配件。采用双管供水的公共浴室宜采用带恒温控制与温度显示功能的冷热水混合淋浴器。

3. 洗涤用卫生器具

洗涤用卫生器具主要有洗涤盆、污水池。

（1）洗涤盆　洗涤盆是用作洗涤碗碟、蔬菜、水果等食物的卫生器具，常设置于厨房或公共食堂内。

（2）污水池　污水池是用来洗涤拖布或倾倒污水用的卫生器具，设置于公共建筑的厕所、盥洗室内，多用水磨石或钢筋混凝土制造。

4. 专用卫生器具

专用卫生器具主要有饮水器及地漏。

（1）饮水器　饮水器是供人们饮用冷开水或消毒冷水的器具，一般用于工厂、学校、车站、体育场馆和公园等公共场所。

（2）地漏　地漏用于收集和排放室内地面积水或池底污水，常用铸铁、不锈钢或塑料制成。布置淋浴器和洗衣机的部位应设置地漏。洗衣机处的地漏宜采用防止溢流和干涸的专用地漏。地漏应设置在易溅水的卫生器具附近的最低处。直通式地漏下必须设置存水弯。

1）地漏的种类。地漏的种类有普通地漏、多通道地漏、存水盒地漏、双算杯式地漏和防回流地漏。

① 普通地漏：其水封深度较浅，如果只起排除溅落水作用，应注意经常注水，以免水封破坏。该种地漏有圆形和方形两种，材质为铸铁、塑料、黄铜、不锈钢等。

② 多通道地漏：多通道地漏有一通道、二通道、三通道等多种形式，由于通道位置可不同，因此使用方便。多通道地漏可连接多根排水管，主要用于卫生间内设有洗脸盆、洗手盆、浴盆和洗衣机处。为防止不同卫生器具排水可能造成的地漏反冒，多通道地漏设有塑料球封住通向地面的通道。

③ 存水盒地漏：存水盒地漏的盖为盒状，并设有防水翼环，可随不同地面做法调节安装高度，施工时将翼环放在结构板上。这种地漏还附有单侧通道和双侧通道，可根据实际情况选用。

④ 双算杯式地漏：其内部水封盒采用塑料制作，形如杯子，便于清洗，比较卫生。双算杯式地漏排水量大、排水速度快，双算有利于拦截污物，并另附塑料密封盖，完工后去除，以避免施工时泥砂石等杂物堵塞地漏。

⑤ 防回流地漏：防回流地漏适用于地下室或电梯井和地下通道排水。这种地漏设有防回流装置（一般设有塑料球或采用防回流单向阀），可防止污水倒流。

2）地漏的选择。地漏的选择应考虑下列要求。

① 应优先采用直通式地漏。

② 卫生标准要求高或非经常使用地漏排水的场所，应设置密闭地漏。

③ 食堂、厨房和公共浴室等排水宜设置网框式地漏。

④ 淋浴室内地漏的管径，可按表5-4确定。当为排水沟排水时，8个淋浴器可设置1个直径为100mm的地漏。

表5-4 淋浴室地漏管径

淋浴器数量/个	地漏管径/mm
1~2	50
3	75
4~5	100

课题2 排水系统的分类及组成

5.2.1 排水系统的分类

建筑内部排水系统的任务，是将建筑物内用水设备、卫生器具和车间生产设置产生的污（废）水，以及屋面上的雨水、雪水加以收集后，通过室内排水管道及时顺畅地排至室外排水管网中去。根据所排污（废）水的性质，室内排水系统可以分为以下三类。

1. 生活污（废）水排水系统

生活污（废）水排水系统是在住宅、公共建筑和工业企业生活间内安装的排水管道系统，用于排除人们日常生活中所产生的污水。其中含有粪便污水的称为生活污水，不含有粪便污水的称为生活废水。

2. 生产污（废）水排水系统

生产污（废）水排水系统是在工矿企业生产车间内安装的排水管道，用于排放工矿企业在生产过程中产生的污水和废水。其中生产废水指未受污染或受轻微污染以及水温稍有升高的水（如使用过的冷却水）；生产污水指被污染的水，包括水温过高排放后造成热污染的水。生产污（废）水一般均应按排水的性质分流设置管道排出，如冷却水应回收循环使用；洗涤水可回收重复利用。各类生产污水受到严重污染、化学成分复杂（如污水中含有强酸、强碱、铬等对人体有害成分）时均应分流，以便回收利用或处理。

3. 雨（雪）水排水系统

雨（雪）水排水系统是在屋面面积较大或多跨厂房内外安装的雨（雪）水管道，用于排除屋面上的雨水和融化的雪水。

5.2.2　排水体制

以上提及的污水、废水及雨（雪）水管道，可根据污（废）水性质、污染程度，结合室外排水系统体制和有利于综合利用与处理的要求，以及室内排水点和排出口位置等因素，决定室内排水系统体制。如果建筑内部的生活污水与生活废水分别用不同的管道系统排放，则称为分流制；如果建筑内部的生活污水与生活废水采用同一管道系统排放，则称为合流制。合流制的优点是工程总造价比分流制少，节省维护费用；其缺点是要增加污水处理的负荷量。分流制与合流制相反，它的优点是水力条件较好，由于污、废水分流，因此有利于分别处理和再利用；其缺点是工程造价高，维护费用多。室内排水系统选择分流制排水体制还是合流制排水体制，应综合考虑诸因素后确定，一般遵守以下规定。

1）新建居住小区应采用生活污水与雨水分流排水系统。

2）建筑物内下列情况下宜采用生活污水与生活废水分流的排水系统。

① 生活污水需经化粪池处理后才能排入市政排水管道时。

② 建筑物使用性质对卫生标准要求较高时。

③ 生活废水需回收利用时。

3）下列污（废）水应单独排至水处理或回收构筑物。

① 公共饮食业厨房含有大量油脂的洗涤废水。

② 洗车台冲洗水。

③ 含有大量致病菌、放射性元素超过排放标准的医院污水。

④ 水温超过40℃的锅炉、水加热器等加热设备的排水。

⑤ 用作中水水源的生活排水。

4）建筑物的雨水管道应单独设置，在缺水或严重缺水地区，宜设置雨水贮存池。

5.2.3　排水系统的组成

一般建筑物内部排水系统的组成如图 5-3 所示。

1. 污（废）水受水器

污（废）水受水器指各种卫生器具、排放工业生产污（废）水的设备及雨水斗等。

2. 排水管道

排水管道由排水支管、排水横管、排水立管、排水干管与排出管等组成。排水支管指只连接 1 个卫生器具的排水管，除坐式大便器和地漏外，其上均应设水封装置（俗称存水弯），以防止排水管道中的有害气体及蚊、蝇等昆虫进入室内。排水横管指连接 2 个或 2 个

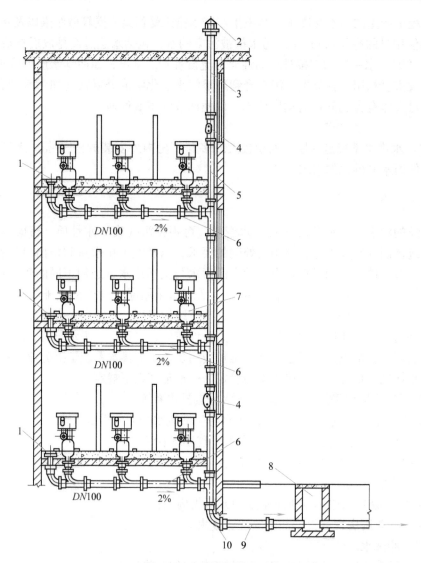

图 5-3　建筑内部排水系统

1—清扫口　2—风帽　3—通气管　4—检查口　5—排水立管
6—排水横支管　7—大便器　8—检查井　9—排出管　10—出户大弯管

以上卫生器具排水支管的水平排水管。排水立管指接收各层横管的污（废）水并将之排至
排出管的立管。排出管即室内污水出户管，是室内立管与室外检查井（窨井）之间的连接
横管，它可接收一根或几根立管内的污（废）水。

　　3. 通气管

　　通气管又称透气管，有伸顶通气管、专用通气立管、环形通气管等几种类型。通气管的
作用是排出排水管道中的有害气体和臭气，平衡管内压力，减少排水管道内气压变化的幅
度，防止水封因压力失衡而被破坏，保证水流畅通。通气管顶端应设通气帽，以防止杂物进
入排水管内。通气帽的形式一般有两种，如图 5-4 所示，甲型通气帽采用 20 号铁丝编绕成
螺旋形网罩，多用于气候较暖和的地区；乙型通气帽采用镀锌铁皮制成，适用于冬季室外平
均温度低于 −12℃ 的地区，可避免因潮气结霜封闭网罩而堵塞通气口。

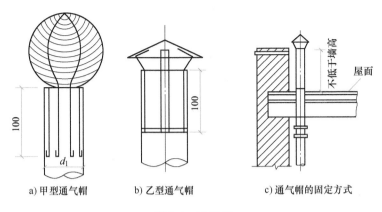

a) 甲型通气帽   b) 乙型通气帽   c) 通气帽的固定方式

图 5-4   通气帽

4. 清通装置

排水管道清通装置一般指检查口、清扫口、检查井（图 5-5）以及自带清通门的弯头、

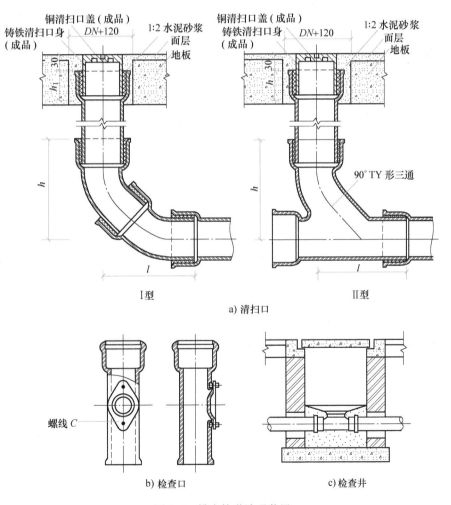

Ⅰ型   Ⅱ型

a) 清扫口

b) 检查口   c) 检查井

图 5-5   排水管道清通装置

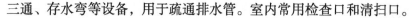

三通、存水弯等设备，用于疏通排水管。室内常用检查口和清扫口。

5. 提升设备

当民用建筑的地下室、人防建筑物、高层建筑的地下设备层等地下建筑内的污（废）水不能自流排至室外时，必须设置提升设备。常用的提升设备有水泵、气压扬液器、手摇泵等。

课题3　排水管道的布置与敷设

5.3.1　排水管道的布置原则

室内排水管道布置应力求管线短、转弯少，使污水以最佳水力条件排至室外管网；管道的布置不得影响、妨碍房屋的使用和室内各种设备的正常运行；管道布置还应便于安装和维护管理，满足经济和美观的要求。除此之外，还应遵守以下原则。

1）排水管道一般宜在地下埋设或在地面上、楼板下明设；如建筑有特殊要求时，可在管槽、管道井、管廊、管沟或吊顶内暗设，但应便于安装和维修。在室外气温较高、全年不结冻的地区，可沿建筑物外墙敷设。

2）排水管道不得布置在遇水引起燃烧、爆炸的原料、产品和设备的上方。

3）排水管道不得穿过沉降缝、伸缩缝、烟道和风道。

4）排水立管不得穿越卧室、病房等对卫生、安静有较高要求的房间，并不宜靠近与卧室相邻的内墙。

5）排水立管宜靠近排水量最大的排水点。排水管道不宜穿越橱窗、壁柜。

6）架空管道不得敷设在对生产工艺或卫生有特殊要求的生产厂房内，以及食品、贵重商品仓库，通风小室，变配电间和电梯机房内。

7）排水横管不得布置在食堂、饮食业厨房的主副食操作烹调备餐的上方。当受条件限制不能避免时，应采取防护措施。

8）塑料排水管应避免布置在热源附近；如不能避免，并导致管道表面受热温度大于60℃时，应采取隔热措施。塑料排水立管与家用灶具边净距不得小于0.4m。

9）塑料排水立管应避免布置在易受机械撞击处；如不能避免时，应采取保护措施。

10）排水埋地管道不得穿越生产设备基础或布置在可能受重物压坏处。在特殊情况下，应与有关专业协商处理，如保证一定的埋深和做金属防护套管，并应在适当位置加设清扫口。厂房内排水管的最小埋设深度见表5-5。

表5-5　厂房内排水管的最小埋设深度

管材	地面至管顶的距离/m	
	素土夯实、缸砖、木砖地面	水泥、混凝土、沥青混凝土、菱土地面
排水铸铁管	0.7	0.4
混凝土管	0.7	0.5
排水塑料管	1.0	0.6

注：1. 在铁路下应敷设钢管或给水铸铁管，管道的埋设深度从轨底至管顶距离不得小于1.0m。

2. 在管道有防止机械损坏措施或不可能受机械损坏的情况下，其埋设深度可小于本表及注1的规定值。

5.3.2 排水管道的敷设

根据建筑物的性质及对卫生、美观等方面要求不同，建筑内部排水管道的敷设分明装和暗装两种。

（1）明装 明装指管道在建筑物内沿墙、梁、柱、地板暴露敷设。明装的优点是造价低，安装维修方便；缺点是影响建筑物的整洁，不够美观，管道表面易积灰尘和产生凝结水。一般民用建筑及大部分生产车间均以明装方式为主。

（2）暗装 暗装指管道在地下室的顶板下或吊顶中，以及专门的管廊、管道井、管道沟槽等处隐蔽敷设。暗装的优点是整洁、美观；缺点是施工复杂，工程造价高，维护管理不便，一般用于标准较高的民用建筑、高层建筑及生产工艺要求高的工业企业建筑中。

排水管道敷设应遵守以下规定。

1）排水立管与排出管端部的连接，宜采用 2 个 45°弯头或弯曲半径不小于 4 倍管径的 90°弯头。排水管应避免轴线偏置；当受条件限制时，宜用乙字管或两个 45°弯头连接。

2）卫生器具排水管与排水横管垂直连接，应采用 90°斜三通。

3）支管接入横干管、立管接入横干管时，宜在横干管管顶或其两侧 45°范围内接入。

4）塑料排水管道应根据环境温度变化、管道布置位置及管道接口形式等考虑设置伸缩节，但埋地或埋设于墙体、混凝土柱体内的管道不应设置伸缩节。

硬聚氯乙烯管道设置伸缩节时，应遵守下列规定。

① 当层高小于或等于 4m 时，污水立管和通气立管应每层设一伸缩节；当层高大于 4m 时，其数量应根据管道设计伸缩量和伸缩节允许伸缩量（表 5-6）综合确定。

② 排水横支管、横干管、器具通气管、环行通气管和汇合通气管上无汇合管件的直线管段大于 2m 时，应设伸缩节。排水横管应设置专用伸缩节且应采用锁紧式橡胶圈管件；当横干管公称外径大于或等于 160mm 时，宜采用弹性橡胶密封圈连接。伸缩节之间最大间距不得大于 4m。排水管、通气管伸缩节设置的位置如图 5-6 所示。伸缩节设置位置应靠近水流汇合管件处，如图 5-7 所示。

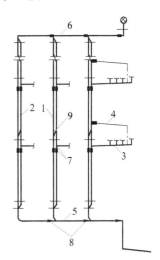

图 5-6 排水管、通气管伸缩节
设置位置

1—排水立管 2—专用通气立管
3—横支管 4—环行通气管 5—排水横干管
6—汇合通气管 7—伸缩节
8—弹性密封圈伸缩节 9—H 管管件

当排水立管穿越楼层处为固定支撑且支管在楼板之下接入时，伸缩节应设置于水流汇合管件之下；当排水立管穿越楼层处为固定支撑且支管在楼板之上接入时，伸缩节应设置于水流汇合管件之上；当排水立管穿越楼层处为非固定支撑时，伸缩节设置在水流汇合管件之上、之下均可。当排水立管无排水支管接入时，伸缩节可按伸缩节设计间距设置于楼层任何部位。伸缩节插口应顺水流方向。

表 5-6　伸缩节最大允许伸缩量

管径/mm	50	75	90	110	125	160
最大允许伸缩量/mm	12	15	20	20	20	25

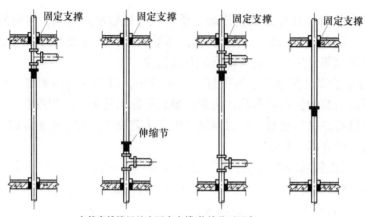

立管穿越楼层处为固定支撑(伸缩节不固定)

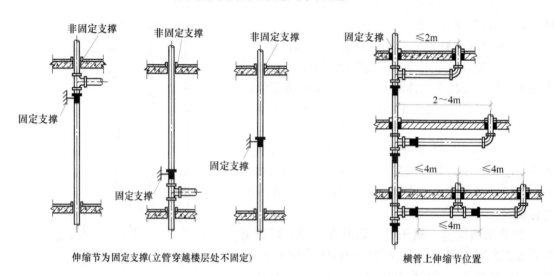

伸缩节为固定支撑(立管穿越楼层处不固定)　　　横管上伸缩节位置

图 5-7　伸缩节设置位置

5）排水管道的横管与立管的连接，宜采用45°斜三通、45°斜四通和顺水三通或顺水四通。

6）靠近排水立管底部的排水支管连接，除应符合表5-7和图5-8的规定外，排水支管连接在排出管或排水横干管上时，连接点距立管底部下游水平距离不宜小于3.0m。当靠近排水立管底部的排水支管的连接不能满足本条要求时，排水支管应单独排至室外检查井或采取有效的防反压措施。

7）横支管接入横干管竖直转向管段时，连接点距转向处不得小于0.6m。

8）生活饮用水贮水箱（池）的泄水管和溢水管、开水器（热水器）排水、医疗灭菌消毒设备的排水等不得与污（废）水管道系统直接连接，应采取间接排水的方式。间接排水是指设备或容器的排水管与污（废）水管道之间不但要设有存水弯隔气，而且还应留有一段

表 5-7   最低横支管与立管连接处至立管管底的垂直距离

立管连接卫生器具的层数	垂直距离/m	立管连接卫生器具的层数	垂直距离/m
≤4	0.45	13～19	3.0
5～6	0.75	≥20	6.0
7～12	1.2		

空气间隔，如图 5-9 所示。间接排水口最小空隙见表 5-8。

9）室内排水管与室外排水管道应用检查井连接；室外排水管除有水流跌落差以外，宜在管顶平接。排出管管顶标高不得低于室外接户管管顶标高；其连接处的水流转角不得小于 90°；当跌落差不大于 0.3m 时，可不受角度的限制。

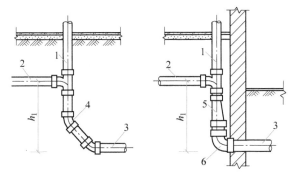

图 5-8   最低横支管与立管连接处至排出管管底垂直距离

1—立管   2—横支管   3—排出管   4—弯头（45°）

5—偏心异径管   6—大转弯半径弯头

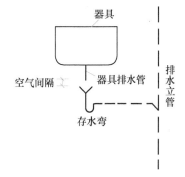

图 5-9   间接排水

表 5-8   间接排水口最小空隙

间接排水管管径/mm	排水口最小空隙/mm	间接排水管管径/mm	排水口最小空隙/mm
25 及 25 以下	50	50 以上	150
32～50	100		

10）排水管如穿过地下室外墙或地下构筑物的墙壁处，应采取防水措施。

11）当建筑物沉降可能导致排水管倒坡时，应采取防倒坡措施。

12）排水管道在穿越楼层设套管且立管底部架空时，应在立管底部设支墩或其他固定措施。地下室立管与排水管转弯处也应设置支墩或固定措施。

13）塑料排水管道支吊架间距应符合表 5-9 的规定。

表 5-9   塑料排水管道支吊架最大间距

管径/mm	40	50	75	90	110	125	160
立管支吊架最大间距/m	—	1.2	1.5	2.0	2.0	2.0	2.0
横管支吊架最大间距/m	0.4	0.5	0.75	0.90	1.10	1.25	1.60

14）住宅排水管道的同层布置。为避免住宅建筑排水上下户间的相互影响，对住宅建筑宜采用同层排水技术，即卫生器具排水管不穿越楼板进入其他户。同层排水管道布置的方法如下。

① 卫生间和厨房不设地漏或卫生间采用埋设在楼板层中的特种地漏，大便器采用后出水型。

② 厨房不设地漏，将卫生间楼板下降或上升一个高度，即降板或升板法，如图5-10所示。

③ 设排水集水器的同层排水技术。

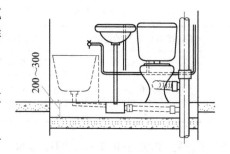

图5-10　降板法同层排水

课题4　屋面雨水排水系统

屋面的雨水和融化的雪水，必须迅速排除。屋面雨水系统按设计流态可划分为（虹吸式）压力流雨水系统、（87型斗）重力流雨水系统、（堰流式斗）重力流雨水系统；按管道设置的位置，可分为内排水系统和外排水系统；按屋面的排水条件，可分为檐沟排水、天沟排水和无沟排水；按出户横管（渠）在室内部分是否存在自由水面，可分为密闭系统和敞开系统。根据建筑结构形式、气候条件及生产使用要求，在技术经济合理的条件下，屋面雨水应尽量采用外排水。

5.4.1　屋面雨水系统的主要类型

1. 檐沟外排水系统

檐沟外排水系统由檐沟、雨水斗、雨水立管等组成，如图5-11所示。檐沟外排水系统是目前使用最广泛的屋面雨水排水系统，适用于一般居住建筑、屋面面积较小且体积不复杂的公共建筑和单跨工业建筑。雨水管目前常采用 $\phi75mm$ 和 $\phi110mm$ 的 UPVC 排水塑料管、镀锌钢管，间距一般为 8～16m。

2. 天沟外排水系统

天沟外排水系统由天沟、雨水斗、雨水立管等组成，如图5-12所示。天沟外排水是由天沟汇集雨水，雨水斗置于天沟内，屋面雨水经天沟、雨水斗和排水立管排至地面或雨水管。天沟一般以伸缩缝、沉降缝、变形缝为分水线。天沟坡度不小于0.003，一般伸出山墙0.4m。天沟外排水适合多跨度厂房、库房的屋面雨水排除。

3. 内排水系统

将雨水管道系统设置在建筑物内部的屋面雨水系统称为屋面雨水内排水系统，如图5-13所示。内排水系统由雨水斗、连接管、悬吊管、立管、排出管、检查井等组成。屋面雨水内排水系统用于不宜在室外设置雨水立管的多层、高层、大屋顶民用和公共建筑，及大跨度、多跨工业建筑。内排水系统按每根雨水立管连接的雨水斗的个数，可以分为单斗和多斗雨水排水系统；按雨水管中水流的设计流态可分为重力流雨水

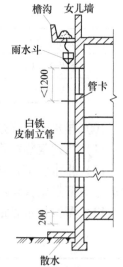

图5-11　檐沟外排水

系统和虹吸式雨水系统。

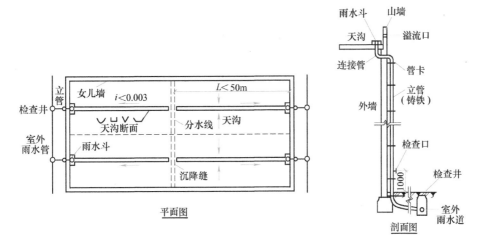

图 5-12　天沟外排水

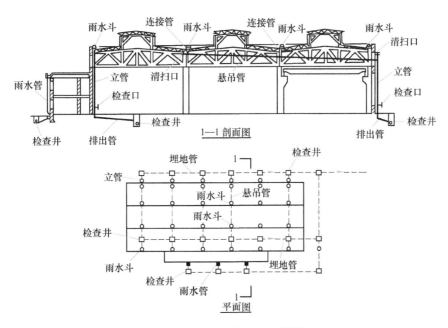

图 5-13　内排水系统构造示意图

重力流雨水系统中，屋面雨水经雨水斗进入排水系统后，雨水以汽水混合状态依靠重力作用顺着立管面排除，计算时按重力流考虑。由于是汽水混合物，所以管径计算都较大。虹吸式雨水系统采用防漩涡虹吸式雨水斗，当屋面雨水高度超过雨水斗高度时，极大地减少了雨水进入排水系统时所夹带的空气量，使得系统中排水管道呈满流状态，利用建筑物屋面的高度和雨水所具有的势能，在雨水连续流经雨水悬吊管转入雨水立管跌落时形成虹吸作用，并在该处管道内呈最大负压。屋面雨水在管道内负压的抽吸作用下以较高流速排至室外，提高了排水能力，即在排除相同雨水量时，可缩小雨水管管径或减少雨水管的根数。

5.4.2 雨水系统的管材与雨水斗

1. 雨水管管材

重力流排水系统多层建筑宜采用建筑排水塑料管，高层建筑宜采用耐腐蚀的金属管、承压塑料管；满管压力流排水系统宜采用内壁较光滑的带内衬的承压排水铸铁管、承压塑料管和钢塑复合管等，其管材工作压力应大于建筑物净高度产生的静水压。用于满管压力流排水的塑料管，其管材抗环变形外压力应大于 0.15MPa；小区雨水排水系统可选用埋地塑料管、混凝土管或钢筋混凝土管、铸铁管等。

2. 雨水斗

雨水斗的作用是迅速地排除屋面雨（雪）水，并能将粗大杂物拦阻下来。必须是经过排水能力、对应的斗前水深等测试的雨水斗才能使用在屋面上。目前常用的雨水斗为 65 型（图5-14a）、79 型、87 型（图 5-14b）雨水斗，平算式雨水斗和虹吸式雨水斗（图 5-14c）等。

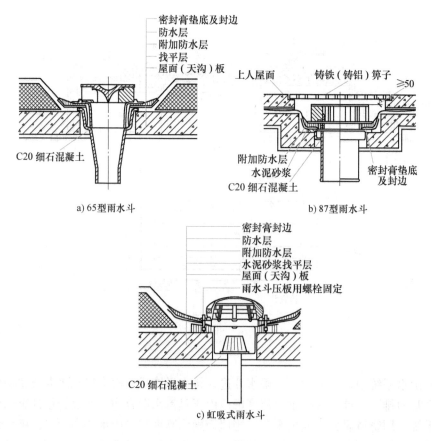

图 5-14　雨水斗

5.4.3 雨水管道布置要求

1）在建筑屋面各汇水范围内，雨水排水立管不宜少于2根。

2）高层建筑裙房屋面的雨水应单独排放；阳台排水系统应单独设置。阳台雨水立管底部应采用间接排水。

3）屋面排水系统应设置回斗。不同设计排水流态、排水特征的屋面雨水排水系统应选用相应的雨水斗。当屋面雨水按满管压力流设计时，同一系统的雨水斗宜在同一水平面上。

4）屋面雨水排水管的转向处宜做顺水连接，并根据管道直线长度、工作环境、选用管材等情况设置必要的伸缩装置。

5）重力流雨水排水系统中长度大于15m的雨水悬吊管应设检查口，其间距不宜大于20m，且应布置在便于维修操作处。有埋地排出管的屋面雨水排出系统，立管底部宜设检查口。

6）寒冷地区，雨水立管应布置在室内。雨水管应固定在建筑物的承重结构上。

7）下沉式广场地面排水、地下车库出入口的明沟排水，应设置雨水集水池和排水泵提升排至室外雨水检查井。

8）雨水集水池和排水泵设计应符合下列要求：排水泵的流量应按排入集水池的设计雨水量确定；排水泵不应少于2台，不宜大于8台，紧急情况下可同时使用；雨水排水泵应有不间断的动力供应；下沉式广场地面排水集水池的有效容积，不应小于最大一台排水泵30s的出水量；地下车库出入口的明沟排水集水池的有效容积，不应小于最大一台排水泵5min的出水量。

5.4.4 雨水系统的水力计算

1. 设计雨水流量

设计雨水流量按式（5-1）计算。

$$q_y = \frac{q_j \Psi F_w}{10000} \tag{5-1}$$

式中 q_y——设计雨水流量（L/s）；

Ψ——径流系数，按表5-10选取；

F_w——汇水面积（m^2）；

q_j——设计暴雨强度[$L/(s \cdot hm^2)$]，当采用天沟集水且沟檐溢水会流入室内时，设计暴雨强度应乘以1.5的系数。

设计降雨强度应按当地或相邻地区暴雨强度公式计算确定。部分城市的降雨强度可查相关设计手册。雨水汇水面积按地面、屋面水平投影面积计算，高出屋面的侧墙应附加其最大受雨面正投影的一半作为有效汇水面积。窗井、贴近高层建筑外墙的地下汽车库的入口坡度和高层建筑裙房屋面的雨水汇水面积，应附加其高出部分侧墙面积的二分之一。

表 5-10 径流系数

地面种类	径流系数	地面种类	径流系数
屋面	0.9~1.0	干砌砖、石及碎石路面	0.4
混凝土和沥青路面	0.9	非铺砌的土路面	0.3
块石等铺砌路面	0.6	公园绿地	0.15
级配碎石路面	0.45		

注：各种汇水面积的综合径流系数应加权平均计算。

在计算暴雨强度时,屋面雨水管道的设计降雨历时按5min计算。设计重现期根据建筑物的重要性按表5-11选取,对一般性建筑物设计重现期为2~5年。

表5-11 各种汇水区域的设计重现期

汇水区域名称		设计重现期/年
屋面	一般性建筑	2~5
	重要公共建筑	≥10
室外场地	居住小区	1~3
	车站、码头、机场的基地	2~5
	下沉式广场、地下坡道出入口	5~50

注:1. 工业厂房屋面雨水排水设计重现期应根据生产工艺、重要程度等因素确定。

2. 下沉式广场设计重现期应根据广场的构造、重要程度、短期积水即能引起较严重后果等因素确定。

2. 屋面雨水管道的设计流态

檐沟外排水宜按重力流设计,长天沟外排水宜按满管压力流设计,高层建筑屋面排水宜按重力流设计,工业厂房、库房、公共建筑的大型屋面排水宜按满管压力流设计。

3. 屋面雨水排水工程溢流设施

建筑屋面雨水排水工程应设置溢流口、溢流堰、溢流管系等溢流设施。溢流排水不得危害建筑设施和行人安全。一般建筑的重力流屋面雨水排水工程与溢流设施的总排水能力不应小于10年重现期的雨水量。重要公共建筑、高层建筑的屋面雨水排水工程与溢流设施的总排水能力不应小于其50年重现期的雨水量。

4. 雨水管道的最小管径和横管的最小设计坡度

各种雨水管道的最小管径和横管的最小设计坡度宜按表5-12确定。

表5-12 雨水管道的最小管径和横管的最小设计坡度

管别	最小管径/mm	横管最小设计坡度	
		铸铁管、钢管	塑料管
建筑外墙雨水管	75 (75)	—	—
雨水排水立管	100 (110)	—	—
重力流排水悬吊管、埋地管	100 (100)	0.01	0.005
压力流屋面排水悬吊管	50 (50)	0.00	0.00
小区建筑物周围雨水接户管	200 (225)	—	0.003
小区道路下干管、支管	300 (315)	—	0.0015
13号沟头的雨水口的连接管	150 (160)	—	0.01

注:表中铸铁管管径为公称直径,括号内数值为塑料管外径。

5. 水力计算

(1)重力流雨水系统水力计算

1)单斗系统。单斗系统的雨水斗、连接管、悬吊管、立管、排出横管的口径均相同,雨水斗泄流量不应超过表5-13的规定。

2)多斗系统雨水斗。在悬吊管上有1个以上雨水斗的多斗系统中,雨水斗的设计流量应根据表5-13取值。但最远端雨水斗的设计流量不得超过此值。由于距立管越近的雨水斗泄流量越大,因此其他各雨水斗的设计流量应依次比上游雨水斗递增10%,但到第5个雨水斗时不宜再增加。

表 5-13　屋面雨水斗的最大泄流量　（单位：L/s）

雨水斗规格尺寸/mm		50	75	100	125	150
重力流排水系统	重力流雨水斗泄流量	—	5.6	10.0	—	23.0
满管压力流排水系统	87 型雨水斗泄流量	—	8.0	12.0	—	26.0
	雨水斗泄流量	6.0~18.0	12.0~32.0	25.0~70.0	60.0~120.0	100.0~140.0

注：满管压力流雨水斗应根据不同型号的具体产品确定其最大泄流量。

3）多斗系统悬吊管。重力流屋面雨水排水系统的悬吊管应按非满流设计，其中充满度 H/D 不大于 0.8，管内流速不宜小于 0.75m/s。悬吊管管径根据各雨水斗流量之和和悬吊管坡度查表 5-14 和表 5-15 确定，并不得小于雨水斗连接管管径，且应保持管径不变。

表 5-14　多斗悬吊管（钢管、铸铁管）的最大排水能力　（单位：L/s）

水力坡度 i	管径/mm				
	75	100	150	200	250
0.02	3.07	6.63	19.55	42.10	76.33
0.03	3.77	8.12	23.94	51.56	93.50
0.04	4.35	9.38	27.65	59.54	107.96
0.05	4.86	10.49	30.91	66.57	120.19
0.06	5.33	11.49	33.86	72.92	132.22
0.07	5.75	12.41	36.57	78.76	142.82
0.08	6.15	13.26	39.10	84.20	142.82
0.09	6.52	14.07	41.47	84.20	142.82
≥0.10	6.88	14.83	41.47	84.20	142.82

钢管和铸铁管的设计负荷可按表 5-14 确定，表中管道粗糙系数 $n=0.014$，管道充满度 $H/D=0.8$。

各种塑料管的设计负荷可按表 5-15 选取，表中 $n=0.01$，$H/D=0.8$。

表 5-15　多斗悬吊管（塑料管）的最大排水能力　（单位：L/s）

水力坡度 i	规格尺寸/（mm×mm）					
	90×3.2	110×3.2	125×3.7	160×4.7	200×5.9	250×7.3
0.02	5.76	10.20	14.30	27.66	50.12	91.02
0.03	7.05	12.49	17.51	33.88	61.38	111.48
0.04	8.14	14.42	20.22	39.12	70.87	128.72
0.05	9.10	16.13	22.61	43.73	79.24	143.92
0.06	9.97	17.67	24.77	47.91	86.80	157.65
0.07	10.77	19.08	26.75	51.75	93.76	170.29
0.08	11.51	20.40	28.60	55.32	100.23	170.29
0.09	12.21	21.64	30.34	58.68	100.23	170.29
≥0.10	12.87	22.81	31.98	58.68	100.23	170.29

4）重力流雨水排水立管。重力流雨水排水立管的泄流量应满足表 5-16 的要求，立管管

径不得小于悬吊管管径。

5）排出管和其他横管。排出管（又称出户管）和其他横管（如管道层的汇合管等）可近似按悬吊管的方法计算。排出管的管径根据系统的总流量确定，并且从起点起管径不宜改变。排出管在出建筑外墙时流速如果大于1.8m/s，管径应适当放大。

表5-16 重力流屋面雨水排水立管的泄流量

铸铁管		塑料管		钢管	
公称直径 /mm	最大泄流量 /（L/s）	公称外径×壁厚 /（mm×mm）	最大泄流量 /（L/s）	公称外径×壁厚 /（mm×mm）	最大泄流量 /（L/s）
75	4.30	75×2.3	4.50	108×4	9.40
100	9.50	90×3.2	7.40	133×4	17.10
		110×3.2	12.80		
125	17.00	125×3.2	18.30	159×4.5	27.80
		125×3.7	18.00	168×6	30.80
150	27.80	160×4.0	35.00	219×6	65.50
		160×4.7	34.70		
200	60.00	200×4.9	64.60	245×6	89.80
		200×5.9	62.80		
250	108.00	250×6.2	117.00	273×7	119.10
		250×7.3	114.10		
300	176.00	315×7.7	217.00	325×7	194.00
—	—	315×9.2	211.00	—	—

（2）压力流雨水系统水力计算

1）雨水斗。雨水斗的名义口径一般有D50、D75、D100三种。表5-17列出了常用雨水斗的排水能力。

表5-17 雨水斗排水能力 （单位：L/s）

种类	D50	D75	D100
01S302 雨水斗	6.0	12.0	25.0

2）悬吊管和立管。虹吸式雨水系统的雨水斗和管道一般由专业设备商配套供应，但悬吊管和立管的管径计算应在同时满足以下条件的基础上确定。

① 悬吊管最小流速不宜小于1m/s，立管最小流速不宜小于2.2m/s。管道最大流速宜在6～10m/s之间。

② 系统的总水头损失（从最远雨水斗到排出口）与出口处的速度水头之和，不得大于雨水管进、出口的几何高差，水头的单位为mH₂O。系统中各个雨水斗到系统出口的压力损失之间的差值，不应大于10kPa。各节点压力的差值，当管径≤DN75时，不应大于10kPa；管径≥DN100时，不大于5kPa。

③ 系统中的最大负压绝对值，金属管应小于80kPa，塑料管应小于70kPa；否则应放大

悬吊管管径或缩小立管管径。

④ 当立管管径≤$DN75$ 时，雨水斗顶面和系统出口的几何高差 H≥3m；当立管管径≥$DN90$ 时，H≥5m。如不能满足要求，应增加立管根数，同时减小管径。

⑤ 立管管径应经计算确定，可小于上游横管管径。

⑥ 压力流排水管出口应放大管径，其出口水流速度不宜大于 1.8m/s；当出口水流速度大于 1.8m/s 时，应采取消能措施。

课题 5　高层建筑排水系统

5.5.1　高层建筑排水系统的特点

高层建筑多为民用和公共建筑，其排水系统主要是接纳盥洗、沐浴等洗涤废水、粪便污水、雨（雪）水以及附属设施（如餐厅、车库和洗衣房等）的排水。高层建筑的排水立管长、水量大、流速高，污水在排水立管中的流动既不是稳定的压力流，也不是一般的重力流，而是呈现一种水、气两相的流动状态。高层建筑排水系统的特点，造成了管内气压波动剧烈，在系统内易形成气塞使管内水气流动不畅；易破坏卫生器具中的水封，造成排水管道中的臭气及有害气体侵入室内而污染环境。因此，高层建筑中，室内排水系统功能的优劣很大程度上取决于通气管系统的设计、设置、敷设是否合理，排水体制选择是否切合实际。

5.5.2　通气管系统

卫生设备排水时，排水立管内的空气由于受到水流的抽吸或压缩，管内气流会产生正压或负压变化，这个压力变化幅度如果超过了存水弯水封深度，就会破坏水封。因此，为了平衡排水系统中的压力，就必须设置通气管与大气相通，以泄放正压或通过补给空气来减小负压，使排水管内气流压力接近大气压力。合理设置通气管系统，能使排水管内水流畅通，可减轻管道内废气对管道壁的锈蚀。

1. 室内排水管道的通气方式

目前，国内外建筑室内排水管道经常采用的通气方式有以下几种。

（1）仅设伸顶通气管　如图 5-15 所示，通常称为单立管排水系统。在低层建筑排水系统中，多采用此种方式，以排除污浊气体，同时向排水立管内补充新鲜空气。

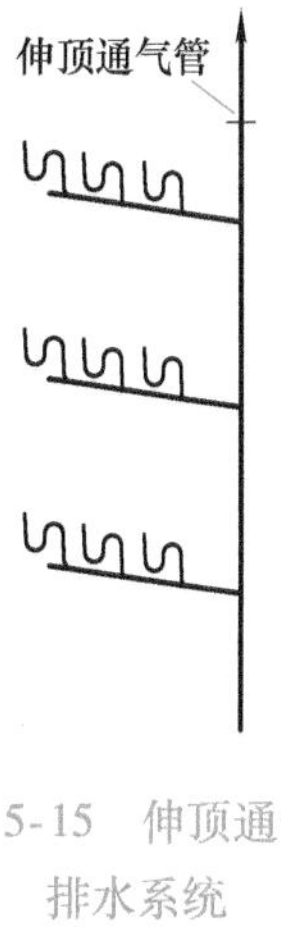

（2）辅助通气管　随着建筑物层数的增加，单靠单立管排水系统已不能克服高层建筑排水立管中出现的诸如水封被破坏等弊病，需在原有排水系统中增加辅助通气管系统。目前常用辅助通气管系统包括专用通气立管、主通气立管、副通气立管、环行通气管、器具通气管、共轭通气管、互补湿通气排水系统，以及这几种形式相互结合的形式。图 5-16 所示为几种典型的通气管形式。

1）专用通气立管。适用于各层卫生器具分别单个直接接入排水立管，或当排水横支管接入时，其接入的卫生器具数不超过 3 个，且排水横支管不长的 10 层及 10 层以上的高层旅

伸顶通气管

图 5-15　伸顶通气
排水系统

馆和住宅卫生间的排水系统。生活排水立管所承担的卫生器具排水设计流量，当超过仅设伸顶通气管的排水立管最大排水能力时，也应设专用通气立管。

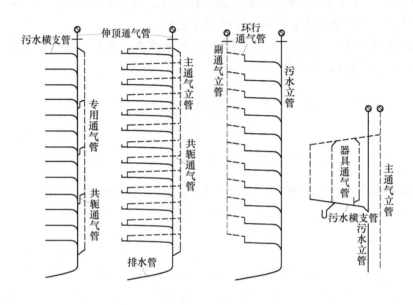

图5-16 几种典型的通气管形式

2）环行通气管。当横管上连接的卫生器具数较多（连接4个及4个以上卫生器具且横支管的长度大于12m、连接6个及6个以上大便器的污水横支管），相应排放的水量较多时，易造成管内压力波动，使水流前方的卫生器具的水封被压出，后方卫生器具的水封被吸入，此时应采用环行通气管。环行通气管一般采用焊接钢管。当建筑物内各层的排水管道设有环行通气管时，应设置连接各层环行通气管的主通气立管。当通气立管设在另一侧时，此通气立管称为副通气立管。设有器具通气管的排水管段处也应设环行通气管。

3）共轭通气管。为加强管内气流的环行，应每隔10层在排水立管与通气管之间连以共轭通气管。共轭通气管的上端应连在楼层地面以上1m高度的通气立管上，下端连接在排水横管与立管的连接点下面。

4）器具通气管。每个卫生器具都设置通气管，这种通气方式通气效果最佳，尤其是能防止器具自吸破坏水封作用。但这种方式造价高，管道隐蔽处理较困难，一般用于标准较高的高层建筑。

5）互补湿通气。当高层住宅的洗涤废水与粪便污水采用分流制排水系统时，宜在两根排水立管之间每隔3~5层设连通管，形成互补湿通气方式。大便器的排水量虽大，但历时短，粪便污水立管经常处于空管状态，此时可作为通气管使用。排水横支管上的卫生器具数不能超过3个。

2. 通气管的管材和管径

通气管的管材可采用塑料排水管和柔性接口机制排水铸铁管等。通气管管径应根据排水管负荷、管道的长度等来确定，一般不宜小于排水管管径的1/2，最小管径可按表5-18确定。

表 5-18 　通气管最小管径

通气管名称	排水管管径/mm							
	32	40	50	75	90	100	125	150
器具通气管	32	32	32	—	—	50	50	—
环行通气管	—	—	32	40	40	50	50	—
通气立管	—	—	40	50	—	75	100	100

注：1. 表中通气立管指专用通气立管、主通气立管、副通气立管。

　　2. 表中排水管管径 90mm 为塑料排水管公称外径；排水管管径为 100mm、150mm 的塑料排水管，公称外径分别为 110mm、160mm。

确定通气管的管径时应遵守以下规定。

1）通气立管长度大于 50m 时，其管径（包括伸顶通气部分）应与排水立管管径相同。

2）通气立管长度不大于 50m，且两根及两根以上排水立管同时与一根通气立管相连时，应按最大一根排水立管管径查表 5-18 确定通气立管管径，且通气管管径宜小于其余任何一根排水立管管径；伸顶通气部分管径应与最大一根排水立管管径相同。

3）结合通气管的管径不得小于通气立管管径。

4）伸顶通气管管径宜与排水立管管径相同，但在最冷月平均气温低于 −13℃ 的地区，应在室内平顶或吊顶以下 0.3m 处将管径放大一级，并且塑料管道最小管径不宜小于 110mm。

5）当两根或两根以上污水立管的通气管汇合连接时，汇合通气管的断面积应为最大一根通气管的断面积加其余通气管断面积之和的 0.25 倍。

3. 通气管的连接

1）通气管和排水管的连接应遵守以下规定。

① 器具通气管应设在存水弯出口端。环行通气管的连接点通常宜设在横支管最始端的第一个与第二个卫生器具之间，并应在排水支管中心线以上与排水支管呈垂直或 45° 向上连接。这两种连接方式均应在卫生器具上边缘以上不小于 0.15m 处按不小于 0.01 的上升坡度与通气立管相连。图 5-17 为几种器具通气管的正确及错误的设置方式。

② 专用通气立管和主通气立管的上端可在最高层卫生器具上边缘或检查口以上与排水立管通气部分以斜三通连接。下端应在最低排水横支管以下与排水立管以斜三通连接。

③ 专用通气立管应每隔 2 层、主通气立管应每隔 8～10 层设结合通气管与排水立管连接。结合通气管下端宜在排水横支管以下与排水立管以斜三通连接；上端可在最高层卫生器具上边缘以上 0.15m 处与通气立管以斜三通连接。

④ 当用 H 管件替代结合通气管时，H 管件与通气管的连接点应设在卫生器具上边缘以上不小于 0.15m 处。

⑤ 当污水立管与废水立管合用一根通气立管时，H 管件可隔层分别与污水立管和废水立管连接。但最低横支管连接点以下应装设结合通气管。

2）高出屋面的通气管的设置应符合下列要求。

① 通气管高出屋面不得小于 0.3m，且应大于最大积雪厚度，通气管顶端应装设风帽或网罩（屋顶有隔热层时，应从隔热层板面算起）。

② 在通气管口周围 4m 以内有门窗时，通气管口应高出窗顶 0.6m 或引向无门窗一侧。

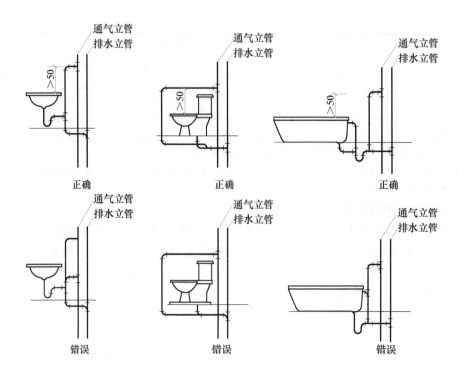

图 5-17 器具通气管设置

③ 通气管口不宜设在建筑物挑出部分（如屋檐檐口、阳台和雨篷等）的下面。

④ 在经常有人停留的平屋面上，通气管口应高出屋面 2m，并应根据防雷要求考虑防雷装置。

5.5.3 新型单立管排水系统

普通的排水系统排水性能虽好，但造价较高，管道安装复杂，且占地面积大。新型单立管排水系统是指取消专用通气管系统的排水系统，在节约管材、提高排水立管的排水能力、加快施工进度、降低工程造价等方面都优于普通的排水系统。

目前，比较典型的新型单立管排水系统有苏维脱单立管排水系统、旋流式排水系统、芯型排水系统等。它们的共同特点是在排水系统中安装特殊的配件，水流通过时，可降低流速和减少或避免水舌的干扰。不设专用通气管，既可保持管内气流畅通，又可控制管内压力波动，提高排水能力，节省管材的同时也方便了施工。

1. 苏维脱单立管排水系统

苏维脱单立管排水系统各层排水横支管与立管的连接采用混合器（图 5-18）排水配件，在排水立管底部设置跑气器（图 5-19）接头配件，取消通气立管。混合器的作用是限制立管中水及空气的速度，使污水与空气有效混合，以保持水气压力的稳定；跑气器的作用是分离污水中的空气，以保证污水通畅地流入横干管。

苏维脱单立管排水系统的主要优点是能减少立管内的压力波动，降低正负压绝对值。

2. 旋流式排水系统

旋流式排水系统设有把各个排水立管相连接起来的旋流连接配件（图 5-20）和位于立

管底部的特殊排水弯头（图 5-21）。旋流连接配件的作用是使立管水流沿管壁旋下，管中为空心，因此管内压力较为稳定；特殊排水弯头的作用是使污水沿横干管畅通流出。

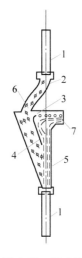

图 5-18　混合器

1—立管　2—乙字管　3—孔隙　4—隔板
5—混合室　6—气水混合物　7—空气

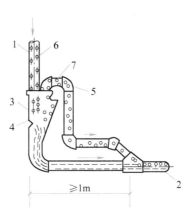

图 5-19　跑气器

1—立管　2—横管　3—空气分离室　4—交块
5—跑气管　6—水气混合物　7—空气

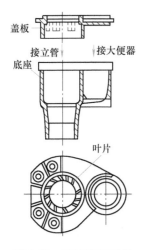

图 5-20　旋流连接配件

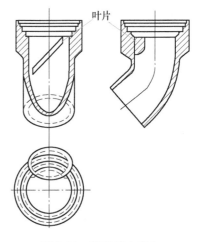

图 5-21　特殊排水弯头

3. 芯型排水系统

芯型排水系统由上部环流器（图 5-22）及下部的角笛弯头（图 5-23）两个特殊配件组成。环流器的作用是使从立管流下的水通过内管产生扩散下落，形成气水混合物，其多向接口减少了水塞的产生；角笛弯头能消除水跃和水塞现象，弯头内部的较大空间使立管内的空气和横主管的上部空间充分地连通。

4. 适用条件和注意事项

1）新型单立管排水系统的适用条件如下。

① 排水设计流量超过仅设伸顶通气排水系统排水立管的最大排水能力。

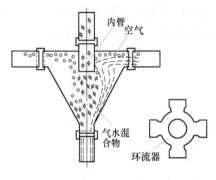

图 5-22 环流器

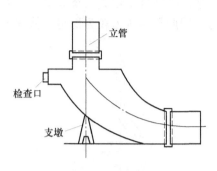

图 5-23 角笛弯头

② 设有卫生器具的层数在 10 层及 10 层以上的高层建筑，或同层接入排水立管的横支管数大于或等于 3 根的排水系统。

③ 卫生间或管道井面积较小，难以设置专用通气立管的建筑。

新型单立管排水系统立管的最大排水能力，应根据配件产品水力参数确定，产品参数应由国家主管部门指定的检测机构认证。立管设计流量的选用值不得超过表 5-19 中的数值。

表 5-19 特殊配件的单立管排水系统的立管最大排水能力

排水立管管径/mm	排水能力/（L/s）	
	混合器	旋流器
100（110）	6.0	7.0
125	9.0	10.0
150（160）	13.0	15.0

注：1. 括号内管径为硬聚氯乙烯排水管公称外径。

2. 排水立管底部和排出管应比立管放大一档管径。

2）采用新型单立管排水系统应遵守以下规定。

① 排水横管管径不得大于立管管径；排水立管管径不应小于 100mm。

② 当同层不同高度的排水横支管接入混合器或旋流器时，生活污水横支管宜从其上部接入；较立管管径小 1~2 级的生活废水横支管宜从其下部接入。跑气器的跑气管，其始端应自跑气器的顶部接出，当与横干管连接时，跑气管末端应在距跑气器水平距离不小于 1.5m 处与横干管中心线以上呈 45°连接，并应以不小于 0.01 的坡度坡向排出管或排水横干管。当与下游偏置的排水立管连接时，跑气器应在距立管顶部以下 0.60m 处与立管以 45°角连接，并应以不小于 0.03 的坡度坡向排水立管的连接处。跑气管管径应比排水立管管径小一级。

课题 6　污（废）水的局部处理与提升

建筑内部污水未经处理不允许直接排入市政排水管网或水体时，应在建筑物内或附近设置局部处理构筑物予以处理，如检查井、化粪池、隔油池、降温池等。

5.6.1　检查井

不散发有害气体或大量蒸汽的工业废水排水管道，在下列情况下，可在建筑物内设检查井：在管道转弯和连接支管处；在管道的管径、坡度改变处。

室外生活排水管道管径小于或等于 150mm 时，检查井间距不宜大于 20m；管径大于或等于 200mm 时，检查井间距不宜大于 30m。

生活排水管道不宜在建筑物内设检查井。当必须设置时，应采取密闭措施。生活排水管道的检查井内应做导流槽。

检查井的内径应根据所连接的管道管径、数量和埋设深度确定。井深小于或等于 1.0m 时，井内径可小于 0.7m；井深大于 1.0m 时，井内径不宜小于 0.7m（井深指盖板面至井底的深度，方形检查井的内径指内边长）。

5.6.2　化粪池

化粪池是一种利用沉淀和厌氧发酵原理去除生活污水中悬浮性有机物的最低级处理构筑物。化粪池有矩形和圆形两种。对于矩形化粪池，当日处理污水量小于或等于 10m³ 时，采用双格，当日处理污水量大于 10m³ 时，采用三格。

（1）化粪池的有效容积　化粪池的有效容积应按式（5-2）～式（5-4）计算。

$$V = V_1 + V_2 \tag{5-2}$$

$$V_1 = \frac{Nqt}{24 \times 1000} \tag{5-3}$$

$$V_2 = \frac{\delta NT(1-b) \times k \times 1.2}{(1-c) \times 1000} \tag{5-4}$$

式中　V——化粪池有效容积（m³）；

$\quad\quad V_1$——污、废水部分的容积（m³）；

$\quad\quad V_2$——浓缩污泥部分的容积（m³）；

$\quad\quad N$——化粪池使用人数，在计算单独建筑物化粪池时，为总人数乘以 δ；

$\quad\quad \delta$——化粪池使用人数百分数（%），按表 5-20 选用；

$\quad\quad q$——每人每日污（废）水排量 [L/（人·d）]，见表 5-21；

$\quad\quad T$——污泥清掏周期（d），一般为 90d、180d、360d（根据污、废水温度和当地气候条件，并结合建筑物性质确定）；

$\quad\quad t$——污（废）水在池中停留时间（h），根据污（废）水量分别采用 12～24h；

$\quad\quad b$——进入化粪池的新鲜污泥含水率，按 95% 取用；

$\quad\quad k$——污泥发酵后体积缩减系数，按 0.8 取用；

$\quad\quad c$——化粪池中发酵浓缩后污泥含水率，按 95% 取用；

$\quad\quad 1.2$——清掏污泥后遗留的熟污泥量容积系数。

表 5-20　化粪池使用人数百分数 δ 值

建筑物类型	δ（%）
医院、疗养院、养老院、幼儿园（有住宿）	100
住宅、集体宿舍、旅馆	70
办公楼、教学楼、实验楼、工业企业生活间	40
职工食堂、公共餐饮业、影剧院、商场、体育馆（场）及其他类似场所（按座位计）	10

表5-21 每人每日污（废）水排量和污泥量

分类	生活污水与生活废水合流排出	生活污水单独排出
每人每日污（废）水排量/L	与用水量相同	20 ~ 30
每人每日污泥量/L	0.7	0.4

（2）化粪池设置要求

1）化粪池应设在室外，外壁距建筑物外墙不宜小于5m，并不得影响建筑物基础；化粪池外壁距室外给水构筑物外壁宜有不小于30m的距离。当受条件限制化粪池不得不设置在室内时，必须采取通气、防臭、防爆等措施。

2）化粪池应根据每日排水量、交通、污泥清掏等因素综合考虑或集中设置，且宜设置在接户管的下游端便于机动车清掏的位置。

（3）化粪池的构造 化粪池的构造应符合下列规定。

1）矩形化粪池的长度与深度、宽度的比例应按污（废）水中悬浮物的沉降条件和积存数量，以水力计算确定，但深度（水面至池底）不得小于1.3m，宽度不得小于0.75m，长度不得小于1.0m。圆形化粪池直径不得小于1.0m。

2）采用双格化粪池时，第一格的容量为有效设计容量的75%；采用三格化粪池时，第一格的容量为有效设计容量的60%，第二格和第三格各等于有效设计容量的20%，且格与格之间、池与连接井之间应设置通气孔洞。

3）化粪池池壁和池底应防止渗漏，顶板上应设有人孔和盖板。进水口、出水口应设置连接井与进水管、出水管相连；进水口处应设导流装置，出水口处及格与格之间应设拦截污泥浮渣设施。图5-24为双格矩形化粪池的构造。

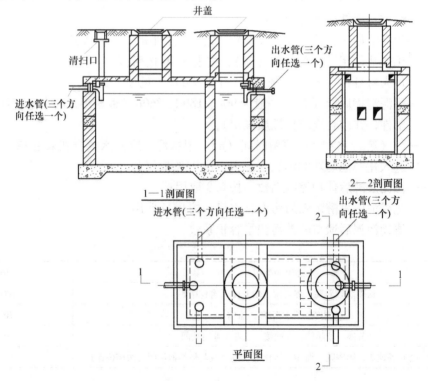

图5-24 双格矩形化粪池

5.6.3 隔油池

公共食堂和饮食业排放的污水中含有植物油和动物油脂，污水中含油量的多少与地区、生活习惯有关，一般在 50～150mg/L 之间，厨房洗涤水中含油量约 750mg/L。据调查，含油量超过 400mg/L 的污水排入下水道后，随着水温的下降，污水中挟带的油脂颗粒便开始凝固，黏附在管壁上，使管道过水断面减少，堵塞管道，故含油污的水应经除油装置（隔油池）除油后方许排入污水管道。除油装置还可以回收废油脂，变废为宝。汽车修理厂、汽车库及其他类似场所排放的污水中含有汽油、煤油等易爆物质，也应经除油装置进行处理。图 5-25 为隔油池示意图。

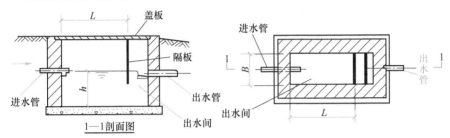

图 5-25　隔油池示意图

隔油池设计应符合下列规定。

1）污水流量应按设计秒流量计算。

2）含食用油污水在池内的流速不得大于 0.005m/s，在池内停留的时间宜为 2～10min。

3）人工除油的隔油池内存油部分的容积，不得小于该池有效容积的 25%。

4）隔油池应设活动盖板。进水管应考虑有清通的可能，出水管管底至池底的深度不得小于 0.6m。

5.6.4 降温池

降温池用于排除排水温度高于 40℃ 的污（废）水在排入室外管网之前的降温。降温池应设在室外。降温池有虹吸式和隔板式两种类型。虹吸式降温池适用于冷却废水较少，主要靠自来水冷却降温的场合；隔板式降温池适用于有冷却废水的场合。图 5-26 为常见的一种虹吸式降温池。降温池的设计应符合下列规定。

1）温度高于 40℃ 的排水，应首先考虑将所有热量回收利用；如不可能回收或回收不合理时，在排入城镇排水管道之前应设降温池。降温池应设置于室外。

2）降温宜采用较高温度排水与冷水在池内混合的方法进行。冷却水应尽量利用低温废水。降温所需的冷水量，应按热平衡方程计算确定。

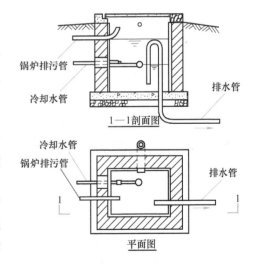

图 5-26　虹吸式降温池

3）降温池的容积应符合下列规定。

① 间接排放污水时，应按一次最大排水量与所需冷却水量的总和计算有效容积。

② 连续排放污水时，应保证污水与冷却水能充分混合。

4）降温池的管道设计应符合下列要求。

① 有压高温污水进水管口宜装设消声设施，有两次蒸发时，管口应露出水面向上并采取防止烫伤人的措施。无两次蒸发时，管口宜插进水中深度 200mm 以上。

② 冷却水与高温水混合可采用穿孔管喷洒，如采用生活饮用水作冷却水时，应采取防回流污染措施。

③ 降温池虹吸排水管管口应设在水池底部。

④ 应设排气管，排气管排出口位置应符合安全、环保要求。

设置生活污（废）水处理设施时，应使其靠近接入市政管道的排放点。居住小区处理站的位置宜在该地区常年最小频率的上风向，且应用绿化带与建筑物隔开；也可设置在绿地、停车坪及室外空地的地下。处理站如布置在建筑物地下室时，应有专用隔间。处理站与给水泵站及清水池水平距离不得小于 10m。

5.6.5 污（废）水提升

1. 污水泵

建筑内部常用的污水泵有潜水排污泵、液下排水泵、立式污水泵和卧式污水泵等。

（1）污水泵房的位置 污水泵房应设在有良好通风的地下室或底层单独的房间内，并应有卫生防护隔离带，且宜靠近集水池；应使室内排水管道和水泵出水管尽量简短，并考虑方便维修检测。污水泵房不得设在对卫生环境有特殊要求的生产厂房和公共建筑内，也不得设在有安静和防振要求的房间内。

（2）污水泵的管线和控制 污水泵的排出管为压力排水，宜单独排至室外，不要与自流排水合用排出管，排出管的横管段应有坡度坡向出口。由于建筑物内场地一般较小，排水量不大，故污水泵可优先选用潜水排污泵和液下排水泵，其中液下排水泵一般在重要场所使用。当两台或两台以上水泵共用一条出水管时，应在每台水泵出水管上装设阀门和单向阀；单台水泵排水有可能产生倒灌时，应设置单向阀。

为了保证排水，公共建筑内应以每个生活污水集水池为单位设置一台备用泵，平时宜交互运行。地下室、设备机房、车库冲洗地面的排水，如有两台或两台以上污水泵时可不设用泵。当集水池不能设事故排出管时，污水泵应有不间断的动力供应；在能关闭污水进水管时，可不设不间断动力供应，但应设置报警装置。

污水泵的启闭，应设置自动控制装置。多台水泵可并联交替或分段投入运行，使备用机组也能经常投入运行，不至于因长期搁置而发生故障。

（3）污水泵的选择

1）污水泵流量。居住小区污水泵的流量应按小区最大小时生活排水流量选定。建筑物内污水泵的流量应按生活排水设计秒流量选定。当有排水量调节时，可按生活排水最大小时流量选定。

2）污水泵扬程。污水泵扬程与其他水泵一样，按提升高度、管路系统水头损失另加 2~3m 流出水头计算。污水泵吸水管和出水管流速不应小于 0.7m/s，并不宜大于

2.0m/s。

2. 集水池

（1）集水池的位置　集水池宜设在地下室最底层卫生间、淋浴间的底板下或邻近位置。地下厨房集水池不宜设在细加工和烹炒间内，但应在厨房邻近处。消防电梯井集水池设在电梯邻近处，但不能直接设在电梯井内，池底低于电梯井底不宜小于 0.7m；车库地面排水集水池应设在使排水管、沟尽量简洁的地方。收集地下车库坡道处的雨水集水池应尽量靠近坡道尽头处。

（2）集水池的有效容积　集水池的有效容积，根据流入的污水量和水泵工作情况确定。当水泵自动起动时，其有效容积不宜小于最大一台污水泵 5min 的出水量，且污水泵每小时起动次数不宜超过 6 次。除此之外，集水池设计还应考虑满足水泵设置、水位控制器、格栅等安装、检查要求。集水池设计最低水位，应满足水泵吸水要求。当污水泵为人工控制起停时，应根据调节所需容量确定，但不得大于 6h 生活排水平均小时污水量，以防止污水因停留时间过长产生沉淀腐化。生活排水调节池的有效容积不得大于 6h 生活排水平均小时流量。

（3）集水池构造要求　因生活污水中有机物易分解成酸性物质，腐蚀性大，所以生活污水集水池内壁应采取防腐防渗漏措施。集水池底应有不小于 0.05 的坡度坡向泵位，并在池底设置自冲管。集水坑的深度及其平面尺寸，应按水泵类型而定。集水池应设置水位指示装置，必要时应设置超警戒水位报警位置，将信号引至物业管理中心。集水池如设置在室内地下室时，池盖应密封，并设通气管；室内有敞开的集水池时，应设强制通风装置。

课题 7　建筑内部排水系统的水力计算

5.7.1　排水量的确定

1）生活排水系统排水定额是其相应的生活给水系统用水定额的 85% ~ 95%。居住小区生活排水系统小时变化系数与其相应的生活给水系统小时变化系数相同，即居住小区的居民生活用水量，应按小区人口和表 1-7 的住宅最高日生活用水定额经计算确定。居住小区内的公共建筑用水量，应按其使用性质、规模、采用表 1-8 中的用水定额经计算确定。

2）居住小区内生活排水的设计流量应按住宅生活排水最大小时流量与公共建筑生活排水最大小时流量之和确定。

3）公共建筑生活排水定额和小时变化系数与公共建筑生活给水定额和小时变化系数相同，即集体宿舍、旅馆等公共建筑的生活用水定额及小时变化系数，根据卫生器具完善程度和区域条件，可按表 1-8 确定。

4）卫生器具排水的流量、当量、排水管管径，应按表 5-22 确定。

表 5-22　卫生器具排水的流量、当量、排水管管径

序号	卫生器具名称		排水量 / (L/s)	当量	排水管管径 /mm
1	洗涤盆、污水盆（池）		0.33	1.0	50
2	餐厅	单格洗涤盆（池）	0.67	2.0	50
		双格洗涤盆（池）	1.00	3.0	50

（续）

序号	卫生器具名称		排水量 / (L/s)	当量	排水管管径 /mm
3	盥洗槽（每个水嘴）		0.33	1.00	50~75
4	洗手盆		0.10	0.3	32~50
5	洗脸盆		0.25	0.75	32~50
6	浴盆		1.00	3.00	50
7	淋浴器		0.15	0.45	50
8	大便器	高水箱	1.50	4.50	100
		低水箱	1.50	4.50	100
		冲落式	1.50	4.50	100
		虹吸式、喷射虹吸式	2.00	6.00	100
		自闭式冲洗阀	1.50	4.50	100
9	医用倒便器		1.50	4.50	100
10	大便槽	≤4 个蹲位	2.50	7.50	100
		>4 个蹲位	3.00	9.00	150
11	小便器	自闭式冲洗阀	0.10	0.30	40~50
		感应式冲洗阀	0.10	0.30	40~50
12	小便槽（每米长）自动冲洗水箱		0.17	0.50	
13	化验盆（无塞）		0.20	0.60	40~50
14	净身器		0.10	0.30	40~50
15	饮水器		0.05	0.15	25~50
16	家用洗衣机		0.50	1.50	50

注：家用洗衣机排水软管，直径为30mm，有上排水的家用洗衣机排水软管内径为19mm。

5.7.2 设计秒流量的确定

建筑内部排水系统的设计秒流量是按瞬时高峰排水量制定的。

1）住宅、集体宿舍、旅馆、医院、疗养院、幼儿园、养老院、办公楼、商场、会展中心、中小学教学楼等建筑生活排水管道设计秒流量应按式（5-5）计算。

$$q_p = 0.12\alpha \sqrt{N_p} + q_{max} \qquad (5-5)$$

式中　q_p——计算管段排水设计秒流量（L/s）；

　　　N_p——计算管段的卫生器具排水当量总数；

　　　α——根据建筑物用途而定的系数，按表5-23确定；

　　　q_{max}——计算管段上最大一个卫生器具的排水流量（L/s）。

表 5-23　根据建筑物用途而定的系数 α 值

建筑物名称	住宅、宾馆、医院、疗养院、幼儿园、养老院的卫生间	集体宿舍、旅馆和其他公共建筑的公共盥洗室和卫生间
α 值	1.5	2.0~2.5

注：如计算所得流量值大于该管段上按卫生器具排水流量累加值，则应按卫生器具排水流量累加值计。

2）工业企业生活间、公共浴室、洗衣房、职工食堂或营业餐厅的厨房、实验室、影剧院、体育馆、候车（机、船）室等建筑的生活管道排水设计秒流量应按式（5-6）计算。

$$q_p = \sum q_o N_o b \tag{5-6}$$

式中　q_o——同类型的一个卫生器具排水流量（L/s）；

　　　N_o——同类型卫生器具数；

　　　b——卫生器具的同时排水百分数，按表 1-13 ~ 表 1-15 选用，冲洗水箱大便器的同时排水百分数应按 12% 计算。

当计算排水流量小于一个大便器排水流量时，应按一个大便器的排水流量计算。

5.7.3　水力计算

水力计算的目的是根据排水设计秒流量，经济、合理地确定排水管的管径和管道的坡度，同时确定是否需要设置专用通气立管，以保证管道系统正常工作。

1. 根据经验确定的排水管最小管径

1）医院污物洗涤盆（池）和污水盆（池）的排水管管径，不得小于 75mm。

2）浴池的泄水管管径宜采用 100mm。

3）小便槽或连接 3 个或 3 个以上的小便器，其污水支管管径不宜小于 75mm。

4）公共食堂厨房内的污水采用管道排除时，其管径比计算管径大一级，但干管管径不得小于 100mm，支管管径不得小于 75mm。

5）大便器排水管最小管径不得小于 100mm。

6）建筑物内排出管最小管径不得小于 50mm。多层住宅厨房间的立管管径不宜小于 75mm。

2. 按排水当量总数确定生活污水管管径

当卫生器具数量不多时，可根据管段上接入的卫生器具排水当量总数，按表 5-24 确定生活污水管的管径。

表 5-24　排水管道允许连接卫生器具的当量数

建筑物性质	排水管道名称		管径/mm			
			50	75	100	150
住宅和公共居住建筑的小卫生间	横支管	无器具通气管	4	8	25	—
		有器具通气管	8	14	100	—
		底层单独排出	3	6	12	—
	横干管		—	14	100	200
	立管	仅有伸顶通气管	5	25	70	—
		有通气立管	—	—	900	1000
集体宿舍、旅馆、医院办公楼、学校等公共建筑的盥洗室和卫生间	横支管	无环行通气管	4.5	12	36	—
		有环行通气管	—	—	100	—
		底层单独排出	4	8	36	—
	横干管		—	18	120	2000
	立管	仅有伸顶通气管	6	70	100	2500
		有通气立管	—	—	1500	

3. 排水横管的水力计算

当计算管段上卫生器具数量较多时，必须进行水力计算，以便合理、经济地确定管径和管道坡度。

（1）计算规定　为了使排水管道在良好的水力条件下工作，必须满足下述三个水力要素的规定。

1）管道坡度。排水管道的坡度应满足流速和充满度的要求，一般情况下应采用标准坡度，建筑物内生活排水铸铁管道的最小坡度见表5-25。

表5-25　建筑物内生活排水铸铁管道的最小坡度和最大设计充满度

管径/mm	标准坡度	最小坡度	最大设计充满度
50	0.035	0.025	0.5
75	0.025	0.015	
100	0.020	0.012	
125	0.015	0.010	
150	0.010	0.007	0.6
200	0.008	0.005	

建筑排水塑料管排水横支管的标准坡度为0.026，排水横干管的坡度可按表5-26进行调整。

表5-26　建筑排水塑料管排水横干管的最小坡度和最大设计充满度

外径/mm	最小坡度	最大设计充满度	外径/mm	最小坡度	最大设计充满度
110	0.004	0.5	160	0.003	0.6
125	0.0035	0.5	200	0.003	0.6

居住小区室外生活排水管道的最小管径、最小设计坡度可按表5-27确定。

表5-27　居住小区室外生活排水管道的最小管径、最小设计坡度和最大设计充满度

管别	管材	最小管径/mm	最小设计坡度	最大设计充满度
接户管	埋地塑料管	160	0.005	0.5
	混凝土管	150	0.007	
支管	埋地塑料管	160	0.005	
	混凝土管	200	0.004	
干管	埋地塑料管	200	0.004	0.55
	混凝土管	300	0.003	

2）管道充满度。排水管道内的污水是在非满管流动的情况下自流排出室外的，管道充满度为管内水深 H 与管径 D 的比值，管道顶部未充满水的目的在于排出管道内的臭气和有害气体，容纳超过设计的高峰流量以及减少管道内的气压波动。

因此，《建筑给水排水设计标准》（GB 50015—2019）规定了排水管道的最大设计充满度，见表5-25～表5-27。

3）管内流速。污（废）水在排水管道内的流速对管道的正常工作有很大的影响。为使悬浮在污水中的杂质不致沉落在管底，须有一个最小保证流速（或称自清流速，见

表5-28）；为了防止管壁因受污水中坚硬杂质长期高速流动的摩擦而损坏和防止过大的水流冲击，表5-29 中规定了排水管内最大允许流速值。

表 5-28　各种排水管道的自清流速值

管道类别	生活污水管道管径 d/mm			明渠（沟）	雨水管道及合流制排水管道
	$d < 150$	$d = 150$	$d = 200$		
自清流速/(m/s)	0.60	0.65	0.70	0.40	0.75

表 5-29　管道内最大允许流速值　　　　　　（单位：m/s）

管材	生活污水	含有杂质的工业废水、雨水
金属管	7.0	10.0
陶土及陶瓷管	5.0	7.0
混凝土、钢筋混凝土及石棉水泥管	4.0	7.0

（2）计算公式及计算表　排水管道的水力计算应根据以上三个规定，查相应的水力计算表。排水横管按重力流，应按下式计算。

$$q_p = \omega v \times 10^3 \tag{5-7}$$

式中　q_p——计算管段排水设计秒流量（L/s）；

ω——管道或明渠的水流断面积（m²）；

v——速度（m/s），按式（5-8）计算。

$$v = \frac{1}{n} R^{2/3} I^{1/2} \tag{5-8}$$

式中　R——水力半径（m）；

I——水力坡度，采用排水管的坡度；

n——粗糙系数，铸铁管为 0.013；混凝土管、钢筋混凝土管为 0.013 ~ 0.014；钢管为 0.012；塑料管为 0.009。

为方便计算，人们编制了排水管道的水力计算表。实际设计计算时，在符合最小管径和表5-25 ~ 表5-27 规定的最大设计充满度、最小坡度的前提下，查相应的水力计算表即可，参见本书附录3。

（3）排水立管计算　根据排水管道的设计流量，在控制立管管径不小于横支管的前提下，查表5-30 ~ 表5-33 确定立管的管径，要使排水管道的设计流量小于排水立管的最大排水能力。

表 5-30　设有通气管的铸铁排水立管的最大排水能力

排水立管管径/mm	排水能力/（L/s）	
	仅设伸顶通气管	有专用通气立管或主通气立管
50	1.0	—
75	2.5	5
100	4.5	9
125	7.0	14
150	10.0	25

表5-31 设有通气管的塑料排水立管的最大排水能力

排水立管管径/mm	排水能力/(L/s)	
	仅设伸顶通气管	有专用通气立管或主通气立管
50	1.2	—
75	3.0	—
90	3.8	—
110	5.4	10.0
125	7.5	16.0
160	12.0	28.0

注：表内数据系在立管底部放大1号管径条件下的通水能力；如不放大时，可按表5-30确定。

表5-32 单立管排水系统立管的最大排水能力

排水立管管径/mm	排水能力/(L/s)		
	混合器	塑料螺旋管	旋流器
75	—	3.0	
100	6.0	6.0	7.0
125	9.0	—	10.0
150	13.0	13.0	15.0

表5-33 不通气生活排水立管的最大排水能力

立管工作高度/m	排水能力/(L/s)				
	立管管径/mm				
	50	75	100	125	150
≤2	1.00	1.70	3.80	5.00	7.00
3	0.64	1.35	2.40	3.40	5.00
4	0.50	0.92	1.76	2.70	3.50
5	0.40	0.70	1.36	1.90	2.80
6	0.40	0.50	1.00	1.50	2.20
7	0.40	0.50	0.76	1.20	2.00
≥8	0.40	0.50	0.64	1.00	1.40

注：1. 排水立管工作高度，按最高排水横支管和立管连接处距排出管中心线间的距离计算。
2. 当排水立管工作高度在表中列出的两个高度值之间时，可用内插法求得排水立管的最大排水能力数值。
3. 排水管管径为100mm的塑料管外径为110mm，排水管管径为150mm的塑料管外径为160mm。

德 育 建 议

排水系统的蓄水设施包括清水池、水塔、水泵、吸水池等，其主要作用在于提高供水的可靠性，确保水压，平衡供水量与用水量的流量差，降低管道尺寸，提高运行灵活性和效率等。通过降低流量和控制流速，可减少对下游管区的冲刷，降低进入受纳水体的污染负荷，使城市的自然植被与野生生物能够得到保护，以此加强学生的生态环保意识和社会责任感。

复习思考题

1. 室内排水系统的任务是什么？室内排水是如何分类的？分为哪几类？

2. 试述排水管道的布置原则、敷设要求。

3. 清通装置有哪几种？其设置要求是什么？

4. 通气管的作用是什么？在什么条件下设置通气立管、器具通气管和环形通气管？如何设置？

5. 试述排水管道最小管径的各项规定。

6. 什么是排水管道的充满度？管道顶部为什么要留有一定的空间？

7. 如何选用雨水系统？在安装时应注意哪些事项？

8. 卫生器具有哪四大类？各自的作用是什么？

9. 水力计算的目的是什么？试述排水横管水力计算的几项规定。

10. 通气管和排水管的连接应遵守哪些规定？

11. 根据污水性质，污水局部水处理构筑物有哪几种？

单元6 建筑排水系统安装与验收

课题1 建筑排水工程施工图

6.1.1 排水施工图常用图例

建筑排水施工图的常用图例见表6-1。

表6-1 排水施工图常用图例

序号	名称	图例	备注
一、管道图例			
1	废水管	—— F ——	
2	压力废水管	—— YF ——	
3	通气管	—— T ——	
4	污水管	—— W ——	
5	压力污水管	—— YW ——	
6	雨水管	—— Y ——	
7	压力雨水管	—— YY ——	
8	虹吸雨水管	—— HY ——	
9	排水明沟	坡向 →	
10	排水暗沟	坡向 →	
二、管道附件			
1	立管检查口		
2	清扫口	平面 系统	
3	通气帽	成品 蘑菇形	
4	雨水斗	YD- 平面 YD- 系统	
5	排水漏斗	平面 系统	
6	圆形地漏		通用。如为无水封，地漏应加存水弯

（续）

序号	名称	图例	备注
二、管道附件			
7	方形地漏		
8	自动冲洗水箱		
三、管件			
1	偏心异径管		
2	同心异径管		
3	乙字管		
4	喇叭口		
5	转动接头		
6	S 型存水弯		
7	P 型存水弯		
8	90°弯头		
9	正三通		
10	TY 三通		
11	斜三通		
12	正四通		
13	斜四通		
14	浴盆排水管		
四、卫生设备及水池			
1	立式洗脸盆		
2	台式洗脸盆		
3	挂式洗脸盆		
4	浴盆		
5	化验盆、洗涤盆		

（续）

序号	名称	图例	备注
四、卫生设备及水池			
6	厨房洗涤盆		不锈钢制品
7	带沥水板洗涤盆		
8	盥洗槽		
9	污水池		
10	妇女卫生盆		
11	立式小便器		
12	壁挂式小便器		
13	蹲式大便器		
14	坐式大便器		
15	小便槽		
16	淋浴喷头		
五、小型排水构筑物			
1	矩形化粪池	HC	HC 为化粪池代号
2	圆形化粪池	HC	HC 为化粪池代号
3	隔油池	YC	YC 为隔油池代号
4	沉淀池	CC	CC 为沉淀池代号
5	降温池	JC	JC 为降温池代号
6	中和池	ZC	ZC 为中和池代号
7	雨水口		单口
			双口
8	阀门井、检查井		
9	跌水井		

6.1.2 建筑排水工程施工图

1. 室内排水施工图

室内排水施工图一般由设计施工说明、平面图、系统图、大样图与详图等部分组成。

（1）设计施工说明　施工说明的主要内容有排水系统采用的管材及连接方法，系统管道防腐、保温做法，灌水、通水、通球试验的要求及未说明的各项施工要求。

（2）平面图　平面图的主要内容有建筑平面的形式，卫生器具的平面位置、类型、编号，排水系统的出口位置、编号、地沟位置及尺寸，排水干管走向，立管及编号，横支管走向、位置及管道安装方式等。

平面图一般为 2～3 张，分别是地下室或底层平面图、卫生间标准平面图。

（3）系统图　系统图的主要内容有排水系统的编号及立管编号、卫生器具的编号、管道走向及与卫生器具的关系、清通装置的形式与位置、管道标高、管道直径与坡度坡向等。

系统图一般为 1～2 张，根据系统的大小而定。

（4）大样图与详图　大样图与详图可由设计人员在图纸上绘出，也可引自有关安装图集。

2. 室外（庭院小区、厂区）排水施工图

室外排水施工图一般由平面图、剖面图、大样图和详图等组成。

（1）平面图　平面图的主要内容有小区内建筑总平面情况，包括建筑物、构筑物和道路的位置，室外地形标高、等高线的分布，定位坐标，建筑标高及建筑物底层地面标高，市政排水干管的平面位置，小区排水管道平面位置、走向、管径、管线长度、敷设方式，小区排水管道构筑物（如检查井、化粪池、雨水口及其他污水局部处理构筑物等）的分布情况及编号。

（2）剖面图　剖面图可沿室外排水管道的纵向或横向剖开。其主要内容有室外自然地面标高、管线间的位置关系、管径、坡度、管线长度、构筑物编号等。

（3）大样图和详图　大样图和详图主要反映排水管道井室构筑物的构造、卫生器具的安装等内容。

6.1.3　排水施工图的识读

排水施工图的识读方法与给水施工图的识读方法基本相同。室内排水系统施工图应按水流方向以卫生器具排水管、排水横支管、排水立管到排出管的顺序识读。室外排水系统施工图按水流方向由建筑排出管到室外排水管网，最后接入城镇排水管网的顺序识读，同时由剖面图识读管道及井室的敷设情况。

【例 6-1】　识读图 4-5～图 4-8 中的排水施工图部分。

【解】　由图 4-5～图 4-8 可以看出，本工程的排出管沿建筑物轴线布置，系统编号为 $\dfrac{P}{1}$，排出管的管径为 $d_e=110\text{mm}$，标高为 -0.900m，坡度 $i=0.026$，坡向室外。

三楼的排水横管有两路：一路是从女厕所的地漏开始，自北向南沿楼板下面敷设，排水管的起点标高为 6.57m，中间接纳由洗脸盆、大便器、污水池排除的污水，并排至立管 PL-1。在排水管横管上设有一个清扫口，其编号为 SC1。清扫口之前的管径为 50mm，之后的管径为 110mm，坡度为 0.026，坡向立管。另一路是两个小便器和地漏组成的排水横管，地漏之前的管径为 50mm，之后的管径为 110mm，坡度 $i=0.026$，坡向立管 PL-1。

二楼排水横管的布置、走向、管径、坡度与三楼完全相同。

底层淋浴器由洗脸盆和地漏组成排水横管，属直埋敷设，地漏之前的管径为 50mm，之

后的管径为110mm，坡度为0.026，坡向立管。

排水立管的编号为PL-1，管径为110mm，在底层及三层距地面高度为1.00m处设有立管检查口各一个。立管上部的通气管伸出屋面700mm，管径为110mm，出口设有风帽。

【例6-2】 识读某高层建筑给水排水施工图（图4-9~图4-12）的排水施工图部分。

【解】 由图4-12可以看出：室内排水为分流制，粪便污水经化粪池处理，厨房含油脂废水隔油后排入市政污水管。为使管道不堵塞，隔油池设于各厨房制作中心，室内排水系统设主通气立管，卫生器具设器具通气管。

【例6-3】 识读某厂区室外给水排水施工图（图4-13）。

【解】 由图4-13可以看出：城市排水干管位于厂区的北侧，各车间及锅炉房内排水经排水管网（用虚线绘制）、检查井排至城市排水管网。各管道的管径、检查井的编号已标在平面图上。其余内容参见【例4-3】。

课题2 建筑内部排水管道的安装

6.2.1 一般规定

1. 管材

1）生活污水管道使用塑料管、铸铁管或混凝土管；洗脸盆或饮水器到共用水封之间的水管和连接卫生器具的排水短管可用钢管。

2）雨水管道使用塑料管、铸铁管、镀锌和非镀锌钢管或混凝土管等。

3）悬吊式雨水管道选用钢管、铸铁管或塑料管。易受振动的雨水管（如锻造车间等）使用钢管。

2. 排水管道及配件安装

1）隐蔽或埋地排水管道在隐蔽前必须做灌水试验。

2）排水管道的坡度应符合规定。

3）排水塑料管必须按设计要求及位置设伸缩节。当设计无要求时，伸缩节间距不大于4m。

4）高层建筑中明设排水塑料管道应按设计要求设置阻火圈或防火套管。

5）排水主立管及水平管道应做通球试验。

6）在生活污水管道上设置的清扫口或检查口应符合设计要求。当设计无要求时应符合下列规定。

① 在立管上应每隔一层设置一个检查口，在最底层和有卫生器具的最高层必须设置。当为两层建筑时，可仅在底层设置立管检查口；当有乙字弯管时，则在该乙字弯管的上部设置检查口。检查口中心高度距操作地面一般为1m，允许偏差为±20mm；检查口的朝向应便于检修。暗装立管，在检查口处应设安装检修门。

② 在连接2个及2个以上大便器或3个及3个以上卫生器具的污水横管上应设置清扫口。当污水管在楼板下悬吊敷设时，可将清扫口设在上一层的楼板上面，污水管起点的清扫口与管道相垂直的墙面距离不得小于200mm；当污水管起点设置堵头代替清扫口时，与墙面距离不得小于400mm。

③ 在转角小于135°的污水横管上，应设置检查口或清扫口。

④ 污水横管的直线管段，应按设计要求的距离设置检查口或清扫口。

7）埋在地下或地板下的排水管道的检查口，应设在检查井内。井底表面标高与检查井的法兰相平，井底表面应有5%的坡度坡向检查口。

8）金属排水管上的吊钩或卡箍应固定在承重结构上。固定件间距：横管不大于2m，立管不大于3m。楼层高度小于或等于4m时，立管可安装1个固定件。立管底部的弯管处应设支墩或采取固定措施。

9）排水塑料管道支吊架间距应符合表6-2的规定。

表6-2 排水塑料管道支吊架最大间距

管径/mm	40	50	75	90	110	125	160
立管/m	—	1.2	1.5	2.0	2.0	2.0	2.0
横管/m	0.4	0.5	0.75	0.90	1.10	1.25	1.60

10）金属和非金属的排水管道接口形式和所用填料应符合设计要求。

11）排水通气管不得与风管或烟道连接。

12）未经消毒处理的医院含菌污水管道，不得与其他排水管道直接连接。

13）饮食业工艺设备引出的排水管及饮用水水箱的溢流管，不得与污水管道直接连接，并应留出不小于100mm的隔断空间。

14）通向室外的排水管，穿过墙壁或基础必须下返时，应采用45°三通和45°弯头连接，并应在垂直管段顶部设置清扫口。

15）由室内通向室外排水检查井的排水管，井内引入管应高于排出管或两管顶相平，并有不小于90°的水流转角；如跌落差大于300mm，可不受角度限制。

16）用于室内排水的水平管道与水平管道、水平管道与立管的连接，应采用45°三通或45°四通和90°斜三通或90°斜四通。立管与排出管两端的连接，应采用两个45°弯头或曲率半径大于4倍管径的90°弯头。

3. 雨水管道及配件安装

1）雨水管不得与生活污水管相连接。

2）安装在室内的雨水管道安装后，应做灌水试验。

3）悬吊式雨水管的敷设坡度应符合要求。

6.2.2 排水管道的安装

室内排水管道安装的程序一般是：安装准备工作、排水管道的连接、排出管安装、底层排水横管及器具支管安装、立管安装、通气管安装、各层横支管安装、器具短支管安装等。

1. 安装前的准备

根据设计图样及技术交底检查、校对预留孔洞大小、管道坐标、标高是否正确。有条件时可对部分管段按测绘的草图进行管道预制加工，连好接口，编号后存放，待安装时使用。

2. 排水管道的连接

（1）承插连接 排水管材为铸造铁管时，接口以麻丝或石棉绳填充，用水泥或石棉水泥打口。

（2）承插黏接 排水管为硬聚氯乙烯塑料管时可采用承插黏接。

3. 排出管的安装

排水管一般铺设在地下室或直埋于地下。排出管穿过承重墙或基础时，应预留孔洞。当 $DN \leqslant 80mm$ 时，洞口尺寸为 $300mm \times 300mm$；$DN > 80mm$ 时，洞口尺寸为（$300mm$ + 管径）×（$300mm$ + 管径），并加设防水套管。敷设时，管顶上部净空不得小于建筑物的沉降量，一般不小于 $0.15m$。

排出管与排水立管的连接宜采用两个 $45°$ 弯头或曲率半径大于 4 倍管径的 $90°$ 弯头，也可采用带清扫口的弯头。

排出管安装是整个排水系统安装工程的起点，应保证安装质量。采用量尺法及比量法下料，预制成整体管道后，穿过基础预留洞，调整排出管安装位置、标高、坡度，满足设计要求后固定，并按设计要求做好防腐。

为便于检修，排出管不宜过长，一般由检查井中心至建筑外墙不小于 3m 且不大于 10m。排出管安装如图 6-1 所示。

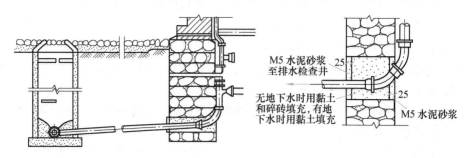

图 6-1 排出管安装

4. 底层排水横管及器具支管安装

底层排水横管一般采用直埋敷设或悬吊敷设于地下室内。

底层排水横管直埋敷设，当将房心土回填至管底标高时，以安装好的排出管斜三通上的 $45°$ 弯头承口内侧为基准，将预制好的管段按顺序排好，找准位置、坡度和标高，以及各预留口的方向和中心线，将承插口相连。

对敷设好的管道（排出管、底层横支管）进行灌水试验，各接口及管道应不渗漏，经验收合格后堵好各预留管口，配合土建封堵孔洞和回填。

排水横管悬吊敷设时，应按设计坡度栽埋好吊卡，量好吊杆尺寸，对好排出管上的预留管口、底层卫生器具的排水预留管口，同时按室内地坪线、轴线尺寸接至规定高度。在复核管标高和预留管口方向后，进行灌水试验。

底层器具支管均应实测下料。对坐便器支管应用不带承口的短管接至地表面处；蹲式大便器支管应用承口短管，高出地面 $10mm$；洗脸盆、洗涤盆、化验盆等的器具支管均应高出地面 $200mm$；浴盆支管应高出地面 $50mm$；地漏应低于地面 $5 \sim 10mm$，地面清扫口应与地面相平。

5. 排水立管的安装

排水立管一般在墙角明装，当建筑物有特殊要求时，也可暗装于管道井、管槽内，在检查口处应设检修门。

安装时根据施工图校对预留孔洞位置及尺寸（对预制板可凿洞，但不得破坏楼板钢筋）。两人配合，一人在上层由管洞用结实的麻绳将安装管段拴牢吊起，另一人在下层协助上拉下托将管段插入下层承口内，然后将管甩口及检查口方向找正，用木楔将安装管段在楼板洞口处卡牢，吊直后打麻捻口（或黏接）。最后，复查立管垂直度，用管卡固定牢固。立管安装合格后，配合土建用不低于楼板强度的混凝土将洞灌满捣实。

6. 楼层排水横支管的安装

楼层排水横支管均用悬吊敷设，安装方法与底层横支管的安装方法相同。排水管道穿墙、穿楼板时预留孔洞的尺寸见表6-3。连接卫生器具的排水支管，其离墙距离及预留洞尺寸应根据卫生器具的型号、规格确定，常用卫生器具排水支管预留孔洞的位置与尺寸见表6-4。

表 6-3　排水管道预留孔洞尺寸

管道名称	管径/mm	孔洞尺寸（长×宽）/(mm×mm)
排水立管	50	150×150
	70~100	200×200
排水横管	≤80	250×200
	100	300×250

表 6-4　排水支管预留孔洞位置与尺寸

卫生器具名称	平面位置	图示
蹲式大便器	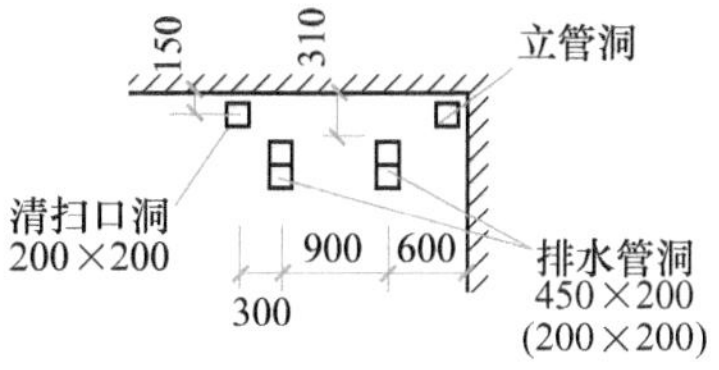 150　310　立管洞　清扫口洞 200×200　900　600　300　排水管洞 450×200（200×200）	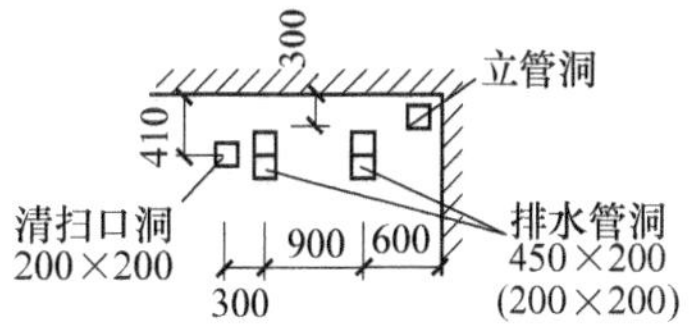 300　立管洞　410　清扫口洞 200×200　900　600　300　排水管洞 450×200（200×200）
	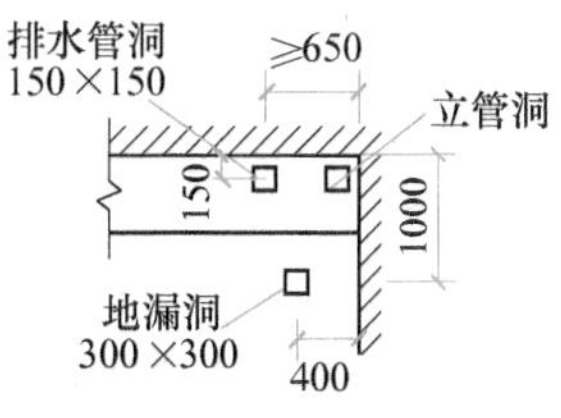 排水管洞 150×150　≥650　立管洞　150　1000　地漏洞 300×300　400	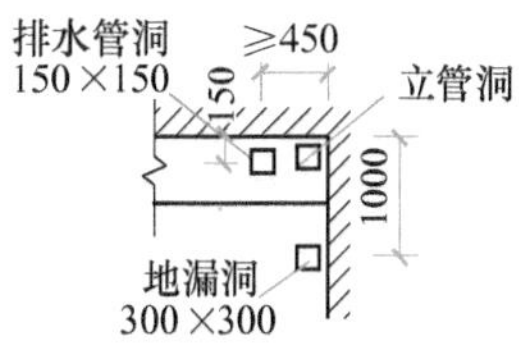 排水管洞 150×150　≥450　150　立管洞　1000　地漏洞 300×300
小便槽	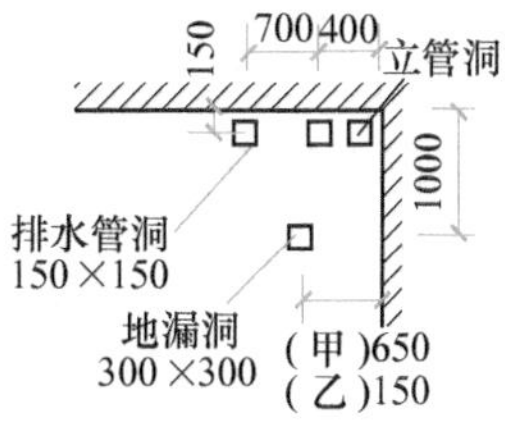 150　700　400　立管洞　1000　排水管洞 150×150　地漏洞 300×300　（甲）650（乙）150	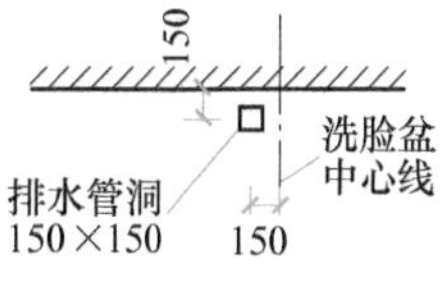 150　排水管洞 150×150　150　洗脸盆中心线
	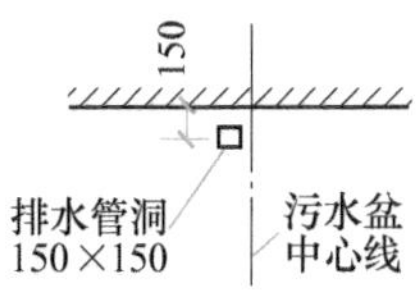 150　排水管洞 150×150　污水盆中心线	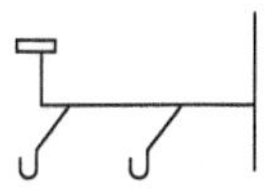

（续）

卫生器具名称	平面位置	图示
挂式小便器		
洗脸盆		
污水池（盆）	（甲） （乙）	

6.2.3 建筑排水塑料管道安装

1. 一般规定

1）排水塑料管管道系统的安装宜在墙面粉刷结束后连续施工。当安装间断时，敞口处应临时封闭。

2）管道应按设计要求设置检查口或清扫口，其位置应符合下列规定。

① 立管在底层或在楼层转弯时应设置检查口，检查口中心距地面1.0m，在最冷月平均气温低于−13℃的地区，立管尚应在最高层离室内顶棚0.5m处设置检查口。立管宜每六层设一个检查口。

② 公共建筑物内，在连接4个及4个以上大便器的污水横管上宜设置清扫口。

③ 横管、排出管直线距离大于表6-5的规定时，应设置检查口或清扫口。

表6-5 横管直线管段上检查口或清扫口之间的最大距离

管径/mm	50	75	90	110	125	160
距离/m	10	12	12	15	20	20

3）立管和横管按要求设置伸缩节。横管伸缩节采用锁紧式橡胶圈管件，当管径大于或等于160mm时，横管应采用弹性橡胶圈连接形式。当设计对伸缩量无规定时，管端插入伸缩节处预留的间隙为：夏季5~10mm；冬季15~20mm。

4）非固定支承件的内壁应光滑，与管壁之间应留有微隙。

5）横管坡度应符合设计要求，当设计无要求时坡度应为0.026。

6）立管管件的承口外侧与墙饰面的距离宜为20~50mm。

7）管道的配管及坡口应符合下列规定。

① 锯管长度应根据实测并结合各连接件的尺寸逐段确定。锯管工具宜选用细齿锯、割管机等机具。

② 管口端面应平整、无毛刺，并垂直于管轴线，不得有裂痕、凹陷。

③ 插口处可用中号板锉锉成15°~30°坡口。坡口厚度宜为管壁厚度的1/3~1/2，坡口

完成后应将残屑清除干净。

8）塑料管与铸铁管连接时，宜采用专用配件。当采用水泥捻口连接时，应先将塑料管插入承口部分的外侧，用砂纸打毛或涂刷胶黏剂后滚黏干燥的粗黄砂；插入后用油麻丝填嵌均匀，用水泥捻口。塑料管与钢管、排水栓连接时应采用专用配件。

9）管道穿越楼层处的施工应符合下列规定。

① 管道穿越楼层处为固定支承点时，管道安装结束应配合土建进行支模，并应采用 C20 细石混凝土分二次浇捣密实。浇筑结束后，结合地平面或面层施工，在管道周围应筑成厚度不小于 20mm，宽度不小于 30mm 的阻水圈。

② 管道穿越楼板处为非固定支承时，应加装金属或塑料套管，套管内径可比穿越立管大 10～20mm，套管高出地面不少于 50mm。

10）高层建筑内明装管道，当设计要求采取防止火灾贯穿措施时，应符合下列规定。

① 立管管径大于或等于 110mm 时，在楼板贯穿部位设置阻火圈或长度不小于 500mm 的防火套管，在防火套管周围筑阻水圈，如图 6-2 所示。

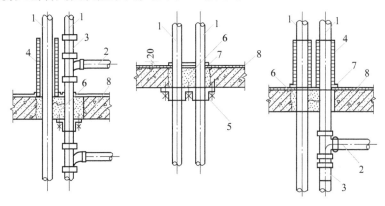

图 6-2 立管穿越楼层阻火圈、防火套管安装

1—立管 2—横支管 3—立管伸缩节 4—防火套管 5—阻火圈

6—细石混凝土二次嵌缝 7—阻水圈 8—混凝土楼板

② 管径大于或等于 110mm 的横支管与暗设立管相接时，墙体贯穿部位应设置阻火圈或长度不小于 300mm 的防火套管，且防火套管的明露部分长度不宜小于 200mm，如图 6-3 所示。

③ 水平干管穿越防火分区隔墙时，管道穿越墙体的两侧应设置防火圈或长度不小于 500mm 的防火套管，如图 6-4 所示。

2. 安装前的准备工作

1）设计图样及其他技术文件齐全，并经会审；有切实可行的施工方案或施工组织设计，并进行技术交底；材料、施工机具准备就绪，土建施工已满足安装要求，能正常施工并符合质量要求；施工现场有材料堆放库房，能满足施工要求。

2）按管道系统和卫生设备的设计位置，配合土建作好孔洞预留。孔洞尺寸当设计无规定时，可按管外径为 50～100mm 进行。管道安装前，检查预留孔洞及预埋件的位置和标高是否正确。

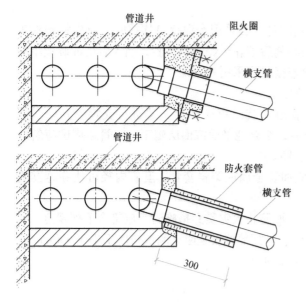

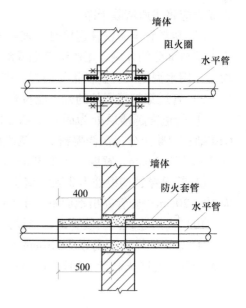

图 6-3　横支管接入管道井中立管
阻火圈、防火套管安装

图 6-4　管道穿越防火分区隔墙
阻火圈、防火套管安装

3. 管道安装

塑料管应根据《建筑给水排水及采暖工程施工质量验收规范》（GB 50242—2002）、《建筑排水塑料管道工程技术规程》（CJJ/T 29—2010）进行安装。按设计要求在施工现场进行测量，绘制加工安装图，根据加工安装图进行配管。

管道安装应自下而上分层进行，先安装立管，后安装横支管。应连续施工，否则，应及时封堵管口，以防杂物进入管内。

立管安装前应先按立管布置位置在墙面画线，安装固定支架或滑动支架。明装立管穿越楼板处应有防水措施，采用细石混凝土补洞，分层填实后，可形成固定支架；暗装于管道井内的立管，若穿越楼板处未能形成固定支架时，应每层设置 1 个固定支架。

当层高 $H \leqslant 4\text{m}$（$DN \leqslant 50\text{mm}$，$H \leqslant 3\text{m}$）时，层间设 1 个滑动支架；若层高 $H > 4\text{m}$（$DN \leqslant 50\text{mm}$，$H > 3\text{m}$）时，层间设 2 个滑动支架，如图 6-5 所示。常用固定支架如图 6-6 和图 6-7 所示，常用滑动支架如图 6-8 所示。

立管底部宜设支墩或采取牢固的固定措施。立管安装时，先将管道插入伸缩节承口底部，再按规定将管道拉出预留间隙，在管道上做出标记，然后再将管端插口平直插入伸缩节承口橡胶圈中。用力应均匀，

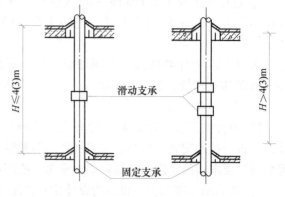

图 6-5　立管支架示意图

不得摇挤和用力过猛。管道固定安装完毕后，随即将立管固定。立管安装如图 6-9 所示。立管安装完毕后，按规定堵洞或固定套管。管道穿楼板或屋面的做法如图 6-10 所示。

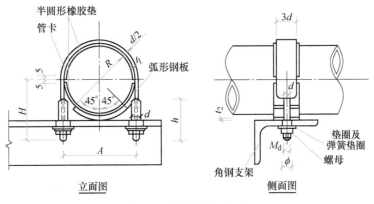

图 6-6　固定支架（一）

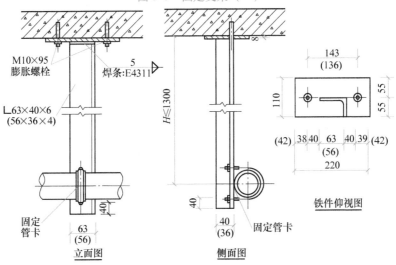

图 6-7　固定支架（二）

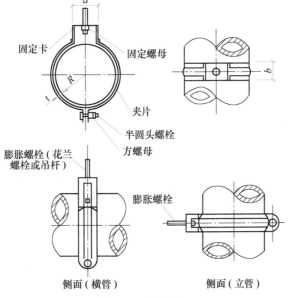

图 6-8　滑动支架

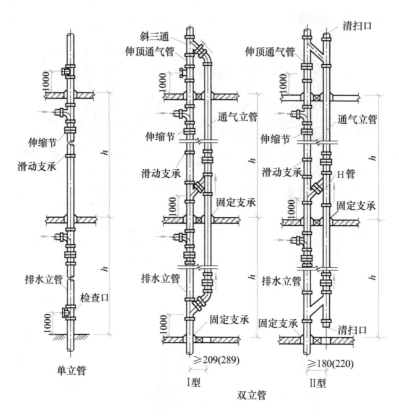

图 6-9　立管安装

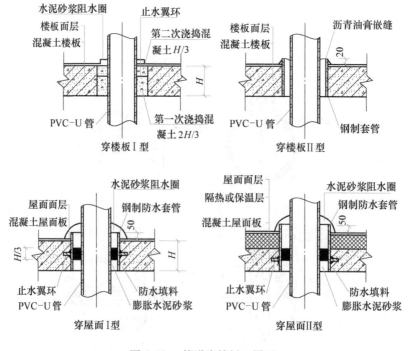

图 6-10　管道穿楼板、屋面

安装横管时，先将预制好的管段用铁丝临时吊挂，查看无误后再进行黏接。黏接后摆正位置，找好坡度，用木楔卡牢接口，紧住铁丝临时固定。待黏接固化后再紧固支承件。横管伸缩节及管卡设置如图 6-11 所示。

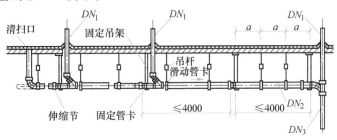

图 6-11　横管伸缩节及管卡设置

管道支承好后应拆除临时用的铁丝。

当排水立管在中间层竖向拐弯时，排水支管与排水立管、排水横管的连接如图 6-12 所示。排水横支管与立管底部的垂直距离 h_1 应符合表 6-6 的规定；排水支管与横管连接点至立管底部水平距离不得小于 1.5m；排水竖支管与立管的拐弯处的垂直距离不得小于 0.6m。

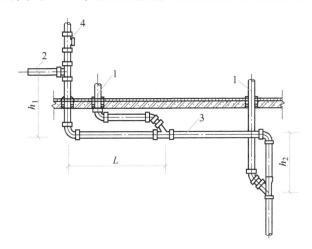

图 6-12　排水支管与排水立管、排水横管的连接
1—立管　2—横支管　3—排出管　4—检查口

表 6-6　排水横支管与立管底部的垂直距离

建筑层数	垂直距离 h_1/m	建筑层数	垂直距离 h_1/m
≤4	0.45	13～19	3.00
5～6	0.75	≥20	6.00
7～12	1.20		

注：1. 当立管管径底部，排出管管径放大一号时，可将表中垂直距离缩小一档。
　　2. 当立管底部不能满足本表及其注 1 的要求时，最低排水横支管应单独排出。

埋地排水管及排出管的安装程序为：按设计规定的管道位置确定坐标与标高并放线，开挖的管沟宽度和深度应符合设计要求；检查预留孔洞位置、尺寸及标高；铺设预制好的管段，做灌水试验。

铺设管段时宜先做设计标高 ±0.00 以下的室内部分至伸出外墙为止，管道伸出外墙不得小于 250mm。待土建施工结束后，再从外墙边铺设管道接入检查井。

埋地管道的沟底面应平整，无凸出的尖硬物。沟底宜设厚度为 100～150mm 的砂垫层，垫层宽度不小于管径的 2.5 倍，其坡度与管道坡度相同。管道回填应采用细土回填，并高出管顶至少 200mm 处，压实后再回填至设计标高。

管道穿越建筑基础预留孔洞时，管顶上部净空不宜小于 150mm。埋地管道穿越地下室外墙时，应采取防水措施，当采用刚性套管时，可按图 6-13 施工。

埋地塑料管安装完毕后必须做灌水试验，符合要求后回填土。回填土应为素土，且分层夯实，每层厚度宜为 0.15m。

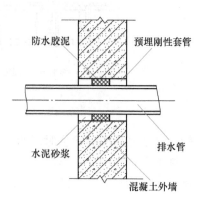

图 6-13　管道穿越地下室外墙

4. 管道的连接

建筑用排水塑料管的连接一般采用承插黏接。连接前应先检验塑料管材外表面有无损伤、缺陷；管口端面是否与轴线垂直；切削的坡口是否合格。然后用软纸、细棉布或棉纱擦揩管口，必要时用丙酮等清洁剂擦净。

涂刷胶黏剂宜采用鬃刷。当采用其他材料涂刷时应防止与胶黏剂发生化学反应。刷子宽度一般为管径的 1/3～1/2。涂刷胶黏剂时应先涂承口内壁再刷插口壁，重复刷 2 次。涂刷时应适量、均匀、迅速、无漏涂。胶黏剂涂刷结束时应将管道插口迅速插入承口，轴向用力应准确，插入深度应符合标记，稍加旋转，注意不要使管道弯曲。插入后应扶持 1～2min，再静置待胶黏剂完全干燥和固化。管径大于 110mm 时，应两人共同操作，但不可用力过猛。黏接后，应迅速揩干净外溢的胶黏剂，以免影响美观。黏接时的注意事项与给水塑料管相同。

6.2.4　管道安装的质量控制及允许偏差

1. 排水管道及配件安装

（1）主控项目

1）隐蔽或埋地的排水管道在隐蔽前必须做灌水试验，其灌水高度不低于底层卫生器具的上边缘或底层地面高度。

检验方法：满水 15min 水面下降后，再灌满水观察 5min，液面不降，管道及接口无渗漏为合格。

2）生活污水铸铁管道的坡度必须符合设计或表 6-7 的规定。生活污水塑料管道的坡度必须符合设计或表 6-8 的规定。

检验方法：水平尺、拉线尺量检查。

3）排水塑料管必须按设计要求及位置装设伸缩节。当无设计要求时，伸缩节间距不大于 4m。高层建筑明设排水塑料管道应按设计要求设置防火圈或防火套管。

检验方法：观察检查。

4）排水主立管及水平干管均应做通球试验，通球球径不小于排水管道管径的 2/3，通球率必须达到100%。

检验方法：通球检查。

（2）一般项目 排水管道安装的允许偏差应符合表6-9的相关规定。

表6-7 生活污水铸铁管道的坡度

项次	管径/mm	标准坡度（‰）	最小坡度（‰）
1	50	35	25
2	75	25	15
3	100	20	12
4	125	15	10
5	150	10	7
6	200	8	5

表6-8 生活污水塑料管道的坡度

项次	管径/mm	标准坡度（‰）	最小坡度（‰）
1	50	25	12
2	75	15	8
3	110	12	6
4	125	10	5
5	160	7	4

表6-9 室内排水和雨水管道安装的允许偏差和检验方法

项次	项目				允许偏差/mm	检验方法
1	坐标				15	
2	标高				±15	
3	横管纵横方向弯曲	铸铁管		每1m	≤1	用水准仪（水平尺）、直尺、拉线和尺量检查
				全长（25m以上）	≤25	
		钢管	每1m	管径小于或等于100mm	1	
				管径大于100mm	1.5	
			全长（25m以上）	管径小于或等于100mm	≤25	
				管径大于100mm	≤38	
		塑料管		每1m	1.5	
				全长（25m以上）	≤38	
		钢筋混凝土管、混凝土管		每1m	3	
				全长（25m以上）	≤75	
4	立管垂直度	铸铁管		每1m	3	吊线和尺量检查
				全长（5m以上）	≤15	
		钢管		每1m	3	
				全长（5m以上）	≤10	
		塑料管		每1m	3	
				全长（5m以上）	≤15	

2. 雨水管道及配件安装

（1）主控项目

1）室内雨水管道安装后应做灌水试验，灌水高度必须到达每根立管上部的雨水斗。

检验方法：灌水试验持续1h，不渗不漏。

2）雨水管道如采用塑料管，其伸缩节安装应符合设计要求。

检验方法：对照图样检查。

3）悬吊式雨水管道的敷设坡度不得小于0.5%；埋地雨水管道的最小坡度，应符合表6-10的规定。

表6-10　埋地雨水排水管道的最小坡度

项次	管径/mm	最小坡度（%）
1	50	2
2	75	1.5
3	100	0.8
4	125	0.6
5	150	0.5
6	200～400	0.4

检验方法：水平尺、拉线尺量检查。

（2）一般项目

1）雨水管道不得与生活污水管道相连接。

检验方法：观察检查。

2）雨水斗管的连接应固定在屋面承重结构上。雨水斗边缘与屋面相连接处应严密不漏。连接管管径当设计无要求时，不得小于100mm。

检验方法：观察和尺量检查。

3）悬吊式雨水管道的检查口或带法兰堵口的三通的间距不得大于表6-11的规定。

检验方法：拉线、尺量检查。

表6-11　悬吊管检查口

项次	悬吊管直径/mm	检查口间距/m
1	≤150	≤15
2	≥200	≤20

4）雨水管道的安装允许偏差应符合表6-9的规定。雨水钢管管道焊接的允许偏差和检验方法应符合表6-12的规定。

表6-12　钢管管道焊接允许偏差和检验方法

项次	项目		允许偏差	检验方法
1	焊口平直度	管壁厚10mm以内	管壁厚的1/4	焊接检验尺和游标卡尺检查
2	焊缝加强面	宽度	+1mm	
		高度	+1mm	
3	咬边	深度	小于0.5mm	直尺检查
		长度 连续长度	25mm	
		长度 总长度（两侧）	小于焊缝长度的10%	

课题 3　卫生器具的安装

6.3.1　一般要求

1）卫生器具的安装应牢固、平稳、美观、完好、洁净，接口紧密且不渗漏。

2）卫生器具与支架接触处应平稳贴实，可采取加软垫的方法实现。若直接使用螺栓固定，螺栓上应加软橡胶垫圈，且拧紧时用力应适当。

3）除大便器外的其他卫生器具排水口处均应设置排水栓或十字栏栅，以防止排水管道堵塞。

4）为防止排水管中的污染气体及蚊、蝇、昆虫进入室内，除坐式大便器外，其他卫生器具与排水管道相连处均应设置存水弯。

5）卫生器具应采用预埋螺栓或膨胀螺栓安装固定。

6）卫生器具与给水配件连接的开洞处应使用橡胶板；与排水管、排水栓连接的排水口应使用油灰；与墙面靠接时，应使用油灰或白水泥填缝。

7）在器具和给水支管连接时，必须装设阀门和可拆卸的活接头。器具排水口和排水短管、存水弯管连接处应用油灰填塞，以便于拆卸。

8）卫生器具排水口与排水管道的连接处应密封良好，不渗漏。

9）卫生器具的安装位置、标高、连接管管径，均应符合设计要求或规范规定。卫生器具及配件的安装高度在设计无要求时，应符合表 6-13 和表 6-14 的规定。

10）卫生器具安装完毕交工前应做满水和通水试验，并采取一定的保护措施。

表 6-13　卫生器具的安装高度

项次	卫生器具名称		卫生器具安装高度/mm		备注
			居住和公共建筑	幼儿园	
1	污水盆（池）	架空式	800	800	自地面至器具上边缘
		落地式	500	500	
2	洗涤盆（池）		800	800	
3	洗脸盆、洗手盆（有塞、无塞）		800	500	
4	盥洗槽		800	500	
5	浴盆		≤520		
6	蹲式大便器	高水箱	1800	1800	自台阶面至高水箱底
		低水箱	900	900	自台阶面至低水箱底
7	坐式大便器	高水箱	1800	1800	自地面至高水箱底
		低水箱 外露排水管式	510	370	
		低水箱 虹吸喷射式	470		
8	挂式小便器		600	450	自地面至下边缘
9	小便槽		200	150	自地面至台阶面

（续）

项次	卫生器具名称	卫生器具安装高度/mm		备注
		居住和公共建筑	幼儿园	
10	大便槽冲洗水箱	≥2000		自台阶面至水箱底
11	妇女卫生盆	360		自地面至器具上边缘
12	化验盆	800		自地面至器具上边缘

表 6-14 卫生器具给水配件的安装高度

项次	给水配件名称		配件中心距地面高度/mm	冷热水龙头距离/mm
1		架空式污水盆（池）水龙头	1000	—
2		落地式污水盆（池）水龙头	800	—
3		洗涤盆（池）水龙头	1000	150
4		住宅集中给水龙头	1000	—
5		洗手盆水龙头	1000	—
6	洗脸盆	水龙头（上配水）	1000	150
		水龙头（下配水）	800	150
		角阀（下配水）	450	—
7	盥洗槽	水龙头	1000	150
		热水龙头（冷热水管上下并行）	1100	150
8	浴盆	水龙头（上配水）	670	150
9	淋浴器	截止阀	1150	95
		混合阀	1150	—
		淋浴喷头下沿	2100	—
10	蹲式大便器（台阶面算起）	高位水箱角阀及截止阀	2040	—
		低水箱角阀	250	—
		手动式自闭冲洗阀	600	—
		脚踏式自闭冲洗阀	150	—
		拉管式冲洗阀（自地面算起）	1600	—
		带防污助冲器阀门（从地面算起）	900	—
11	坐式大便器	高水箱角阀及截止阀	2040	—
		低水箱角阀	150	—
12		大便槽冲洗水箱截止阀（从台阶面算起）	≥2400	—
13		立式小便器角阀	1130	—
14		挂式小便器角阀及截止阀	1050	—
15		小便槽多孔冲洗管	1100	—
16		实验室化验水龙头	1000	—
17		妇女卫生盆混合阀	360	—

注：装在幼儿园内的洗手盆、洗脸盆和盥洗槽水龙头中心离地面安装高度应为700mm，其他卫生器具给水配件的安装高度，应按器具实际尺寸相应减少。

6.3.2　卫生器具的安装方法

卫生器具安装的一般程序是：安装前的准备工作，卫生器具及配件安装，卫生器具与墙、地缝隙处理，卫生器具外观检查，满水、通水试验等。

1. 安装前的准备工作

1）卫生器具安装前检查给水管和排水管预留孔洞的位置和形式，确定所需工具、材料、数量及配件的种类。

2）核对卫生器具的型号、规格是否符合设计要求，检查卫生器具的外观与质量是否符合质量要求。

3）与卫生器具连接的冷热水管道经试压试验已合格，排水管道已进行灌水试验并合格，排水管口及其附近地面清理打扫干净。

2. 卫生器具的安装

（1）大便器安装

1）高水箱蹲式大便器的安装。高水箱蹲式大便器的安装如图 6-14 所示，安装每组高水箱蹲式大便器所需材料见表 6-15。

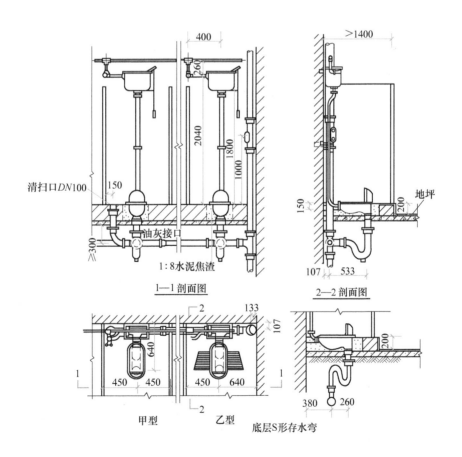

图 6-14　高水箱蹲式大便器的安装

表 6-15 安装每组高水箱蹲式大便器所需材料

序号	名称	规格	单位	数量	序号	名称	规格	单位	数量
1	蹲式大便器	—	个	1	5	存水弯	DN100	个	1
2	高水箱	—	个	1	6	镀锌钢管	DN15	m	0.3
3	塑料冲洗管	DN25	m	2.5	7	弯头	DN15	个	1
4	螺纹阀门	DN15	个	1	8	活接头	DN15	个	1

① 安装大便器：根据卫生间设计图样尺寸，事先按要求将排水管的承口内填塞油麻，后用纸筋水泥（纸筋：水泥＝2∶8）塞满刮平，插入存水弯，再用水泥固定牢。存水弯装稳后，将大便器排水孔对准存水弯承口，将大便器找平、找正，再将油灰填塞在存水弯承口内。大便器出水口周围也用油灰充填，并用砖做支撑，再核对大便器的平正度，准确无误后用水泥砂浆砌筑大便器托座。用砂子或炉渣填满存水弯周围空隙，最后用水泥砂浆压实、抹平。

② 安装高水箱：按图样要求在墙上画好水箱的横、竖中心线，以确定水箱和挂孔的位置，钻眼栽埋膨胀螺栓。在水箱挂装前，可先在地上把水箱内冲洗附件装好，使其灵活可靠。挂水箱并将其固定。

③ 安装冲洗管：将密封垫圈和锁紧螺母套至冲洗管上端，把冲洗管插进水箱排水孔，与冲洗装置相连，再将螺母锁紧即可。冲洗管的下端通过橡胶碗（一头套在冲洗管上，另一端套在大便器的进水口上）与大便器连通。橡胶碗用 14 号铜线绑扎两道，应错位绑扎，不允许压结在一条直线上。接口处一定要严密不漏水。

④ 安装进水管：把已装好的浮球阀螺纹端加上橡胶垫圈从水箱内的进水孔穿出，再在水箱外的螺纹端加上橡胶垫圈用锁紧螺母锁紧。水箱配件安装及接管时应使用活扳手，不能使用管钳，以免在其表面留下痕迹。

大便器稳固后，按土建要求做好地坪，橡胶碗处要用砂土埋好，再在砂土上面抹平水泥砂浆。禁止用水泥砂浆把橡胶碗处全部填死，以免维修不便。

2）坐式大便器的安装。每组坐式大便器安装所需材料见表 6-16。

表 6-16 安装每组坐式大便器（分体式）的主要材料

序号	名称	规格	单位	数量	序号	名称	规格	单位	数量
1	低水箱	—	个	1	5	弯头	DN15	个	1
2	坐式大便器	—	个	1	6	活接头	DN15	个	1
3	大便器座盖	—	套	1	7	角式截止阀	DN15	个	1
4	镀锌钢管	DN15	m	0.3	8	塑料冲洗弯管及配件	DN50	套	1

注：连体式大便器无须冲洗弯管及配件。

分体式大便器安装如图 6-15 所示，具体方法如下。

① 安装大便器：将大便器的排水口插入预先埋在地面内的排水管口内，再按大便器底

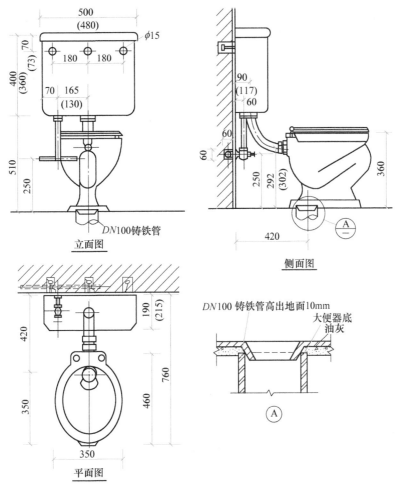

图 6-15　分体式大便器的安装

座外轮廓和螺栓孔眼的位置用石笔在地面上标出其轮廓和螺栓孔眼的位置。移开大便器后，在地面上钻孔栽埋膨胀螺栓，用水泥砂浆固定。安装大便器时，取出大便器排水管口内的堵塞物，将管口清理干净，并检查大便器内有无残留杂物。在大便器排水口周围和大便器底面抹上油灰或纸筋水泥，注意不能涂抹得过多。按前面标出的外廓线将大便器的排水口插入 DN100 的排水承口内，并用水平尺反复校正，慢慢嵌紧，使填料压实且稳正。上紧螺母时，不可用力过猛，以免瓷质大便器底部碎裂。就位固定后应将大便器周围多余水泥及污物擦拭干净，并用 1~2 桶水灌入大便器，防止油灰或纸筋水泥黏结，甚至堵塞排水管口。大便器的座盖，应在即将交工时安装。

②　安装低水箱：在安装前，应将水箱内的冲水附件在地面上组装好。按照低水箱上边缘的高度，在墙面用石笔或粉袋弹出横线，然后以此线和大便器的中心线为基准线，根据水箱背部孔眼的实际尺寸，在墙上标出螺栓孔的位置，钻孔栽埋膨胀螺栓，再用螺母加铅垫圈将水箱固定在墙上。就位固定后的低水箱，应横平竖直，稳定美观，水箱冲水口应和大便器进水口中心对正。

③　安装管道：将水箱出水口与大便器进水口锁紧螺母卸下，将 90° 的冲洗管（冲洗管的材料有塑料管、铝管、钢管等）一端插入低水箱出口，另一端插入大便器进水口，套上柔

性垫片，两端均用锁紧螺母锁紧。水箱进水管上 DN15 角阀与水箱进水口处用短管相连（短管材料有铜管、塑料管、柔性短管等）。

连体式大便器安装如图 6-16 所示。安装时，根据设计图样和施工现场的实际情况，采用比量定位法，画出地面固定螺栓的位置。再将坐便器底座上抹满油灰，下水口上缠上油麻并抹油灰，插入下水管口，直接稳固在地面上。压实后，抹去底座挤出的油灰，在固定螺栓上加设垫，拧紧螺母即可。

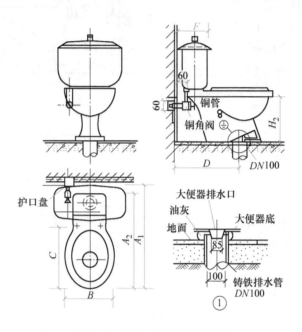

图 6-16　连体式大便器的安装

坐式大便器因自带存水弯，故与排水管相接时，无须再设存水弯。

3）大便槽的安装。大便槽主体施工是由土建部门完成的，给排水施工的主要任务是安装冲洗水箱、冲洗水管、大便槽排水管，如图 6-17 所示。

安装时首先在墙上打孔，栽埋角钢，找正找平后，用水泥砂浆填灌并抹平。安装水箱并根据水箱位置安装进水管、冲洗管和大便槽排水管。进水管一般离地面 2850mm，偏离槽中心 500mm。冲洗管下端与槽底呈 30°～40°夹角，水箱进水口中心与排水管中心及沟槽中心在一条直线上。

（2）小便器的安装

1）挂式小便器的安装。挂式小便器的安装如图 6-18 所示，安装每组一联挂式小便器所需主要材料见表 6-17。

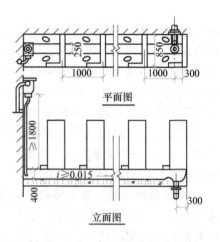

图 6-17　大便槽的安装

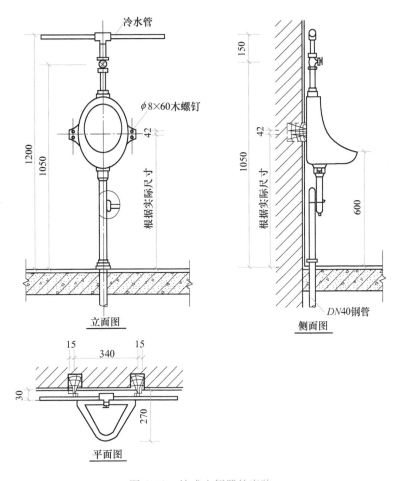

图 6-18　挂式小便器的安装

表 6-17　安装每组一联挂式小便器所需主要材料

序号	名称	规格	单位	数量	序号	名称	规格	单位	数量
1	小便器	—	个	1	5	螺纹阀门	DN15	个	1
2	高水箱	—	个	1	6	水箱进水嘴	DN15	个	1
3	存水弯	DN32	个	1	7	水箱冲洗管	DN32	个	1
4	自动冲洗管配件	（一联）	套	1	8	镀锌钢管	DN15	m	0.3

注：手动冲洗时无高水箱、自动冲洗管配件和水箱进水龙头。

① 安装小便斗：根据设计图样上要求的位置和高度，在墙面上画出横竖中心线，找出小便斗两耳孔中心在墙上的具体位置。然后在此位置打孔洞预埋木砖，木砖离安装地面的高度为 710mm，平行的两块木砖中心距离为 340mm，木砖规格为 50mm × 100mm × 100mm，木砖预埋最好能与土建配合在砌墙时埋入。用 4 颗 65mm 长的木螺钉配铝垫片，穿过小便斗耳孔将其紧固在木砖上（也可用 M6 × 70 的膨胀螺栓将其紧固），小便斗上沿离安装地面的高度为 600mm。

② 安装存水弯：小便斗所用存水弯多为塑料管，规格为 DN32。将其下端插在预留的排水管口内（排水预留管高出地面 200mm），上端套在已缠好麻和铅油的小便斗排水龙头上，

将存水弯找正。上端用锁紧螺母加垫后拧紧，下端与排水管的环形间隙，用铅油麻丝缠绕塞严。

③ 安装进水管（阀）：将角阀安装在预留的给水管上，使护口盘紧靠墙壁面。暗装时用截好的小铜管背靠背地穿上铜碗和锁紧螺母，上端缠麻，抹好铅油插入角阀内，下端插入小便斗的进水管内，用锁紧螺母与角阀锁紧。用铜碗压入油灰，将小便斗进水口与小铜管下端密封。镀锌钢管与小便斗进水口锁母和压盖连接。

安装应注意冲洗管与小便斗进、出水管中心线重合。小便斗与墙面的缝隙需用白水泥嵌平、抹光；明装管道的阀门采用截止阀，暗装管道的阀门采用铜角式截止阀。

2）立式小便器的安装。立式小便器的安装如图6-19所示，其安装方法与挂式小便器基本相同。安装时将排水栓加垫后固定在排水管口上，在其底部凹槽中嵌入水泥和白灰膏的混合灰，排水栓凸出部分抹油灰，将小便器垂直就位，使排水栓和排水管口接合好，找平找正后固定。

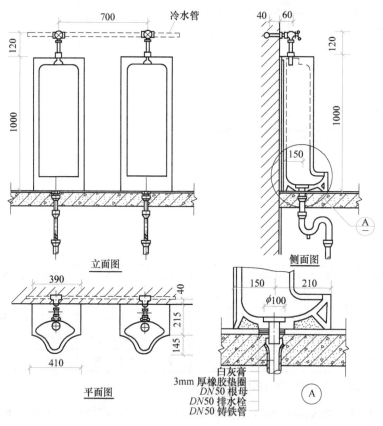

图 6-19 立式小便器安装

给水横管中心距地面1130mm，最好为暗装。当小便器与墙面不贴合时，用白水泥嵌平并抹光。

3）小便槽的安装。小便槽主体结构由土建工程施工完成。小便槽按其冲洗形式有自动和手动两种，其安装如图6-20和图6-21所示。

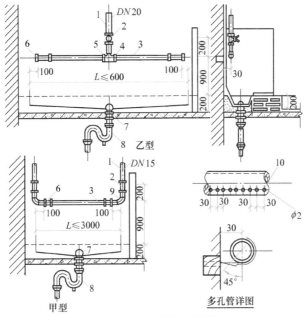

图 6-20　小便槽的安装

1—给水管　2—截止阀　3—多孔冲洗管　4—管补芯　5—三通
6—管帽　7—罩式排水栓　8—存水弯　9—弯头　10—冲洗孔

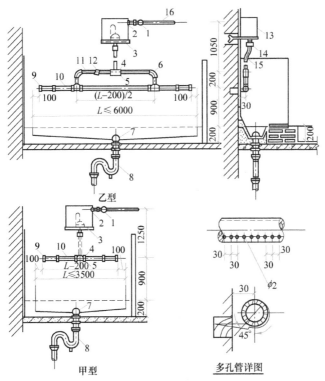

图 6-21　自动冲洗小便槽的安装

1—角式截止阀　2—水箱进水管　3—自动冲洗阀　4—三通　5—管补芯　6—弯头
7—罩式排水栓　8—存水弯　9—管帽　10—多孔冲洗管　11—塔式管　12—活接头
13—冲洗水箱　14—管接头　15—冲洗管　16—给水管

　　冲洗水箱和进水管的安装方法与前述基本相同，只是小便槽的多孔冲洗管需用 DN15 的镀锌钢管现场制作。安装时应使冲洗管的出水方向与墙面呈45°角，用钩钉或管卡固定，冲洗管两端应封死，管中心距瓷砖面30mm。

　　（3）洗脸盆的安装　安装每组冷、热水钢管洗脸盆所需材料见表6-18。

表6-18　安装每组冷、热水钢管洗脸盆所需材料

序号	名称	规格	单位	数量	序号	名称	规格	单位	数量
1	洗脸盆	—	个	1	6	立式水龙头	DN15	个	2
2	存水弯	DN32	个	1	7	截止阀	DN15	个	2
3	排水栓	DN32	个	1	8	支管	DN15	m	0.8
4	洗脸盆支架	—	副	1	9	弯头	DN15	个	2
5	膨胀螺栓	M10×85	个	4	10	活接头	DN15	个	2

　　1）墙架式洗脸盆的安装。墙架式洗脸盆的安装如图6-22所示。

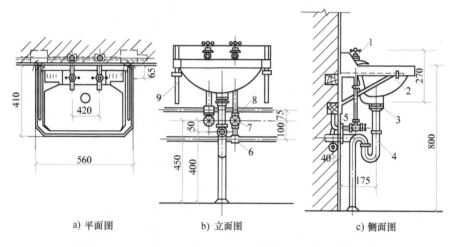

a) 平面图　　　　b) 立面图　　　　c) 侧面图

图6-22　墙架式洗脸盆安装

1—水龙头　2—洗脸盆　3—排水栓　4—存水弯　5—弯头　6—三通　7—角式截止阀及冷水管　8—热水管　9—托架

　　① 洗脸盆支架的安装：根据卫生间的设计图样和现场情况，确定出洗脸盆的安装位置，在墙上画出横竖中心线，找出洗脸盆支架的安装位置，按照洗脸盆支架上的孔位在墙上安装膨胀螺栓，固定支架。

　　② 洗脸盆的安装：把洗脸盆稳好放在支架上，用水平尺测量平正；如洗脸盆不平，可用铝垫片垫平、垫稳。

　　a. 安装洗脸盆排水管：将排水栓加胶垫，由脸盆排水口穿出，并加垫用锁紧螺母锁紧，注意使排水栓的保险口与脸盆溢水口对正。排水管暗设时用P形存水弯，明装时用S形存水弯。与存水弯连接的管口应套好螺纹，涂抹厚白漆后缠上麻丝，再用锁紧螺母锁紧。

　　b. 安装冷、热水管：洗脸盆上有冷热水管时，两管应平行敷设；垂直敷设时，热水管在左，冷水管在右；水平敷设时，热水管在上，冷水管在下。先将脸盆用水龙头垫上胶垫穿入脸盆进水口，然后加垫并用锁紧螺母锁紧。冷热水龙头与角阀的连接可用铜短管，也可用柔性短管。洗脸盆水龙头的手柄中心有冷热水的标志，蓝色或绿色表示冷水龙头，红色表示热水龙头。水龙头安装应端正、牢靠、美观。

2）立柱式洗脸盆的安装。立柱式洗脸盆的安装如图 6-23 所示。安装立式洗脸盆时，应先画出洗脸盆安装的垂直中心线及安装高度水平线，然后用比量法使立柱柱脚和背部紧固螺栓定位。其过程是将洗脸盆放在立柱上，调整安装位置，使其对准垂直中心线，与后墙贴紧后，在地面上画出立柱外轮廓线和背部螺栓安装位置；然后钻眼栽埋螺栓或膨胀螺栓，在地面上铺厚 10mm 的方形油灰，油灰宽度大于立柱下部外轮廓线；按中心位置摆好立柱并压紧、压实，刮去多余油灰，拧紧背部螺栓固定。

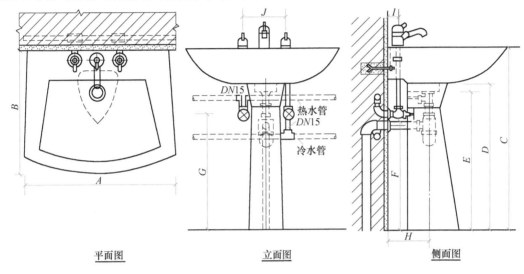

平面图　　　　　　　　　立面图　　　　　　　　　侧面图

图 6-23　立柱式洗脸盆的安装

与洗脸盆相连的给排水管道的敷设方法同墙架式洗脸盆。存水弯要用 P 形或瓶形存水弯，装于空心的柱腿内，通过侧孔和排水短管暗装。

3）台式洗脸盆的安装。台式洗脸盆的给水方式有冷热水双龙头式、带混合器的单龙头式、红外线自动水龙头式等。其安装方法是将洗脸盆直接卧装于平台上，如图 6-24 所示。

台式洗脸盆的安装过程为：根据设计图样与施工现场情况，确定洗脸盆的安装方位；根据洗脸盆的规格尺寸在平台上加工出洗脸盆孔；栽埋用角钢制成的支架；将由大理石或花岗岩等材料制成的平台装于支架上，要求平台平整、牢固；最后将脸盆卧装于平台内，平台与洗脸盆结合要严密。洗脸盆装稳后，即可进行给排水管和水龙头的安装。

（4）浴盆的安装　浴盆一般用陶瓷、塑料、水磨石及铸铁搪瓷等材料制成，多呈长方形。浴盆头的一端盆沿下有 DN25 的溢水孔，同侧底部

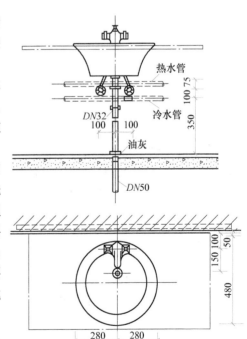

图 6-24　台式洗脸盆的安装

有 $DN40$ 的排水孔。浴盆的安装如图 6-25 所示，安装每组浴盆所需的主要材料见表 6-19。

浴盆的安装方法如下。

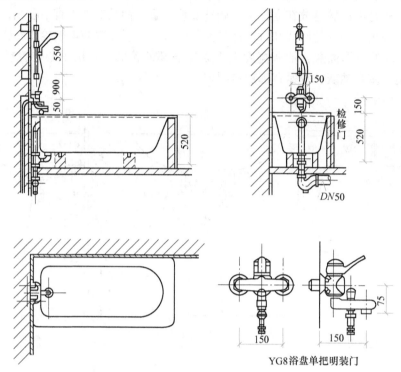

图 6-25 浴盆的安装

表 6-19 安装每组浴盆所需的主要材料

序号	名称	规格	单位	数量	序号	名称	规格	单位	数量
1	浴盆	—	个	1	4	浴盆存水弯	$DN50$	个	1
2	浴盆水龙头	$DN15$	个	2	5	钢管	$DN15$	m	0.3
3	浴盆排水配件	$DN40$	套	1	6	弯头	$DN15$	个	2

1）将浴盆放在做好的砖砌支墩上，并固定牢固，浴盆有溢（排）水孔的一端和内侧靠墙壁放置。盆底距地面一般为 120~140mm，并使盆底具有 0.02 的坡度，坡向排水孔。浴盆与支墩间隙处用水泥砂浆嵌缝并抹平。

2）浴盆四周用水平尺校正，不得歪斜。不靠墙的一侧用砖块沿盆边砌平并贴瓷砖。溢排水管侧，池壁侧上应开检修门一个，尺寸不小于 300mm×300mm，以便于维修。

3）在浴盆的方头端安装冷热水龙头（或混合式水龙头）。冷热水管水平敷设时，冷热水龙头中心间距为 150mm；使用混合水龙头时，混合阀门距浴盆高度为 150mm。

4）混合式挠性软管淋浴器挂钩应距地面 1.5m。

5）安装浴盆排水管时，先将溢水铜管弯头、三通等预先按设计尺寸下料并装配好。将盆底排水栓涂上油灰，垫上胶垫，由盆底穿出，并用锁紧螺母锁紧。多余油灰用手指抹平，再用管连接排水弯头和溢水管上的三通。三通与存水弯连接处装配一段短管，插入排水管内用水泥砂浆接口。

（5）淋浴器的安装 淋浴器的形式有现场组装和成品安装两种。淋浴器按安装形式不同，分为管式淋浴器、成组淋浴器和升降式淋浴器等。

管式淋浴器的安装如图 6-26 所示。安装每组双管式淋浴器所需主要材料见表 6-20。

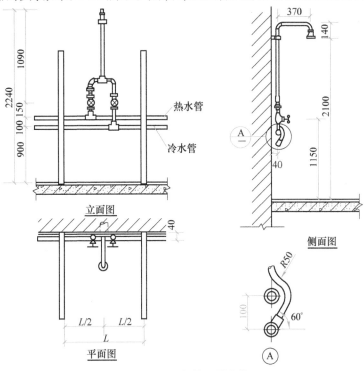

图 6-26 管式淋浴器安装

表 6-20 安装每组双管式淋浴器所需主要材料

序号	名称	规格	单位	数量	序号	名称	规格	单位	数量
1	莲蓬头	DN15	个	1	4	弯头	DN15	个	3
2	支管	DN15	m	2.5	5	活接头	DN15	个	2
3	螺纹阀门	DN15	个	2	6	三通	DN15	个	1

安装时，先在墙上确定管道中心线和阀门水平中心线的位置，并根据设计要求下料。一般连接淋浴器的冷水横管中心距地面 900mm，热水管距地面 1000mm。由于冷水管比热水管低 10mm，所以莲蓬头的冷水管用元宝弯的形式绕过横支管。明装淋浴器的进水管中心距墙面 40mm。元宝弯的弯曲半径为 50mm，与冷水横管夹角为 60°。

淋浴器的冷、热水管可采用镀锌钢管、铜管或塑料管，管径一般为 DN15，在距地面 1800mm 处设管卡一个，将立管固定。

冷热水管各装截止阀或球阀一个，阀门中心距地面 1150mm。

两组以上的淋浴器成组安装时，阀门、莲蓬头及管卡应保持在同一高度。两淋浴器间距一般为 90~1000mm。安装时将两路冷、热水横管组装调直后，先按规定的高度尺寸在墙上固定就位，再集中安装淋浴器的成排支、立管及莲蓬头。

（6）洗涤盆的安装 洗涤盆一般由陶瓷制成，常见规格有 614mm × 410mm 和 610mm × 460mm 两种。

冷水龙头洗涤盆的安装如图 6-27 所示。洗涤盆上沿距地面高度为 800mm，其托架用 40mm×5mm 的扁钢制作，托架成直角三角形，用预埋螺栓 M10×100 或膨胀螺栓 M10×85 固定于墙体上，将洗涤盘在托架上安装平整后用白水泥嵌塞盆与墙壁间的缝隙。安装排水栓、存水弯，确保排水栓中心与排水管中心对正，其接口间隙打麻、捻灰并抹平。洗涤盆上只装设冷水龙头时，应位于中心位置；若设冷、热水龙头，热水龙头在左面并偏上，冷水龙头在右面并偏下。

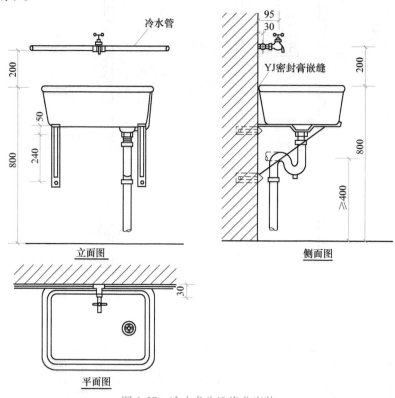

图 6-27　冷水龙头洗涤盆安装

（7）污水池的安装　污水池有架空式和落地式两种安装方式。污水池架空式安装如图 6-28 所示。

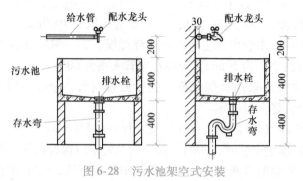

图 6-28　污水池架空式安装

架空安装时需用砖砌筑支墩，污水池安放在支墩上，池上沿口的安装高度为 800mm，水龙头的安装高度距地面 1000mm，污水池给水、排水管道和水龙头的安装方法同上。

落地安装时，将污水池直接连接置于地坪上，盆高500mm，水龙头的安装高度为800mm，池底设置地漏。

（8）地漏安装　地漏安装如图6-29所示。安装地漏时，地漏周边应无渗漏，水封深度不小于50mm。地漏设于室内地面时，应低于地面5～10mm，地面应有不小于0.01%的坡度坡向地漏。

（9）妇女卫生盆的安装　妇女卫生盆的安装如图6-30所示。其安装方法如下。

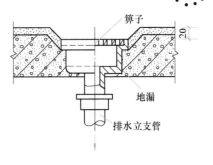

图 6-29　地漏安装

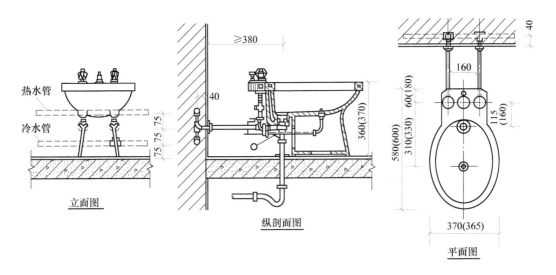

图 6-30　妇女卫生盆的安装

首先安装混合水阀，冷、热水龙头，喷嘴，排水栓及手提拉杆等卫生盆配件。配件安装好后，接通临时水进行试验，无渗漏后方可进行稳装。按卫生盆下水口距后墙尺寸确定安装位置，在地面上画出盆底和地面接触的轮廓线；在地面打眼并预埋螺栓或膨胀螺栓；在安装范围内的地面上，抹上厚度为10mm的白灰膏，将压盖套在铜管上，找平找正后在螺栓上加垫并拧紧螺母的冷、热水管及水龙头。

6.3.3　卫生器具及给水配件、排水管道安装质量控制及允许偏差

1. 卫生器具安装

（1）主控项目

1）排水栓和地漏的安装应平正、牢固，低于排水表面，周围无渗漏。地漏水封高度不得小于50mm。

检验方法：试水观察检查。

2）卫生器具交工前应做满水和通水试验。要求满水后各连接件不渗不漏；通水试验后排水畅通。

（2）一般项目

1）卫生器具安装的允许偏差和检验方法见表6-21。

表6-21　卫生器具安装的允许偏差和检验方法

项次	项目		允许偏差/mm	检验方法
1	坐标	单独器具	10	拉线、吊线和尺量检查
		成排器具	5	
2	标高	单独器具	±15	
		成排器具	±10	
3	器具水平度		2	用水平尺和量尺检查
4	器具垂直度		3	吊线和尺量检查

2）有饰面的浴盆，应留有通向浴盆排水口的检修门。

检验方法：观察检查。

3）小便槽冲洗管采用镀锌钢管或硬质塑料管。冲洗孔应斜向下方安装，冲洗水流同墙面成45°角。镀锌钢管钻孔后应进行二次镀锌。

检验方法：观察检查。

4）卫生器具的支、托架必须防腐良好，安装平整、牢固，与器具接触紧密、平稳。

检验方法：观察和手扳检查。

2. 卫生器具给水配件安装

（1）主控项目　卫生器具给水配件应完好无损伤，接口严密，起停部分灵活。

检验方法：观察及手扳检查。

（2）一般项目

1）卫生器具给水配件安装标高的允许偏差和检验方法见表6-22。

2）浴盆软管、淋浴器挂钩的高度，如设计无要求，应距地面1.8m。

表6-22　卫生器具给水配件安装标高的允许偏差和检验方法

项次	项目	允许偏差/mm	检验方法
1	大便器高、低水箱角阀及截止阀	±10	尺量检查
2	水龙头	±10	
3	淋浴器喷头下沿	±15	
4	浴盆软管、淋浴器挂钩	±20	

检验方法：尺量检查。

3. 卫生器具排水管道安装

（1）主控项目

1）与排水横管连接的各卫生器具的受水口和立管均应采取可靠的固定措施；管道与楼板的接合部位应采取可靠的防渗、防漏措施。

检验方法：观察和手扳检查。

2）连接卫生器具的排水管道接口应严密不漏，其固定支架、管卡等支撑位置正确、牢固，与管道的接触处应平整。

检验方法：观察及通水检查。

（2）一般项目

1）卫生器具排水管道安装的允许偏差及检验方法见表6-23。

表 6-23　卫生器具排水管道安装的允许偏差及检验方法

项次	检查项目		允许偏差/mm	检验方法
1	横管弯曲度	每 1m 长	2	用水平尺检查
		横管长度 ≤10m，全长	<8	
		横管长度 >10m，全长	10	
2	卫生器具的排水管口及横支管的纵横坐标	单独器具	10	用尺量检查
		成排器具	5	
3	卫生器具的接口标高	单独器具	±10	用水平尺和尺量检查
		成排器具	±5	

2）连接卫生器具的排水管管径和最小坡度，如设计无要求时，应符合表 6-24 的规定。检验方法：用水平尺和尺量检查。

表 6-24　连接卫生器具的排水管管径和最小坡度

项次	卫生器具		排水管管径/mm	管道的最小坡度（‰）
1	污水盆（池）		50	25
2	单、双格洗涤盆（池）		50	25
3	洗手盆、洗脸盆		32~50	20
4	浴盆		50	20
5	淋浴器		50	20
6	大便器	高、低水箱	100	12
		自闭式冲洗阀	100	12
		拉管式冲洗阀	100	12
7	小便器	手动、自闭式冲洗阀	40~50	20
		自动冲洗水箱	40~50	20
8	化验盆（无塞）		40~50	25
9	妇女卫生盆		20~50	20
10	饮水器		50（软管为30）	10~20

课题 4　建筑小区排水管道的安装

建筑小区排水是指民用建筑群（住宅小区）及厂区的室外排水。建筑小区排水管道采用直埋式敷设。其安装程序一般为：测量放线，开挖沟槽，沟基处理，下管，管道安装，灌水、通水试验，回填。

6.4.1　室外排水管道施工的基本要求

室外排水管道应采用混凝土管、钢筋混凝土管、排水铸铁管、塑料管。

排水管沟及井池的土方工程、沟底的处理、管道穿井壁处的处理、管沟及井池周围的回填要求等与室外给水管道施工要求相同。

各种排水井、池应按设计给定的标准图施工，各种排水井和化粪池均应用混凝土做底板

（雨水井除外），厚度不小于100mm。

6.4.2 排水管道安装

室外排水管道的接口方式有刚性和柔性两种形式。根据管径大小、施工条件和技术力量等的不同，其安装方法可采用平基法、垫块法和"四合一"法。

1. 平基安管法

平基安管法的施工的程序为：支平基模板、浇筑平基混凝土、下管、稳管、支管座模板、浇筑管座混凝土、抹带接口、养护。

（1）支平基模板　平基模板可用钢木混合模板、木模板，土质好时也可用土模，还可用150mm×150mm的方木代替模板。模板支搭应便于混凝土的分层浇筑，接缝处应严密，防止漏浆。模板应沿基础边线垂直竖立，内打钢钎，外侧撑牢。

（2）浇筑平基时的注意事项

1）浇筑平基混凝土之前，应进行验槽。

2）验槽合格后，尽快浇筑混凝土平基，减少地基扰动的可能性。

3）严格控制平基顶面高程。

4）平基混凝土抗压强度达到5MPa以上时，方可进行下管，期间注意混凝土的养护。

（3）管道施工要点

1）根据测量给定的高程和中心线，挂上中心线和高程线，确定下反常数并做好标志。

2）在操作对口时，将混凝土管下到安管位置，然后人工移动管道，使其对中和找高程。管径$DN \geqslant 700$mm时，对口间隙按10mm控制，相邻管口底部错口不大于3mm。

3）将稳定好的管道，用干净石子卡牢，尽快浇筑混凝土管座。浇筑管座时应注意：浇筑混凝土之前平基应冲洗干净，有条件的应凿毛，平基与管道接触的三角区应特别填满捣实。管径$DN \geqslant 700$mm时，浇筑混凝土时应配合勾捻内缝；管径$DN < 700$mm时，可用麻袋球或其他工具在管内来回拖拉，将涌入管内的灰浆拉平。

2. 垫块安管法

垫块安管法是按照管道中心和高程，先安好垫块和混凝土管，然后再浇筑混凝土基础和管座。用这种方法可避免平基和管座分开浇筑，有利于保证接口质量。垫块安管法施工的程序为：安装垫块，下管，稳管，支模板，浇筑混凝土基础与管座，接口，养护。

安装管道时应在每节管下部放置两块垫块，放置要平稳，高程符合设计要求。管道对口间隙与平基法相同。管道安好后一定要用石子将管道卡牢，尽快浇筑混凝土基础和管座。安装管道时，应防止管道从垫块上滚下伤人，管道两侧设保护措施。

浇筑混凝土管基时先检查模板尺寸和支搭情况。浇筑混凝土时先从管道一侧下灰，经振捣使混凝土从管道下部涌向另一侧后，再从两侧浇筑混凝土，以防管道下部混凝土出现漏洞；用钢丝网水泥砂浆抹带接口，插入管座混凝土部分的钢丝网位置应正确，结合应牢靠。

3. "四合一"施工法

在混凝土管施工中，将平基、安管、管座、抹带四道工序连续进行的做法，称为"四合一"施工法。这种方法施工速度快、质量好，但要求操作熟练，适用于$DN < 500$mm的管道安装。

"四合一"施工法的程序是：验槽、支模、下管、施工、养护。其具体施工方法如下。

根据操作要求，支模高度应略高于平基或 90°基础面高度。因"四合一"施工一般将管道下到沟槽一侧压在模板上，如图 6-31 所示，故模板支设应特别牢固。

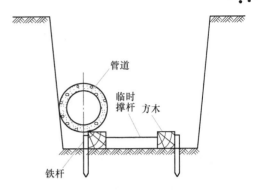

图 6-31　"四合一"支模排管示意图

浇筑平基时，混凝土坍落度控制在 20～40mm，浇筑平基混凝土面比平基设计面高出 20～40mm。在稳管时，轻轻揉动管道，使管道略高于设计高程，以适应安装下一节管道时的微量下沉。当管径小于或等于 400mm 时，可将平基与管座混凝土一次浇筑。

安装前先将管道擦净，湿润管身，并在已稳好管口部位铺一层抹带砂浆，以保证管口的严密性。然后将待稳的管道滚到安装位置并轻揉，一边找中心，一边找高程，直到符合设计要求为止。当高程偏差大于规定时，应将管道撬起，重新填补混凝土或砂浆，以达到设计要求。

浇筑管座混凝土时，当管座为 135°、180°包角，平基模板与管座模板分两次支设时，应考虑能快速组装，保证接缝处不漏浆。若为钢丝网水泥砂浆抹带，应注意使钢丝网位置正确。管径较小，人员不能进入管内勾缝时，可用麻袋球将管口处的砂浆拉平。

管座混凝土浇筑完毕应立即抹带，这样可使管座混凝土与抹带砂浆结合成一体。注意抹带与安装管道至少相隔 2～3 个管口，以免稳管时影响抹带的质量。

4. 管道接口

管道接口类型主要有水泥砂浆抹带和钢丝网水泥砂浆抹带。

（1）水泥砂浆抹带　用强度等级大于或等于32.5 级的普通硅酸盐水泥和经过2mm孔径筛子过筛、含泥量小于2%（质量分数）的砂子，按水泥∶砂子 = 1∶2.5 的比例加水混合，水灰比小于 0.5，拌匀后用弧形抹子进行操作。

抹带前将管口洗刷干净，并将管座接茬处凿毛，在管口处刷一道水泥浆。管径大于 400mm 时抹带可分二层完成。抹第一层砂浆时，注意找正管缝，厚度约为带厚的 1/3，压实表面后划成线槽，以利于与第二层结合；抹第二层砂浆时用弧形抹子自下往上推抹，形成一个弧形接口，初凝后可用抹子赶光压实。管带与基础相接三角区混凝土振捣密实带抹好后，用湿纸袋覆盖 3～4h 后洒水养护。当管径大于或等于 700mm 时，进入管内勾内管缝，压实填平。勾缝应在管带水泥浆终凝后进行。冬季进行抹带时，应遵照冬季施工要求，采取防冻养护措施。

（2）钢丝网水泥砂浆抹带　抹带时增加钢丝网是为了加强管带抗拉强度，防止产生裂缝。钢丝网水泥砂浆抹带广泛用于排水管道的接口，其构造如图 6-32 所示。抹带用材料同水泥砂浆抹带用材料和配比。钢丝网一般采用 20 号镀锌铁丝制作，网孔为 10mm × 10mm，可根据

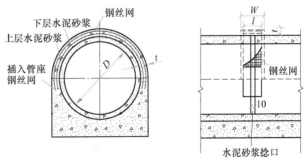

图 6-32　钢丝网水泥砂浆抹带

需要的宽度和长度剪裁。钢丝网水泥砂浆抹带操作要点如下。

钢丝网水泥砂浆外形为一带形，宽度为200mm，厚度为25mm。抹带前将管口擦洗干净，并刷一道水泥浆，抹第一层砂浆与管壁粘牢、压实，厚度控制在15mm左右，再将两片钢丝网包拢，使其挤入砂浆中，搭接长度大于100mm，并用绑丝扎牢；在第一层砂浆初凝后抹第二层砂浆，并按照抹带宽度、厚度用抹子抹光压实，钢丝网不得外露。抹带完成后，立即覆盖湿纸养护，炎热夏季应覆盖湿草帘养护。

5. 室外排水管道的灌水试验

在室外排水管道施工完毕，接口填料强度达到要求，管道及检查井外观质量验收合格后，即可按规范要求做灌水试验。灌水试验应在回填之前进行。

（1）操作方法

1）按图6-33所示连接试压系统，用堵板封闭试验管段起点和终点的检查井。在起点检查井的管沟边设置试验水箱，其高度应高出起点检查井管顶1m。

2）将进水管接至堵板下侧，挖好排水沟，由水箱向管内充水。

3）量好水位后观察管道接口及管材是否严密不漏。

图6-33 室外排水管道灌水试验装置示意图

1—水箱 2—胶管 3—检查井 4—堵板
5—接口 6—试验管段 7—阀门

（2）操作要领及注意事项

1）管道系统内充满水后，应浸泡1~2昼夜。

2）当试验水头达到规定水头时开始计时，在观测的同时不断向试验管段内补水，保持恒定的试验水头，渗水量的观测时间不少于30min。实测渗水量按下式计算。

$$q = \frac{W}{TL} \tag{6-1}$$

式中　q ——实测渗水量［L/(min·m)］；

　　　T ——实测渗水时间（min）；

　　　W ——补水量（L）；

　　　L ——试验管段的长度（m）。

3）实测渗水量应小于或等于表6-25规定的允许渗水量。

4）试验按排水检查井分段进行，结束后应及时排除水管内的存水。

表6-25　无压管道严密性试验允许渗水量　［单位：m³/(24h·km)］

管道内径/mm	允许渗水量	管道内径/mm	允许渗水量	管道内径/mm	允许渗水量
200	17.60	900	37.50	1600	50.00
300	21.62	1000	39.52	1700	51.50
400	25.00	1100	41.45	1800	53.00
500	27.85	1200	43.30	1900	54.48
600	30.60	1300	45.00	2000	55.90
700	33.00	1400	46.70		
800	35.35	1500	48.40		

6.4.3　室外排水管网安装质量控制及允许偏差

1. 排水管道安装

（1）主控项目

1）排水管道的坡度必须符合设计要求，严禁无坡或倒坡。

检验方法：用水准仪、拉线和尺量检查。

2）管道埋设前必须做灌水试验和通水试验，排水应畅通，无堵塞，管接口无渗漏。

检验方法：按排水检查井分段试验，试验水头应以试验段上游管顶加 1m，时间不少于 30min，逐段观察。

（2）一般项目

1）管道的坐标和标高应符合设计要求，安装的允许偏差和检验方法见表 6-26。

表 6-26　室外排水管道安装的允许偏差和检验方法

项次	项目		允许偏差/mm	检验方法
1	坐标	埋地	100	拉线、尺量检查
		敷设在沟槽内	50	
2	标高	埋地	±20	用水平仪、拉线和尺量检查
		敷设在沟槽内	±20	
3	水平管道纵横向弯曲	每 5m	10	拉线、尺量检查
		全长（两井内）	30	

2）排水铸铁管采用水泥捻口时，油麻填塞应密实，接口水泥应密实饱满，其接口面应凹入承口边缘且深度不得大于 2mm。

检验方法：观察和尺量检查。

3）排水铸铁管外壁在安装前应除锈，涂两遍石油沥青漆。

检验方法：观察检查。

4）承插接口的排水管道安装时，管道和管件的承口应与水流方向相反。

检验方法：观察检查。

5）混凝土或钢筋混凝土管采用抹带接口时，应符合下列规定。

① 抹带前应将管口的外壁凿毛、扫净，当管径小于或等于 500mm 时，抹带可一次完成；当管径大于 500mm 时，应分两次抹成，抹带不得有裂纹。

② 钢丝网应在管道就位前放入其下方，抹砂浆时应将钢丝网抹压牢固，钢丝网不得外露。

③ 抹带厚度不得小于管壁厚度，宽度宜为 80～100mm。

检验方法：观察和尺量检查。

2. 排水管沟及井池

（1）主控项目

1）沟基的处理和井池的底板强度必须符合设计要求。

检验方法：现场观察和尺量检查，检查混凝土强度报告。

2）排水检查井、化粪池的底板及进、出水管的标高必须符合设计要求，其允许偏差为

±15mm。

检验方法：用水准仪及尺量检查。

（2）一般项目

1）井、池的规格、尺寸和位置应正确，砌筑和抹灰符合要求。

检验方法：观察及尺量检查。

2）井盖选用正确，标志应明显，标高应符合设计要求。

检验方法：观察、尺量检查。

课题5 建筑排水工程质量验收

建筑排水工程的验收依据、验收要求、验收文件和记录中的主要内容，检验批的划分、验收程序和组织质量验收的注意事项均与建筑给水工程相同。

6.5.1 建筑排水工程质量检验的主要内容

1）排水管道的灌水、通球及通水试验。

2）雨水管道灌水及通水试验。

3）卫生器具通水试验，具有溢流功能的器具满水试验。

4）地漏及地面清扫口排水试验。

6.5.2 建筑排水工程分部、子分部、分项工程及检验批的划分

建筑排水工程分部、子分部、分项工程的划分见表6-27。

表6-27 建筑排水工程分部、子分部、分项工程划分表

序号	分部工程	子分部工程	分项工程
1	建筑排水工程	室内排水系统	排水管道及配件安装、雨水管道及配件安装
2		卫生器具安装	卫生器具安装、卫生器具给水配件安装、卫生器具排水管道安装
3		室外排水管网	排水管道安装、排水管沟与井池施工

建筑排水系统检验批的划分与给水系统相同。

6.5.3 建筑排水工程质量验收

1. 检验批的质量验收

1）检验批的合格质量应符合下列要求。

① 主控项目和一般项目的质量经抽样检验合格。

② 具有完整的施工操作依据和质量检验记录。

2）排水系统检验批质量验收记录如下。

① 室内排水系统排水管道及配件安装工程检验批质量验收记录。

② 室内排水系统雨水管道及配件安装工程检验批质量验收记录。

③ 卫生器具安装工程检验批质量验收记录。

④ 卫生器具及给水配件安装工程检验批质量验收记录。

⑤ 卫生器具排水管道安装工程检验批质量验收记录。

⑥ 室外排水管网排水管道安装工程检验批质量验收记录。

⑦ 室外排水管网排水管沟及井室工程检验批质量验收记录。

⑧ 检验批质量验收记录。

2. 分项工程质量验收

分项工程质量验收合格应符合下列规定。

1）分项工程所含的检验批均应符合合格质量的规定。

2）分项工程所含的检验批的质量验收记录应完整。

3. 子分部工程质量验收

1）子分部工程质量验收合格应符合下列规定。

① 子分部工程所含分项工程的质量均应验收合格。

② 质量控制资料应完整。

③ 建筑排水分部安全及功能的检验结果应符合有关规定。

④ 观感质量验收应符合要求。

2）建筑排水工程的质量控制资料如下。

① 图样会审、设计变更、洽商记录。

② 材料、配件出厂合格证书、汇总表及进场检（试）验报告。

③ 设备隐蔽工程验收记录。

④ 灌水试验、排水管道通水试验、排水管道通球试验记录。

⑤ 设备专业施工日志。

3）建筑排水工程安全及功能检验资料如下。

① 卫生器具满水试验记录。

② 排水干管通球试验记录。

4）建筑排水工程观感验收主要项目有：管道接口、坡度、支架；管道套管、卫生器具、支架、阀门；检查口、清扫口、地漏；管道防腐等。

建筑排水工程检验批、分项工程、子分部工程质量验收的方法和注意事项均与给水工程相同。

德 育 建 议

在选用管材、下料、连接等方面，严格控制管材、管件的使用，杜绝浪费，注意检查是否与设计图纸一致，工程用料是否与预算一致，培养学生严谨、公正、科学的工作态度，严防偷工减料行为。注重诚实守信，坚守职业道德底线。

复习思考题

1. 建筑排水工程施工图由哪几部分组成？各包含哪些内容？

2. 简述室内排水管道安装程序。

3. 室内排水管道安装有哪些要求？

4. 室内排水塑料管伸缩节设置有哪些要求？

5. 高层建筑室内排水管道明装时，防火贯穿措施应符合哪些规定？

6. 简述排水管道灌水、通水试验标准及检验方法。

7. 卫生器具安装的一般要求有哪些？

8. 简述建筑小区排水管道安装程序。

9. 如何做室外排水管道的灌水试验？

10. 建筑排水工程检验和检测的主要内容有哪些？

11. 建筑排水工程分部、子分部、分项工程及检验批是怎样划分的？

12. 排水工程安全及功能检验资料有哪些？

模块三　建筑中水系统

单元7　建筑中水系统

课题1　建筑中水系统的组成和类型

7.1.1　建筑中水的概念

建筑中水是建筑物中水和小区中水的总称。中水指各种排水经处理后，达到规定的水质标准，可在生活、市政、环境等范围内杂用的非饮用水，其水质比生活用水水质差，比污（废）水水质好。中水系统是由中水原水的收集、贮存、处理和中水供给等工程设施组成的有机结合体，是建筑物或建筑小区的功能配套设施之一。

中水系统在日本、美国、以色列、德国、印度、英国等国家都有广泛应用。近年来，我国也加大了对中水的研究和利用，先后在北京、深圳、青岛等大中城市推广中水技术，并制定了《建筑中水设计标准》（GB 50336—2018），对促进我国中水技术的发展、缓解用水矛盾、保持经济可持续发展十分有利。

7.1.2　建筑中水的用途

1）冲洗厕所，用于各种便溺卫生器具的冲洗。
2）绿化，用于各种花草树木的浇灌。
3）汽车冲洗，用于汽车的冲洗保洁。
4）道路的浇洒，用于冲洗道路上的污泥脏物或防止道路上的尘土飞扬。
5）空调冷却，用于补充集中式空调系统冷却水蒸发和漏失。
6）消防灭火，用于建筑灭火。
7）水景，用于补充各种水景因蒸发或漏失而减少的水量。
8）小区环境用水，用于小区垃圾场地冲洗、锅炉的湿法除尘等。
9）建筑施工用水。

7.1.3　中水系统的基本类型

1. 建筑内部中水系统

建筑内部中水系统的原水取自建筑物内的排水，经处理达到中水水质指标后回用，是目前使用较多的中水系统，如图7-1所示。考虑到水量的平衡和事故，可利用生活给水补充中水水量。建筑中水系统具有投资少、见效快的优点。

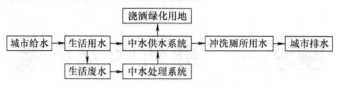

图7-1 建筑内部中水系统

2. 建筑小区中水系统

建筑小区中水系统的原水取自居住小区的公共排水系统（或小型污水处理厂），经处理后回用于建筑小区，如图7-2所示。在建筑小区内建筑物较集中时，宜采用此系统。在建筑小区中水系统中，可设置雨水调节池或其他水源（如地面水或观赏水池等）以达到水量平衡。

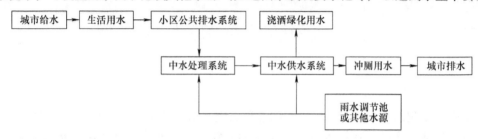

图7-2 建筑小区中水系统

3. 城市区域中水系统

城市区域中水系统是指将城市污水经二级处理后，再经深度处理作为中水使用的系统，目前采用较少。该系统中水的原水主要来自城市污水处理厂，用雨水或其他水源作为补充水，如图7-3所示。

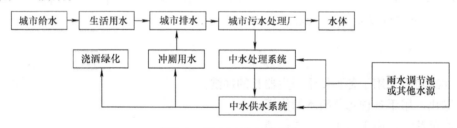

图7-3 城市区域中水系统

7.1.4 建筑中水系统的组成

建筑中水系统由中水原水系统、中水原水处理系统、中水供水系统组成。

1. 中水原水系统

中水原水指被选作中水水源而未经处理的水。中水原水系统包括室内生活污（废）水管网、室外中水原水集流管网及相应分流、溢流设施等。

2. 中水原水处理系统

中水原水处理系统包括原水处理系统设施、管网及相应的计量检测设施。

3. 中水供水系统

中水供水系统包括中水供水管网及相应的增压、贮水设备，如中水贮水池、水泵、高位水箱等。

课题2 建筑中水原水收集及处理工艺

7.2.1 建筑物中水水源

建筑物中水水源可取自建筑的生活排水和其他可以利用的水源。中水水源应根据排水的水质、水量、排水状况和中水回用的水质、水量选定。建筑物中水水源可选择的种类和选取顺序为：卫生间、公共浴室的盆浴和淋浴等的排水；盥洗排水；空调循环冷却系统的排水；游泳池排水；冷凝水；洗衣排水；厨房排水；冲厕排水。

特别要强调的是：综合医院污水作为中水水源时，必须经过消毒处理，产出的中水仅可用于独立的不与人直接接触的系统。传染病医院、结核病医院污水和放射性废水，不得作为中水水源。建筑屋面雨水可作为中水水源或其补充。

7.2.2 建筑小区中水原水

建筑小区中水原水的选择要依据水量平衡和技术经济比较确定，并应优先选择水量充裕稳定、污染物浓度低、水质处理难度小、安全且居民易接受的中水原水。

建筑小区中水可选择的原水有：小区内建筑物杂排水；小区或城市污水处理厂出水；相对洁净的工业排水；小区内的雨水；小区生活污水。

7.2.3 建筑小区中水原水收集系统

中水原水按其水质受污染的程度可分为优质杂排水、杂排水和生活污水三类。

1. 优质杂排水收集系统

优质杂排水是指不含厨房排水和冲厕排水的洗浴、盥洗、空调冷却、游泳池和洗衣等排水，以及冷凝水等污染程度低的排水，其收集系统如图7-4所示。

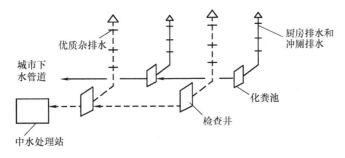

图7-4 优质杂排水收集系统

2. 杂排水收集系统

杂排水是指不含有冲厕排水的洗浴、盥洗、空调冷却、游泳池、洗衣和厨房等排水，以及冷凝水等污染程度较低的排水，其收集系统如图7-5所示。

3. 生活污水收集系统

生活污水是指含有粪便的污水，其污染程度较大，其收集系统如图7-6所示。

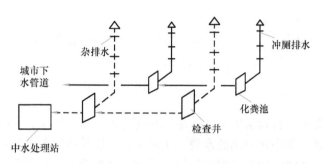

图 7-5　杂排水收集系统

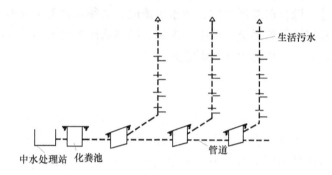

图 7-6　生活污水收集系统

7.2.4　中水的处理工艺

中水处理工艺按组成段分为预处理、主处理及后处理。预处理包括格栅、调节池处理；主处理包括混凝、沉淀、气浮、活性污泥曝气、生物膜法处理、二次沉淀、过滤、生物活性炭以及土地处理等工艺；后处理为膜滤、活性炭、消毒等深度处理单元。也可将处理工艺方法分为以物理或化学处理为主的生化处理工艺、生物处理工艺、生物处理与物化处理相结合的处理工艺以及土地处理（如有天然或人工土地生物处理和人工土壤毛管渗滤法等）四类。

中水处理工艺流程应根据中水原水的水质、水量和中水的水质、水量及使用要求等因素，经技术经济比较后确定。

1）当以优质杂排水或杂排水作为中水原水时，可采用以物化处理为主的工艺流程，或采用生物处理和物化处理相结合的工艺流程。

物化处理工艺流程（适用于优质杂排水）如下。

$$原水 \rightarrow 格栅 \rightarrow 调节池 \rightarrow 絮凝沉淀或气浮 \xrightarrow{混凝剂} 过滤 \xrightarrow{消毒剂} 消毒 \rightarrow 中水$$

生物处理和物化处理相结合的工艺流程如下。

$$原水 \rightarrow 格栅 \rightarrow 调节池 \rightarrow 生物处理 \rightarrow 沉淀 \rightarrow 过滤 \xrightarrow{消毒剂} 消毒 \rightarrow 中水$$

预处理和膜分离相结合的处理工艺流程如下。

原水 → 格栅 → 调节池 → 预处理 → 膜分离 → 消毒 → 中水（消毒剂）

2）当以含有粪便污水的排水作为中水原水时，宜采用二段生物处理与物化处理相结合的工艺流程。

二段生物处理和深度处理相结合的处理工艺流程如下。

原水 → 格栅 → 调节池 → 生物处理 → 沉淀（混凝剂） → 过滤 → 消毒（消毒剂） → 中水

生物处理和土地处理的工艺流程如下。

原水 → 格栅 → 厌氧调节池 → 土地处理 → 消毒（消毒剂） → 中水

曝气生物滤池处理工艺流程如下。

原水 → 格栅 → 调节池 → 预处理 → 曝气生物滤池 → 消毒（消毒剂） → 中水

膜生物反应器处理工艺流程如下。

原水 → 调节池 → 预处理 → 膜生物反应器 → 消毒（消毒剂） → 中水

3）利用污水处理站二级处理出水作为中水水源时，宜选用物化处理或物化处理与生化处理结合的深度处理工艺流程。

物化法深度处理工艺流程如下。

二级处理出水 → 调节池 → 絮凝沉淀或气浮（混凝剂） → 过滤 → 消毒（消毒剂） → 中水

物化与生化结合的深度处理流程如下。

二级处理出水 → 调节池 → 微絮凝过滤（混凝剂） → 生物活性炭 → 消毒（消毒剂） → 中水

微孔过滤处理工艺流程如下。

二级处理出水 → 调节池 → 微孔过滤 → 消毒（消毒剂） → 中水

由于中水回用对有机物、洗涤剂去除要求较高，而去除有机物、洗涤剂有效的方法是生物处理，因而中水的处理常用生物处理作为主体工艺。

7.2.5 中水水质标准

1. 中水水质要求

中水的用途不同，对其水质的要求也不同。

（1）满足卫生要求 中水的卫生要求是保证用水安全，其指标有大肠菌数、细菌数、余氯量、悬浮物量、生化需氧量、化学需氧量。

（2）满足感官要求 中水不应使人的感官有不快的感觉，其指标有浊度、色度和嗅味等。

（3）满足设备和管道的使用要求 中水的 pH 值、硬度、蒸发残渣、溶解性物质的含量不能使设备和管道腐蚀、结垢、堵塞等。

2. 中水水质标准

中水用于冲厕、道路清扫、城市绿化、车辆冲洗、建筑施工等杂用的水质按《城市污水再生利用 分类》（GB/T 18919—2002）执行。为便于应用，列出《城市污水再生利用 城市杂用水水质》（GB/T 18920—2020）中城市杂用水水质基本控制项目及限值，见表7-1。

表7-1 城市杂用水水质基本控制项目及限值

序号	项目		冲厕、车辆冲洗	城市绿化、道路清扫、消防、建筑施工
1	pH 值		6.0~9.0	6.0~9.0
2	色度，铂钴色度单位	≤	15	30
3	嗅		无不快感	无不快感
4	浊度/NTU	≤	5	10
5	五日生化需氧量(BOD_5)/(mg/L)	≤	10	10
6	氨氮/(mg/L)	≤	5	8
7	阴离子表面活性剂/(mg/L)	≤	0.5	0.5
8	铁/(mg/L)	≤	0.3	—
9	锰/(mg/L)	≤	0.1	—
10	溶解性总固体/(mg/L)	≤	1000（2000）①	1000（2000）①
11	溶解氧/(mg/L)	≥	2.0	2.0
12	总氯/(mg/L)	≥	1.0（出厂），0.2（管网末端）	1.0（出厂），0.2②（管网末端）
13	大肠埃希氏菌/(MPN/100mL 或 CFU/100mL)		无③	无③

注：" — "表示对此项无要求。

① 括号内指标值为沿海及本地水源中溶解性固体含量较高的区域的指标。

② 用于城市绿化时，不应超过 2.5mg/L。

③ 大肠埃希氏菌不应检出。

3. 中水水量

（1）中水原水量　中水原水量按下式计算。

$$Q_y = \sum \alpha \beta Q b \tag{7-1}$$

式中　Q_y——中水原水量（m^3/d）；

α——最高日给水量折算成平均日给水量的折减系数，一般取 $0.67 \sim 0.91$；

β——建筑物按给水量计算排水量的折减系数，一般取 $0.8 \sim 0.9$；

Q——建筑物最高日生活给水量，按《建筑给水排水设计规范》（GB 50015—2019）中的用水定额计算确定（m^3/d）（注：如果计算小区中水原水量，则 Q 取小区最高日给水量）；

b——建筑物用水分项给水百分率，各类建筑物的分项给水百分率应以实测资料为准，在无实测资料时，可参照表7-2。

用作中水水源的水量宜为中水回用水量的 $110\% \sim 115\%$。

表 7-2　各类建筑物分项给水百分率　　　　　　　（单位:%）

项目	住宅	宾馆、饭店	办公楼、教学楼	公共浴室	餐饮业、营业餐厅
冲厕	$21.3 \sim 21$	$10 \sim 14$	$60 \sim 66$	$2 \sim 5$	$6.7 \sim 5$
厨房	$20 \sim 19$	$12.5 \sim 14$	—	—	$93.3 \sim 95$
洗浴	$29.3 \sim 32$	$50 \sim 40$	—	$98 \sim 95$	—
盥洗	$6.7 \sim 6.0$	$12.5 \sim 14$	$40 \sim 34$	—	—
洗衣	$22.7 \sim 22$	$15 \sim 18$	—	—	—
总计	100	100	100	100	100

注：洗浴包括盆浴和淋浴。

（2）中水用水量（中水系统供水量）　根据中水的不同用途，分别计算冲厕、洗车、浇洒道路、绿化等各项中水量最高日用水量，然后将各项用水量汇总，即为小区或建筑物中水系统的总用水量。

$$Q_g = \sum q_{3i} \tag{7-2}$$

式中　Q_g——中水系统总用水量（m^3/d）；

q_{3i}——各项中水用水量（m^3/d）。

（3）中水日处理水量　中水处理系统的日处理水量应包含中水系统用水量和中水处理设施自耗水量。

$$Q_c = (1 + n)Q_g \tag{7-3}$$

式中　Q_c——中水系统日处理水量（m^3/d）；

n——中水处理设施自耗水系数，可取 $10\% \sim 15\%$。

课题3　建筑小区中水管网

建筑小区中水管网的任务是将中水池内的水输配到各中水用户的卫生器具及小区其他用点处，以满足小区内各中水用户对中水水压、水量的要求。

7.3.1 建筑小区中水管网的分类及组成

建筑小区中水管网按中水用途可分为冲厕中水管网、绿化中水管网、消防中水管网、冲洗汽车中水管网等专用中水管网。若用户使用的中水水质统一为其中一种最高水质标准，上述专用中水管网可以联合。

小区中水管网有中水干管（中水池加压到小区的管道，与小区内各建筑物的输配水支管相连）、中水支管（小区室外的管道与建筑物的中水进户管相连）、进户管（由中水支管接出，进入各建筑物内）、阀门及加压装置、水表等组成，如图7-7所示。

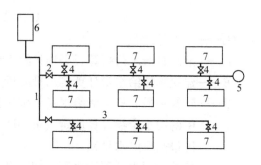

图7-7　小区中水管网的组成

1—干管　2—阀门及阀门井　3—支管　4—进户管
5—水塔　6—中水站　7—小区建筑物

7.3.2 建筑小区中水给水方式

不同中水用户使用中水的时间和用量不同，如建筑小区绿化用水与季节有关，冬季和雨季基本不用水，即便用水，时间也比较集中；冲洗汽车用水量与小区内经常停放的车量台数有关，并往往集中在中午和晚上；冲厕用水与生活给水一样具有不均匀性，集中在单位工作时间以外的早、中、晚三个时段；消防用水平时10min用水量贮存在小区的高水箱内，其他消防用水量贮存于中水池内，正常情况下不需用水。因此，应根据不同中水用户的使用特点选择合适的中水给水方式。常用的小区中水给水方式有以下几种。

1. 设有水泵的给水方式

（1）恒速式水泵给水方式　这种给水方式常用人工启闭控制水泵，定时向管网供水，适用于小区绿化、汽车冲洗等，如图7-8所示。

（2）变频调速泵给水方式　这种给水方式是通过改变水泵的转速来调节管网的输配水量，适用于用水定时和用水不定时的情况，如绿化、汽车冲洗、冲厕和消防，具有灵活、适用范围大的特点，如图7-9所示。

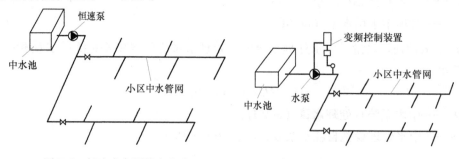

图7-8　恒速式水泵给水方式　　　　图7-9　变频调速泵给水方式

2. 水泵和水箱相结合的给水方式

水泵和水箱相结合的给水方式是水泵由中水池吸水，同时向管网和高水箱内供水，并利用水箱上安装的水位继电器自动控制水泵的启闭和贮存水量，如图7-10所示，适用于有消防用水或供电不可靠的中水供应，具有贮水量多、投资费用较高的特点。

3. 气压给水方式

这种给水方式与生活给水的气压给水方式原理相同，如图 7-11 所示，适用于定时用水和不定时用水的情况。

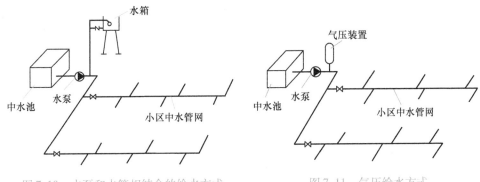

图 7-10　水泵和水箱相结合的给水方式　　　图 7-11　气压给水方式

4. 中水消防用水与其他中水用水合用的给水方式

为节省投入和便于管理，在建筑小区内往往将冲刷、绿化、冲洗汽车和消防等中水合用同一管网供水。由于消防用水量大、水压高，因此应另设中水消防水泵，平时起动杂用水水泵，遇有火灾时起用消防水泵。按消防规范要求，中水池内需贮存 2 ~ 3h 的消防水量，水箱或水塔内需存 10min 的消防水量，且要求消防水泵起动后，水泵消防水应直接进入消防管道。中水消防用水与其他中水用水合用的中水供应方式可采用如图 7-12 所示的系统。

由图 7-12 可见，消防水泵起动前，由水塔或水箱供水。消防水泵起动后，由于单向阀自动关闭，因此消防水直接进入到共用管网中。还可在水塔进出水管上安装快速切断阀，与消防水泵联锁，消防水泵起动后，快速切断阀自动关闭，使消防水泵输出的消防水迅速进入消防与其他杂用水共用的管网中，如图 7-13 所示。

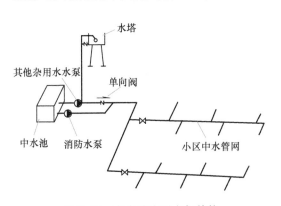
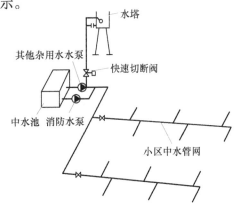

图 7-12　中水消防用水与其他　　　　图 7-13　安装有快速切断阀的消防与
中水用水合用的中水给水方式　　　　　　其他杂用水的共用给水方式

7.3.3　建筑小区中水系统管道安装

1. 一般要求

1）中水系统中的原水管道管材及配件应使用塑料管、铸铁管或混凝土管。

2）中水系统中的给水管道及排水管道的检验标准按室内给水系统和室内排水系统的有关规定执行。

3）中水管道的干管端、各支管的始端、进户管始端应安装阀门，并设阀门井，根据需要安装水表。

2. 主控项目

1）中水高位水箱应与生活高位水箱分设在不同的房间内；当条件不允许，只能设在同一房间时，其与生活高位水箱的净距应大于2m。

检验方法：观察检查。

2）中水给水管道不得装设取水水龙头。便器冲洗宜用密闭型设备和器具。绿化、浇洒、汽车冲洗宜用壁式或地下式给水栓。

检验方法：观察检查。

3）中水供水管道严禁与生活饮用水给水管道连接。中水管道外壁应涂浅绿色标志；中水池（箱）、阀门、水表及给水栓均应有"中水"标志。

检验方法：观察检查。

4）中水管道不宜暗装于墙体和楼板内；当必须暗装于墙槽内时，在管道上要有明显且不会脱落的标志。

检验方法：观察检查。

3. 一般规定

1）中水给水管管材及配件应采用耐腐蚀的给水管管材及配件。

检验方法：观察检查。

2）中水管道与生活饮用水管道、排水管道平行敷设时，其水平净距离不得小于0.5m；交叉埋设时，中水管道应位于生活饮用水管道下面、排水管道上面，其净距不应小于0.15m。

检验方法：观察和尺量检查。

德 育 建 议

从我国当前的建筑中水应用政策和前沿应用技术出发，提高学生节约、保护水资源的意识，并培养学生的开拓创新思维。

复习思考题

1. 建筑中水系统由哪些部分组成？
2. 中水原水种类有哪两种？
3. 什么是优质杂排水、杂排水和生活污水？
4. 污水的处理方式有哪几种？
5. 对中水水质有哪些要求？
6. 建筑中水的给水方式有哪几种？

附　　录

附录1　给水管（镀锌钢管）水力计算表

q_g	DN15		DN20		DN25		DN32		DN40		DN50		DN70		DN80		DN100	
	v	i	v	i	v	i	v	i	v	i	v	i	v	i	v	i	v	i
0.05	0.29	0.284																
0.07	0.41	0.518	0.22	0.111														
0.10	0.58	0.985	0.31	0.208														
0.12	0.70	1.37	0.37	0.288	0.23	0.086												
0.14	0.82	1.82	0.43	0.38	0.26	0.113												
0.16	0.94	2.34	0.50	0.485	0.30	0.143												
0.18	1.05	2.91	0.56	0.601	0.34	0.176												
0.20	1.17	3.54	0.62	0.727	0.38	0.213	0.21	0.052										
0.25	1.46	5.51	0.78	1.09	0.47	0.318	0.26	0.077	0.20	0.039								
0.30	1.76	7.93	0.93	1.53	0.56	0.442	0.32	0.107	0.24	0.054								
0.35			1.09	2.04	0.66	0.586	0.37	0.141	0.28	0.080								
0.40			1.24	2.63	0.75	0.748	0.42	0.179	0.32	0.089								
0.45			1.40	3.33	0.85	0.932	0.47	0.221	0.36	0.111	0.21	0.0312						
0.50			1.55	4.11	0.94	1.13	0.53	0.267	0.40	0.134	0.23	0.0374						
0.55			1.71	4.97	1.04	1.35	0.58	0.318	0.44	0.159	0.26	0.0444						
0.60			1.86	5.91	1.13	1.59	0.63	0.373	0.48	0.184	0.28	0.0516						
0.65			2.02	6.94	1.22	1.85	0.68	0.431	0.52	0.215	0.31	0.0597						
0.70					1.32	2.14	0.74	0.495	0.56	0.246	0.33	0.0683	0.20	0.020				
0.75					1.41	2.46	0.79	0.562	0.60	0.283	0.35	0.0770	0.21	0.023				
0.80					1.51	2.79	0.84	0.632	0.64	0.314	0.38	0.0852	0.23	0.025				
0.85					1.60	3.16	0.90	0.707	0.68	0.351	0.40	0.0963	0.24	0.028				
0.90					1.69	3.54	0.95	0.787	0.72	0.390	0.42	0.107	0.25	0.0311				
0.95					1.79	3.94	1.00	0.869	0.76	0.431	0.45	0.118	0.27	0.0342				
1.00					1.88	4.37	1.05	0.957	0.80	0.473	0.47	0.129	0.28	0.0376	0.20	0.0164		
1.10					2.07	5.28	1.16	1.14	0.87	0.564	0.52	0.153	0.31	0.0444	0.22	0.0195		
1.20							1.27	1.35	0.95	0.663	0.56	0.18	0.34	0.0518	0.24	0.0227		
1.30							1.37	1.59	1.03	0.769	0.61	0.208	0.37	0.0599	0.26	0.0261		
1.40							1.48	1.84	1.11	0.884	0.66	0.237	0.40	0.0683	0.28	0.0297		
1.50							1.58	2.11	1.19	1.01	0.71	0.27	0.42	0.0772	0.30	0.0336		

（续）

q_g	DN15		DN20		DN25		DN32		DN40		DN50		DN70		DN80		DN100	
	v	i	v	i	v	i	v	i	v	i	v	i	v	i	v	i	v	i
1.60							1.69	2.40	1.27	1.14	0.75	0.304	0.45	0.0870	0.32	0.0376		
1.70							1.79	2.71	1.35	1.29	0.80	0.340	0.48	0.0969	0.34	0.0419		
1.80							1.90	3.04	1.43	1.44	0.85	0.378	0.51	0.107	0.36	0.0466		
1.90							2.00	3.39	1.51	1.61	0.89	0.418	0.54	0.119	0.38	0.0513		
2.0									1.59	1.78	0.94	0.460	0.57	0.13	0.40	0.0562	0.23	0.0147
2.2									1.75	2.16	1.04	0.549	0.62	0.155	0.44	0.0666	0.25	0.0172
2.4									1.91	2.56	1.13	0.645	0.68	0.182	0.48	0.0779	0.28	0.0200
2.6									2.07	3.01	1.22	0.749	0.74	0.21	0.52	0.0903	0.30	0.0231
2.8											1.32	0.869	0.79	0.241	0.56	0.103	0.32	0.0263
3.0											1.41	0.998	0.85	0.274	0.60	0.117	0.35	0.0298
3.5											1.65	1.36	0.99	0.365	0.70	0.155	0.40	0.0393
4.0											1.88	1.77	1.13	0.468	0.81	0.198	0.46	0.0501
4.5											2.12	2.24	1.28	0.586	0.91	0.246	0.52	0.0620
5.0											2.35	2.77	1.42	0.723	1.01	0.30	0.58	0.0749
5.5											2.59	3.35	1.56	0.875	1.11	0.358	0.63	0.0892
6.0													1.70	1.04	1.21	0.421	0.69	0.105
6.5													1.84	1.22	1.31	0.494	0.75	0.121
7.0													1.99	1.42	1.41	0.573	0.81	0.139
7.5													2.13	1.63	1.51	0.657	0.87	0.158
8.0													2.27	1.85	1.61	0.748	0.92	0.178
8.5													2.41	2.09	1.71	0.844	0.98	0.199
9.0													2.55	2.34	1.81	0.946	1.04	0.221
9.5															1.91	1.05	1.10	0.245
10.0															2.01	1.17	1.15	0.269
10.5															2.11	1.29	1.21	0.295
11.0															2.21	1.41	1.27	0.324
11.5															2.32	1.55	1.33	0.354
12.0															2.42	1.68	1.39	0.385
12.5															2.52	1.86	1.44	0.418
13.0																	1.50	0.452
14.0																	1.62	0.524
15.0																	1.73	0.602
16.0																	1.85	0.685
17.0																	1.96	0.773
20.0																	2.31	1.07

注：q_g—流量（L/s）；DN—管径（mm）；v—流速（m/s）；i—单位长度的压力损失（kPa/m）。

附录 2　给水塑料管水力计算表

q_g	DN15		DN20		DN25		DN32		DN40		DN50		DN70		DN80		DN100	
	v	i	v	i	v	i	v	i	v	i	v	i	v	i	v	i	v	i
0.10	0.50	0.275	0.26	0.060														
0.15	0.75	0.564	0.39	0.123	0.23	0.033												
0.20	0.99	0.940	0.53	0.206	0.30	0.055	0.20	0.02										
0.30	1.49	1.93	0.79	0.422	0.45	0.113	0.29	0.040										
0.40	1.99	3.21	1.05	0.703	0.61	0.188	0.39	0.067	0.24	0.021								
0.50	2.49	4.77	1.32	1.04	0.76	0.279	0.49	0.099	0.30	0.031								
0.60	2.98	6.60	1.58	1.44	0.91	0.386	0.59	0.137	0.36	0.043	0.23	0.014						
0.70			1.84	1.90	1.065	0.507	0.69	0.181	0.42	0.056	0.27	0.019						
0.80			2.10	2.40	1.21	0.643	0.79	0.229	0.48	0.071	0.30	0.023						
0.90			2.37	2.96	1.36	0.792	0.88	0.282	0.54	0.088	0.34	0.029	0.23	0.018				
1.00					1.51	0.955	0.98	0.340	0.60	0.106	0.38	0.035	0.25	0.014				
1.50					2.27	1.96	1.47	0.698	0.90	0.217	0.57	0.072	0.39	0.029	0.27	0.012		
2.00							1.96	1.160	1.20	0.361	0.76	0.119	0.52	0.049	0.36	0.020	0.24	0.008
2.50							2.46	1.730	1.50	0.536	0.95	0.181	0.65	0.072	0.45	0.030	0.30	0.011
3.00									1.81	0.741	1.14	0.245	0.78	0.099	0.54	0.042	0.36	0.016
3.50									2.11	0.974	1.33	0.322	0.91	0.131	0.63	0.055	0.42	0.021
4.00									2.41	1.23	1.51	0.408	1.04	0.166	0.72	0.069	0.48	0.026
4.50									2.71	1.52	1.70	0.503	1.17	0.205	0.81	0.086	0.54	0.032
5.00											1.89	0.606	1.30	0.247	0.90	0.104	0.60	0.039
5.50											2.08	0.718	1.43	0.293	0.99	0.123	0.66	0.046
6.00											2.27	0.838	1.56	0.342	1.08	0.143	0.72	0.052
6.50													1.69	0.394	1.17	0.165	0.78	0.062
7.00													1.82	0.445	1.26	0.188	0.84	0.071
7.50													1.95	0.507	1.35	0.213	0.90	0.080
8.00													2.08	0.569	1.44	0.238	0.96	0.090
8.50													2.21	0.632	1.53	0.265	1.02	0.102
9.00													2.34	0.701	1.62	0.294	1.08	0.111
9.50													2.47	0.772	1.71	0.323	1.14	0.121
10.00															1.80	0.354	1.20	0.134

注：q_g—流量（L/s）；DN—管径（mm）；v—流速（m/s）；i—单位长度的压力损失（kPa/m）。

附录3 塑料排水横管水力计算表

(N = 0.009)

坡度	h/D = 0.5										h/D = 0.6	
	$d_e = 50$		$d_e = 75$		$d_e = 90$		$d_e = 110$		$d_e = 125$		$d_e = 160$	
	Q	v	Q	v	Q	v	Q	v	Q	v	Q	v
0.001											4.83	0.43
0.0015											5.93	0.52
0.002									2.63	0.48	6.85	0.60
0.0025							2.05	0.49	2.94	0.53	7.65	0.67
0.003					1.27	0.46	2.25	0.53	3.22	0.58	8.39	0.74
0.0035					1.37	0.50	2.43	0.58	3.48	0.63	9.06	0.80
0.004					1.46	0.53	2.59	0.61	3.72	0.67	9.68	0.85
0.0045					1.55	0.56	2.75	0.65	3.94	0.71	10.27	0.90
0.005			1.03	0.53	1.64	0.60	2.90	0.69	4.16	0.75	10.82	0.95
0.006			1.13	0.58	1.79	0.65	3.18	0.75	4.55	0.82	11.86	1.04
0.007	0.39	0.47	1.22	0.63	1.94	0.71	3.43	0.81	4.92	0.89	12.81	1.13
0.008	0.42	0.51	1.31	0.67	2.07	0.75	3.67	0.87	5.26	0.95	13.69	1.21
0.009	0.45	0.54	1.39	0.71	2.19	0.80	3.89	0.92	5.58	1.01	14.52	1.28
0.010	0.47	0.57	1.46	0.75	2.31	0.84	4.10	0.97	5.88	1.06	15.31	1.35
0.012	0.52	0.63	1.60	0.82	2.53	0.92	4.49	1.07	6.44	1.17	16.77	1.48
0.015	0.58	0.70	1.79	0.92	2.83	1.03	5.02	1.19	7.20	1.30	18.75	1.65
0.020	0.67	0.81	2.07	1.06	3.27	1.19	5.80	1.38	8.31	1.50	21.65	1.90
0.025	0.74	0.89	2.31	1.19	3.66	1.33	6.48	1.54	9.30	1.68	24.21	2.13
0.026	0.76	0.91	2.35	1.21	3.74	1.36	6.56	1.56	9.47	1.71	24.66	2.17
0.030	0.81	0.97	2.53	1.30	4.01	1.46	7.10	1.68	10.18	1.84	26.52	2.33
0.035	0.88	1.06	2.74	1.41	4.33	1.59	7.67	1.82	11.00	1.99	28.64	2.52
0.040	0.94	1.13	2.93	1.51	4.63	1.69	8.20	1.95	11.76	2.13	30.62	2.69
0.045	1.00	1.20	3.10	1.59	4.91	1.79	8.70	2.06	12.47	2.26	32.47	2.86
0.050	1.05	1.26	3.27	1.68	5.17	1.88	9.17	2.18	13.15	2.38	34.23	3.01
0.060	1.15	1.38	3.58	1.84	5.67	2.07	10.04	2.38	14.40	2.61	37.50	3.30

注：Q—排水流量（L/s）；v—流速（m/s）；d_e—塑料排水管公称外径（mm）。

参考文献

[1] 陈送财，李杨．建筑给排水 ［M］．2 版．北京：机械工业出版社，2019.

[2] 赵继洪．制冷和空调系统给排水 ［M］．北京：机械工业出版社，2016.

[3] 王增长．建筑给水排水工程 ［M］．7 版．北京：中国建筑工业出版社，2016.

[4] 张林军，王宏．建筑给水排水工程 ［M］．北京：化学工业出版社，2016.

[5] 崔福义，彭永臻，南军，等．给排水工程仪表与控制 ［M］．3 版．北京：中国建筑工业出版社，2017.